防洪工程建设管理手册

李怀前　李怀志　刘树利　毋芬芝　刘　亮　编著

黄河水利出版社
·郑州·

内 容 提 要

　　本书是作者在长期从事黄河防洪工程建设管理实践的基础上,对防洪工程建设管理基础知识、合同管理、施工质量管理、投资管理、进度管理、安全管理、水土保持、环境保护、建设监理和信息管理等10个方面进行了系统的阐述。

　　本书可供从事防洪工程建设管理等相关专业技术人员阅读参考。

图书在版编目(CIP)数据

防洪工程建设管理手册/李怀前等编著. —郑州:黄河
水利出版社,2016.4
ISBN 978 - 7 - 5509 - 1395 - 0

Ⅰ. ①防…　Ⅱ. ①李…　Ⅲ. ①防洪工程 - 管理 -
手册　Ⅳ. ①TV87 - 62

中国版本图书馆 CIP 数据核字(2016)第 078650 号

组稿编辑:谌莉　　电话:0371 - 66025355　　E-mail:chenli1984 - 1983@ 163. com

出　版　社:黄河水利出版社
　　　　　　地址:河南省郑州市顺河路黄委会综合楼 14 层　　邮政编码:450003
发行单位:黄河水利出版社
　　　　　　发行部电话:0371 - 66026940、66020550、66028024、66022620(传真)
　　　　　　E-mail:hhslcbs@ 126. com
承印单位:河南省瑞光印务股份有限公司
开本:787 mm × 1 092 mm　1/16
印张:13.5
字数:312 千字　　　　　　　　　　　　　印数:1—1 000
版次:2016 年 4 月第 1 版　　　　　　　　印次:2016 年 4 月第 1 次印刷
定价:39.00 元

前　言

为适应新形势要求,进一步加强黄河防洪工程建设管理工作,使防洪工程建设管理工作逐步走上法制化、规范化的道路,充分保证工程项目的建设工期、施工质量和投资效益,根据近年来国家、有关部委及黄委颁布制定的建设管理方面的法律法规、规章规范、标准规程,结合多年工作实践,参考相关专业技术书籍,编写成了《黄河防洪工程建设管理手册》一书。

该书以问答形式,涵盖了黄河防洪工程建设管理基础知识、合同管理、施工质量管理、投资管理、进度管理、安全管理、水土保持、环境保护、建设监理和信息管理等10个方面的内容。该书为促进黄河防洪工程建设管理工作的规范化、科学化、制度化建设,全面提高建设管理水平,将起到积极的促进作用。

本书编写人员及分工如下:第一章、第五章、第九章第六节、第十章由刘树利编写;第二章、第七章由李怀前编写;第三章、第八章由李怀志编写;第四章、第六章由毋芬芝编写;第九章第一节至第五节由刘亮编写;全书由刘树利统稿。

在该书编写过程中,也得到了焦作黄河河务局同事的帮助,在此表示衷心的感谢。

由于编著者水平所限,书中难免有一些不足和错误之处,恳切希望广大读者批评指正。

作　者

2016 年 2 月

目　录

第一章 防洪工程建设项目管理

第一节 基本建设程序

1. 水利工程建设程序一般分为哪几个阶段？

水利工程建设程序一般分为项目建议书、可行性研究报告、初步设计、施工准备（包括招标设计）、建设实施、生产准备、竣工验收、后评价等阶段。

防洪工程往往在建成后直接投入使用或运行，生产准备一般不作为一个阶段。

2. 什么是项目建议书？

项目建议书应根据国民经济和社会发展长远规划、流域综合规划、区域综合规划、专业规划，以及国家产业政策和国家有关投资建设方针进行编制，是对拟进行建设项目的初步说明。项目建议书编制一般由政府委托有相应资格的设计单位承担，并按国家现行规定权限向主管部门申报审批。项目建议书被批准后，由政府向社会公布，若有投资建设意向，应及时组建项目法人筹备机构，开展下一建设程序工作。

3. 什么是可行性研究报告？

可行性研究应对项目进行方案比较，在技术上是否可行和经济上是否合理进行科学的分析和论证。经过批准的可行性研究报告是项目决策和进行初步设计的依据。可行性研究报告由项目法人（或筹备机构）组织编制，按国家现行规定的审批权限报批。

4. 什么是初步设计？

初步设计是根据批准的可行性研究报告和必要而准确的设计资料，对设计对象进行通盘研究，阐明拟建工程在技术上的可行性和经济上的合理性，规定项目的各项基本技术参数，编制项目的总概算。初步设计任务应择优选择有相应资格的设计单位承担，依照有关初步设计编制规定进行编制。

初步设计文件报批前一般须由项目法人委托有相应资格的工程咨询机构或组织行业各方面（包括管理、设计、施工、咨询等方面）的专家，对初步设计中的重大问题进行咨询论证。设计单位根据咨询论证意见对初步设计文件进行补充、修改、优化。初步设计由项目法人组织审查后，按国家现行规定权限向主管部门申报审批。

5. 什么是施工图设计？

根据黄河水利委员会（以下简称黄委）的初步设计审批文件，项目法人委托有相应资质的设计单位（一般为初步设计编制单位）编制施工图设计。设计时要求单项工程投资规模不能超过黄委批复概算的 10%，若超过 10% 必须重新编报，变更初步设计，重新审批。

施工图设计为工程设计的一个阶段，主要采取图纸的形式把设计意图表达出来，施工图设计经总监理工程师组织审查并签批后，作为工程施工的依据。

6. 施工准备阶段主要内容包括哪些？

项目在主体工程开工之前，必须完成各项施工准备工作，其主要内容包括：

(1)施工现场的征地、拆迁。

(2)完成施工用水、用电、通信、道路和场地平整（简称"四通一平"）等工程。

(3)必需的生产、生活临时建筑工程。

(4)组织招标设计、咨询、设备和物资采购等服务。

(5)组织建设监理和主体工程招标投标，并择优选定建设监理单位和施工承包队伍。

7. 工程开工必须满足哪些条件？

根据《关于水利工程开工审批取消后加强后续监管工作的通知》，防洪工程开工不再实行审批，工程具备开工条件后，由项目法人自主确定工程开工。项目法人应当自工程开工之日起 15 个工作日内，将开工情况的书面报告报上级项目主管单位备案。

工程开工必须满足以下条件：

(1)项目法人已设立。

(2)初步设计已批准，施工详图设计满足主体工程施工需要。

(3)建设资金已落实。

(4)主体工程施工、监理单位已按规定选定并依法签订了合同。

(5)工程阶段验收、竣工验收主持单位已明确。

(6)质量安全监督手续已办理。

(7)主要设备和材料已落实来源。

(8)施工准备和征地移民工作满足主体工程开工需要等。

不具备条件违规开工、开工后不按规定进行备案的，项目主管单位将责令项目法人进行整改。

8. 建设实施阶段包括哪些工作内容？

建设实施阶段是指主体工程的建设实施，项目法人按照批准的建设文件，组织工程建设，保证项目建设目标的实现。

项目法人要充分发挥建设管理的主导作用，为施工创造良好的建设条件。项目法人要充分授权工程监理单位，使之能独立负责项目的建设工期、质量、投资的控制和现场施工的组织协调。监理单位选择必须符合《水利工程建设监理规定》（水利部令〔2006〕第 28 号）的要求。

要按照"政府监督，项目法人负责，监理单位控制，施工、设计、检测单位保证"的要求，建立健全质量管理检查、质量管理控制、质量管理保证等体系，重要建设项目须设立质量监督项目站，行使政府对项目建设的监督职能。

9. 水利工程验收主要包括哪些内容？

水利工程建设项目验收，按验收主持单位性质不同分为法人验收和政府验收两类。

法人验收是指在项目建设过程中由项目法人组织进行的验收，包括分部工程验收、单位工程验收、合同工程完工验收等，法人验收是政府验收的基础。

政府验收是指由有关人民政府、水行政主管部门或者其他有关部门组织进行的验收，包括专项验收、阶段验收和竣工验收等。

竣工验收又可分为竣工技术预验收和竣工验收两个阶段。

大型水利工程在竣工技术预验收前,项目法人应当按照有关规定对工程建设情况进行竣工验收技术鉴定。中型水利工程在竣工技术预验收前,竣工验收主持单位可以根据需要决定是否进行竣工验收技术鉴定。

竣工验收是工程完成建设目标的标志,是全面考核基本建设成果、检验设计和工程质量的重要步骤。竣工验收合格的项目即从基本建设转入生产或使用。

10. 后评价主要包括哪些内容?

建设项目竣工投产后,一般经过 1~2 年生产运营后,要进行一次系统的项目后评价,主要内容包括:①影响评价——项目投产后对各方面的影响进行评价;②经济效益评价——对项目投资、国民经济效益、财务效益、技术进步和规模效益、可行性研究深度等进行评价;③过程评价——对项目的立项、设计施工、建设管理、竣工投产、生产运营等全过程进行评价。

项目后评价一般按三个层次组织实施,即项目法人的自我评价、项目行业的评价、计划部门(或主要投资方)的评价。

第二节　项目法人

1. 什么是项目法人?

项目法人是指以项目建设为目的从事项目建设管理活动的法人。包括符合国家有关规定,有组织章程、组织机构和场所,能够独立承担民事责任,经主管部门批准成立并核准登记,取得法人资格的组织。

2. 项目法人的由来是什么?

项目法人责任制首先是李鹏同志于 1994 年在长江三峡工程开工典礼大会上提出"建设项目要实行项目法人制、招标投标制、工程监理制和合同管理制"。1995 年《中共中央关于制定国民经济和社会发展"九五"计划和 2010 年远景目标的建议》写入了"项目法人责任制"的概念。《关于实行建设项目法人责任制的暂行规定》(国家计委计建设〔1996〕673 号)、《水利工程建设项目实行项目法人责任制的若干意见》(水利部水建〔1995〕129号)对项目法人进行了阐述,文件中强调项目法人制适用项目是经营性的,非经营性参照执行。国务院办公厅国发办〔1999〕16 号《关于加强基础设施工程质量管理的通知》中指出要"建立项目法人责任制"。"基础设施项目,除军事工程等特殊情况,都要按政企分开的原则组成项目法人,实行建设项目法人责任制,由项目法定代表人对工程质量负总责。"水利部水建管〔1999〕78 号《堤防工程建设管理暂行办法》对项目法人组成提出了比较具体的条件。

3. 黄河下游防洪工程建设责任制的演进过程是怎样的?

黄河防洪工程属于中央投资的公益性大型建设项目,其建设责任制的演进过程是随着我国的经济体制由高度集中的计划经济向有计划的商品经济及社会主义市场经济的发展过程,由政府承担无限责任到各种责任单位的投资包干和招标承包责任制,再发展到目前项目业主责任制及项目法人责任制的过程。

在计划经济体制下,黄河下游防洪工程建设管理以自营为主要特征,即自己设计、自己施工、自己监督、自己管理等,在系统内工作由不同部门分阶段分别负责一条龙完成。在工程施工建设期间,一般是根据工程大小、复杂和重要程度由省级河务局或市(县)级河务局成立工程指挥部,工程指挥部一般是临时机构,工程完工就解散。随着体制的改革,自1998年开始黄河下游防洪工程建设全面推行项目法人责任制、招标投标制、建设监理制、合同管理制四项制度,基本形成了权责比较明确、管理比较科学的运行体制。

4. 项目法人的主要职能有哪些?

(1)组织初步设计文件的编制、审核、申报等工作。

(2)按照基本建设程序和批准的建设规模、内容、标准组织工程建设。

(3)负责组建现场管理机构并负责任免其主要行政及技术、财务负责人。

(4)负责办理工程质量监督、安全监督和主体工程开工报告备案手续。

(5)负责与项目所在地人民政府及有关部门协调解决好工程建设外部条件。

(6)依法对工程项目的勘察、设计、监理和施工组织招标,并签订有关合同。

(7)组织编制、审核及上报项目年度建设计划,落实年度工程建设资金,严格按照概算控制工程投资,用好、管好建设资金。

(8)负责监督检查现场管理机构建设管理情况,包括工程投资、工期、质量、生产安全和工程建设责任制情况等。

(9)负责组织制定、上报在建工程度汛计划、相应的度汛措施,并对在建工程安全度汛负责。

(10)负责组织编制竣工决算。

(11)负责按照有关验收规程组织或参与验收工作。

(12)负责工程档案资料的管理,包括对各参建单位所形成档案资料的收集、整理、归档工作进行监督、检查。

5. 项目法人现场建设管理机构的主要职能有哪些?

(1)协助、配合地方政府征地、拆迁和移民等工作。

(2)组织施工用水、用电、通信、道路和场地平整等准备工作,以及必要的生产、生活临时设施的建设。

(3)加强施工现场管理,严格禁止转包、违法分包行为。

(4)按照项目法人与参建各方签订的合同进行合同管理。

(5)及时组织研究和处理建设过程中出现的技术、经济和管理问题。

(6)组织编制度汛方案,落实有关安全度汛措施。

(7)负责建设项目范围内的环境保护、劳动卫生和安全生产管理工作。

(8)按时编报计划、财务、工程建设情况等统计报表。

(9)按规定做好工程验收工作。

(10)负责现场应归档材料的收集、整理和归档工作。

6. 防洪工程建设项目分为哪几类?

防洪工程建设项目一般分为堤防工程、河道工程、堤防道路工程、生物防护工程、涵闸工程等。

堤防工程包括堤防加高、堤防帮宽、前(后)戗加固、放淤固堤、截渗墙等。河道工程包括控导工程、滚河防护、险工改扩建等,其中控导工程又分为土石结构传统坝、土工材料坝和钢筋混凝土灌注桩坝。生物防护工程分为防浪林和适生林。

防洪工程建设项目按投资来源可分为内资项目和外资项目。内资项目包括中央预算内资金项目、水利建设基金项目、国债专项项目等,外资项目包括亚洲开发银行贷款项目等。

7. 防洪工程建设管理包括哪些内容?

防洪工程建设管理包括黄河防洪工程的新建、续建、改建、修复、加固等的项目前期工作、建设实施、竣工验收等阶段的各项工作,主要包括项目的立项、勘察设计、招标投标、建设实施、竣工验收、后评价等。

在工程建设实施过程中,主要建设管理工作有:土地征用与移民安置、招标投标管理、合同管理、质量管理、安全管理、投资管理、进度管理、信息管理、建设协调、工程监理管理、验收管理、建设督查等内容。

8. 什么是黄河防洪工程建设管理的"123456"?

(1)1 个目标:按照上级下达的计划任务,按照目标责任状,保质保量全面完成年度建设任务。

(2)2 个争创:争创优良工程,争创文明建设工地。

(3)3 个确保:确保工程安全,确保资金安全,确保干部安全。

(4)4 个不准:工程质量不准出问题,安全生产不准出问题,资金管理不准出问题,建设程序不准出问题。

(5)5 项创新:思维创新、制度创新、管理创新、服务创新、手段创新。

(6)6 条措施:制度保证措施、组织机构保证措施、质量保证措施、安全保证措施、资金与工期保证措施、建设管理程序保证措施。

9. 项目法人考核包括哪些内容?

考核内容包括以下十二条。

1)项目法人机构设置、人员配备和规章制度建立情况

(1)机构设置:项目法人依法成立。内设工务、财务、综合等管理部门,并合理设置现场管理机构。计划、合同、财务、技术、质量、安全等主要岗位应设有专职人员。

(2)人员配备:人员结构合理。具有专业技术职称的人员不少于总人数的50%,其中高级职称人员不少于专业职称人数的5%,中级职称人员不少于专业职称人数的40%。

(3)规章制度:规章制度完善。建立有工程建设管理(招标投标、合同管理、工程质量、工程验收、安全生产等)、工程建设财务管理、工程建设现场管理和机构管理等方面的规章制度。

2)年度建设计划和基本建设程序执行情况

(1)报批文件:工程建设项目报批文件齐全,包括有关设计报告、批复文件、开工手续资料完整。

(2)建设程序:遵守基本建设程序,按照先勘测、后设计、再施工的原则,没有"三边"工程。

（3）年度建设计划：按照下达的计划内容组织实施工程建设。

（4）批准设计文件：按照批准的设计文件组织工程施工。

3）工程项目招标投标情况

（1）招标活动：按照水利部、黄委有关法规和规定，对工程项目施工、监理、设计组织招标，及时上报施工招标备案报告和招标活动规范。

（2）招标项目：依法应招标项目全部招标。

（3）招标条件：招标项目前期准备工作落实（技术设计或初步设计已经批准、项目已列入年度投资计划、招标文件编制完成、施工准备工作已经落实），具备招标条件。

4）工程项目合同管理情况

（1）合同签订：合同签订采用合同示范文本，并与招标内容相一致。合同签订及时、规范，合同变更及时、有效。

（2）工程转包和违法分包：工程项目建设过程中无转包和违法分包行为。

（3）合同执行：严格履行建设合同，建设项目参建各方人员和设备到位。

5）工程项目建设监理管理情况

（1）监理环境：为监理提供必要的工作环境和外部条件。

（2）监理独立性：维护监理机构的工作独立性，并支持监理工作。

（3）合同执行：严格履行监理合同，并对监理单位履约情况及时进行监督。

6）工程项目迁占赔偿和外部环境协调情况

（1）迁占赔偿：按照工作计划，施工单位进场前，完成迁占赔偿、建设用地征用等工作，具备开工条件。

（2）外部环境协调：负责协调交通、供水、供电、临时占地等外部环境工作。

7）工程项目建设工期和进度控制情况

（1）按期开工：按照合同签订的开工日期开工。

（2）工期控制：按照合同工期控制工程进度，保证工程如期完工。

8）工程项目质量管理情况

（1）质量监督：主动接受质量监督机构的监督，并办理相关手续。

（2）质量管理机构：项目法人有专职机构和人员负责工程质量管理，并对参建单位的质量管理情况进行检查落实。

（3）质量检测：按照水利部和黄委的有关技术标准进行工程质量检测，且参建各方人员和设备满足要求。

（4）质量评定：工程项目划分符合规定，及时进行工程质量评定且资料真实、完整，工程外观质量符合要求。

（5）质量安全：工程建设质量达到设计文件和有关技术规范的要求，未发生工程质量事故和严重质量缺陷。

9）工程项目安全生产情况

（1）安全生产：严格执行国家有关安全生产的规定，防止和杜绝安全事故的发生。

（2）文明施工：施工现场标志、标牌设立完备，参建人员挂牌上岗，施工规范、有序。

10）工程项目验收情况

（1）组织验收：按照有关规定及时组织分部工程验收、单位工程验收和工程初步验收，且验收资料真实、完整。

（2）竣工验收申请：工程具备竣工验收条件时，及时报请验收，并做好各项验收准备工作。

11）工程项目投资控制和资金使用情况

（1）投资控制：按照批准的工程建设项目预算控制工程投资。

（2）资金使用：按照合同约定及时支付工程价款。

（3）竣工财务决算：工程完工后及时编制竣工财务决算并进行审计。

（4）资金安全：建设资金使用合法合规，无挪用资金现象，无虚报冒领行为。

12）工程建设信息和档案资料管理情况

（1）信息报送：按照有关规定及时、准确向项目主管部门报送工程建设信息，及时反映工程建设情况。

（2）档案管理：工程项目档案资料真实完整、管理规范，验收后按有关规定及时移交。

第三节　参建方职责

1. 防洪工程建设有哪些参建方？

防洪工程建设主要参建方包括项目法人、监理单位、施工单位、设计单位、质量检测机构、质量监督机构等。黄河防洪工程建设项目法人包括工程建管部和现场管理办公室。

2. 监理单位的职责有哪些？

监理单位受项目法人的委托，按照合同和国家有关规定对项目建设进行监理，对项目法人负责。按照项目法人的授权发布各项指令，进行各种检查和验收，包括质量、进度、投资控制、安全、合同、信息管理和施工协调等。监理单位接受主管部门的行业指导，监理工作接受项目法人和质量监督部门的检查、监督。监理单位和项目法人是被委托与委托的合同关系，与施工单位是监理和被监理的关系。

3. 设计单位的职责有哪些？

设计单位受项目法人委托，与项目法人签订设计委托合同，按照合同和国家及行业有关规范、规定进行工程设计，对项目法人负责，保证设计质量。在施工过程中向工地现场派驻设计代表，指导施工，及时处理有关工程设计事宜。设计单位在工作中接受主管部门的领导和行业指导，同时接受项目法人和质量监督部门的检查、监督。

建设工程勘察、设计单位必须依法进行建设工程勘察、设计，严格执行工程建设强制性标准，并对建设工程勘察、设计的质量负责。设计单位应及时提供工程施工所需设计文件，开工前应向有关参建单位进行设计交底，施工过程中应派驻设计代表，随时解决施工中出现的设计问题。及时处理设计变更等有关事宜，参与工程隐蔽单元工程、分部工程、单位工程验收和竣工验收。

4. 施工单位的职责有哪些？

施工单位与项目法人签订施工合同，是平等的合同关系。施工单位要严格按照合同、批复的工程设计和国家有关规范进行工程施工，确保工程质量、安全和按期完成。在施工过程中各个环节接受监理单位的检查、监督和管理,接受设计单位的指导,全过程接受项目法人和质量监督机构的检查、监督。

施工单位有提出建议的权利,但对于已批准的设计、施工方案和施工方法等进行任何修改,都需要经过监理批准后方可实施。施工单位按规定向其他单位分包工程时,也要经过项目法人的批准。施工单位具体职责如下:

(1)认真执行国家、水利部、黄委和省局有关法律、法规、条例、办法等。

(2)严格按照批准的设计文件、施工合同、规范、细则进行施工。

(3)积极配合监理、质量监督单位的现场监督管理工作,保证工程项目顺利实施。

(4)应严格实行工程质量"三检制",保证工程质量符合设计和规范要求。及时进行工程进度检查调整,保证工程工期按照合同实现。全面完成合同规定工程量,尽量避免设计变更,确需变更的要严格按照设计变更程序逐级上报审批。

(5)认真做好工程内业资料,保证与工程进度同步进行,并保证资料的真实性、完整性。

(6)及时进行隐蔽工程验收、分部工程签证验收和阶段验收,工程完工后应先进行自验,自验合格后及时进行竣工报验。

(7)对于工程保修期内出现的质量缺陷问题进行处理,处理费用视问题发生的责任单位而定。

5. 质量监督机构的职能有哪些?

质量监督机构依照国家法律和有关规定,行使政府的监督职能,从确保工程建设质量和安全出发,对工程建设的全过程进行质量监督。其主要职能如下:

(1)贯彻国家、水利部有关水利工程建设质量与安全生产管理的方针、政策、法规。

(2)制定水利工程建设质量与安全监督等有关规定、标准和办法,并监督实施。

(3)管理水利工程建设质量与安全监督工作,指导水利工程建设质量与安全监督机构的工程质量检测机构的工作。

(4)组织水利工程建设质量与安全监督机构和人员的业务考核工作。

(5)对水利工程建设项目,派出质量与安全监督项目站,实施质量与安全监督。

(6)参与有关水利工程建设项目阶段验收和竣工验收。

(7)组织、监督水利工程建设质量与安全事故的调查处理。

(8)掌握水利工程建设质量与安全管理动态,及时上报质量与安全监督工作中的重大问题,组织交流水利工程建设质量与安全监督工作经验,开展水利工程质量与安全监督检查活动。

第四节　征地补偿与移民安置

1. 工程建设征地补偿和移民安置遵循什么原则?

(1)以人为本,保障移民的合法权益,满足移民生存与发展的需求。

(2)顾全大局,服从国家整体安排,兼顾国家、集体、个人利益。

(3)节约利用土地,合理规划工程占地,控制移民规模。

（4）可持续发展，与资源综合开发利用、生态环境保护相协调。

（5）因地制宜，统筹规划。

2. 工程建设征地补偿和移民安置实行什么管理体制？

移民安置工作实行政府领导、分级负责、县为基础、项目法人参与的管理体制。

国务院移民管理机构负责全国大中型水利水电工程移民安置工作的管理和监督。县级以上地方人民政府负责本行政区域内大中型水利水电工程移民安置工作的组织和领导；省、自治区、直辖市人民政府规定的移民管理机构，负责本行政区域内大中型水利水电工程移民安置工作的管理和监督。

3. 移民安置规划大纲怎样编制？

已经成立项目法人的大中型水利水电工程，由项目法人编制移民安置规划大纲；没有成立项目法人的大中型水利水电工程，项目主管部门应当会同移民区和移民安置区县级以上地方人民政府编制移民安置规划大纲。按照审批权限报省、自治区、直辖市人民政府或者国务院移民管理机构审批；省、自治区、直辖市人民政府或者国务院移民管理机构在审批前应当征求移民区和移民安置区县级以上地方人民政府的意见。移民安置规划大纲应按以下要求编制：

（1）移民安置规划大纲应当根据工程占地和淹没区实物调查结果，以及移民区、移民安置区经济社会情况和资源环境承载能力编制。工程占地和淹没区实物调查，由项目主管部门或者项目法人会同工程占地和淹没区所在地的地方人民政府实施；实物调查应当全面准确，调查结果经调查者和被调查者签字认可并公示后，由有关地方人民政府签署意见。实物调查工作开始前，工程占地和淹没区所在地的省级人民政府应当发布通告，禁止在工程占地和淹没区新增建设项目及迁入人口，并对实物调查工作作出安排。

（2）移民安置规划大纲应当主要包括移民安置的任务、去向、标准和农村移民生产安置方式，以及移民生活水平评价和搬迁后生活水平预测、水库移民后期扶持政策、淹没线以上受影响范围的划定原则、移民安置规划编制原则等内容。

（3）编制移民安置规划大纲应当广泛听取移民和移民安置区居民的意见；必要时，应当采取听证的方式。经批准的移民安置规划大纲是编制移民安置规划的基本依据，应当严格执行，不得随意调整或者修改；确需调整或者修改的，应当报原批准机关批准。

4. 移民安置规划编制应遵循哪些原则？

已经成立项目法人的，由项目法人根据经批准的移民安置规划大纲编制移民安置规划；没有成立项目法人的，项目主管部门应当会同移民区和移民安置区县级以上地方人民政府，根据经批准的移民安置规划大纲编制移民安置规划。大中型水利水电工程的移民安置规划，按照审批权限经省、自治区、直辖市人民政府移民管理机构或者国务院移民管理机构审核后，由项目法人或者项目主管部门报项目审批部门或者核准部门，与可行性研究报告或者项目申请报告一并审批或者核准。省、自治区、直辖市人民政府移民管理机构或者国务院移民管理机构审核移民安置规划，应当征求本级人民政府有关部门及移民区和移民安置区县级以上地方人民政府的意见。移民安置规划编制应遵循以下原则：

（1）编制移民安置规划应当以资源环境承载能力为基础，遵循本地安置与异地安置、集中安置与分散安置、政府安置与移民自找门路安置相结合的原则。应当尊重少数民族的生产、生活方式和风俗习惯,与国民经济和社会发展规划及土地利用总体规划、城市总体规划、村庄和集镇规划相衔接。

(2)移民安置规划应当对农村移民安置、城(集)镇迁建、工矿企业迁建、专项设施迁建或者复建、防护工程建设、水库水域开发利用、水库移民后期扶持措施、征地补偿和移民安置资金概(估)算等作出安排。对淹没线以上受影响范围内因水库蓄水造成的居民生产、生活困难问题,应当纳入移民安置规划,按照经济合理的原则,妥善处理。

(3)对农村移民安置进行规划,应当坚持以农业生产安置为主,遵循因地制宜、有利生产、方便生活、保护生态的原则,合理规划农村移民安置点;有条件的地方,可以结合小城镇建设进行。农村移民安置后,应当使移民拥有与移民安置区居民基本相当的土地等农业生产资料。

(4)对城(集)镇移民安置进行规划,应当以城(集)镇现状为基础,节约用地,合理布局。工矿企业的迁建,应当符合国家的产业政策,结合技术改造和结构调整进行;对技术落后、浪费资源、产品质量低劣、污染严重、不具备安全生产条件的企业,应当依法关闭。

(5)编制移民安置规划应当广泛听取移民和移民安置区居民的意见;必要时,应当采取听证的方式。经批准的移民安置规划是组织实施移民安置工作的基本依据,应当严格执行,不得随意调整或者修改;确需调整或者修改的,应当按要求重新报批。未编制移民安置规划或者移民安置规划未经审核的大中型水利水电工程建设项目,有关部门不得批准或者核准其建设,不得为其办理用地等有关手续。

5. 征地补偿和移民安置资金来源有哪些?

征地补偿和移民安置资金、依法应当缴纳的耕地占用税和耕地开垦费及依照国务院有关规定缴纳的森林植被恢复费等,列入大中型水利水电工程概算。

征地补偿和移民安置资金包括土地补偿费、安置补助费,农村居民点迁建、城(集)镇迁建、工矿企业迁建及专项设施迁建或者复建补偿费(含有关地上附着物补偿费),移民个人财产补偿费(含地上附着物和青苗补偿费)和搬迁费,库底清理费,淹没区文物保护费和国家规定的其他费用。

6. 黄河防洪工程征地补偿和移民安置工作由谁实施?

黄河防洪工程征地补偿和移民安置工作,由项目法人根据经批准的移民安置规划,于工程开工前,与移民区和移民安置区所在的市级政府部门签订移民安置协议;签订协议的市级政府部门,与下一级有移民或者移民安置任务的政府部门签订移民安置协议。

7. 黄河防洪工程征地补偿和移民安置专项验收应当满足哪些条件?

(1)征地工作已经完成。

(2)农村居民已经完成搬迁安置,安置区基础设施建设及农村居民生产安置措施已经落实。

(3)城(集)镇、工商企事业单位、专业项目设施迁建已经完成并通过主管部门验收。

(4)征迁安置资金已经按规定兑现完毕。

(5)编制完成竣工财务决算,并通过财务审查和审计。

(6)征迁安置资金审计、历次检查、验收提出的主要问题已基本解决。

(7)征迁安置档案的收集、整理和归档工作已经完成,并满足完整、准确、闭合和系统性的要求。

8. 黄河防洪工程征地补偿和移民安置专项验收工作程序有哪些?

由黄委主持工程竣工验收的黄河防洪工程,其征迁安置终验由黄委会(或由其委托山东黄河河务局、河南黄河河务局)会同有关县级以上人民政府或其移民管理机构主持。由山东黄河河务局、河南黄河河务局主持竣工验收的黄河防洪工程,其征迁安置终验分别由山东黄河河务局、河南黄河河务局会同有关县级以上人民政府或其移民管理机构主持。其验收工作程序如下:

(1)召开预备会,听取项目法人有关验收准备情况的汇报,确定验收委员会成员名单。

(2)召开验收会议,听取项目法人、征迁安置实施单位、规划设计单位、征迁安置监理单位、征迁安置监测评估单位等的工作报告。

(3)现场抽查征迁安置及专业项目完成情况和工程质量评定结果。

(4)查阅征迁安置相关资料及资金使用情况。

(5)讨论并形成征迁安置验收报告。

(6)验收委员会成员在征迁安置终验验收报告上签字。

验收结论应当经三分之二以上验收委员会成员同意。验收委员会对终验不予通过的项目,向验收申请单位出具不予通过的理由以及整改意见书面通知。验收申请单位应当及时组织处理有关问题,完成整改,并按照程序重新申请验收。

第五节　法律规章

1. 防洪工程建设涉及的法律法规有哪些?

(1)防洪工程建设涉及的法律包括:①《中华人民共和国水法》(中华人民共和国主席令第 61 号);②《中华人民共和国防洪法》(中华人民共和国主席令第 88 号);③《中华人民共和国招标投标法》(中华人民共和国主席令第 21 号);④《中华人民共和国合同法》(中华人民共和国主席令第 15 号);⑤《中华人民共和国安全生产法》(中华人民共和国主席令第 70 号);⑥《中华人民共和国土地管理法》(中华人民共和国主席令第 28 号)。

(2)防洪工程建设涉及的法规包括:①《建设工程勘察设计管理条例》(国务院令第 293 号);②《大中型水利水电工程建设征地补偿和移民安置条例》(国务院令第 471 号);③《建设工程质量管理条例》(国务院令第 279 号)。

2. 黄河防洪工程建设涉及的部门规章有哪些?

①《水利工程建设项目管理规定》(水建〔1995〕128 号);②《水利工程建设程序管理暂行规定》(水建〔1998〕16 号);③《工程建设标准强制性条文》(水利工程部分)(水国科〔2001〕5 号);④《水利工程建设项目招标投标管理规定》(水利部令第 14 号);⑤《水利工程建设监理规定》(水利部令第 28 号);⑥《黄河水利工程项目法人建设管理责任追究办法》(黄监〔2005〕6 号);⑦《黄河水利工程建设督查办法(试行)》(黄建管〔2003〕2 号);⑧《黄河防洪工程项目建设管理责任与追究办法》(黄监〔2004〕1 号);⑨《水利工程建设项目档案管理规定》(水办〔2005〕480 号);⑩《黄河水利委员会安全生产管理规定》(黄人

劳〔2007〕57 号）；⑪《黄河防洪工程文明建设工地评审管理办法》（黄文明〔2007〕5 号）。

3. 防洪工程建设涉及的规范规程包括哪些？

①《堤防工程施工规范》（SL 260—1998）；②《水利水电建设工程验收规程》（SL 223—2008）；③《水利水电工程施工质量检验与评定规程》（SL 176—2007）；④《堤防工程施工质量评定与验收规程（试行）》（SL 239—1999）；⑤《水利工程建设项目施工监理规范》（SL 288—2003）；⑥《水利水电工程单元工程施工质量验收评定标准——土石方工程》（SL 631—2012）；⑦《水利水电工程单元工程施工质量验收评定标准——混凝土工程》（SL 632—2012）；⑧《水利水电工程单元工程施工质量验收评定标准——堤防工程》（SL 634—2012）。

第二章　建设工程合同管理

第一节　建设工程合同管理法律基础

1. 合同法律关系由哪些要素构成？

合同法律关系包括合同法律关系主体、合同法律关系客体、合同法律关系内容三个要素。合同法律关系主体，是参加合同法律关系，享有相应权利、承担相应义务的当事人。合同法律关系的主体可以是自然人、法人、其他组织。合同法律关系客体，是指参加合同法律关系的主体享有的权利和承担的义务所共同指向的对象。合同法律关系的客体主要包括物、行为、智力成果。合同法律关系的内容是指合同约定和法律规定的权利和义务。合同法律关系的内容是合同的具体要求，决定了合同法律关系的性质，它是连接主体的纽带。

2. 法人应当具备哪些条件？

法人应当具备以下条件：

（1）依法成立。法人不能自然产生，它的产生必须经过法定的程序。法人的设立目的和方式必须符合法律的规定，设立法人必须经过政府主管机关的批准或者核准登记。

（2）有必要的财产或者经费。有必要的财产或者经费是法人进行民事活动的物质基础，它要求法人的财产或者经费必须与法人的经营范围或者设立目的相适应，否则不能被批准设立或者核准登记。

（3）有自己的名称、组织机构和场所。法人的名称是法人相互区别的标志和法人进行活动时使用的代号。法人的组织机构是指对内管理法人事务、对外代表法人进行民事活动的机构。法人的场所则是法人进行业务活动的所在地，也是确定法律管辖的依据。

（4）能够独立承担民事责任。法人必须能够以自己的财产或者经费承担在民事活动中的债务，在民事活动中给其他主体造成损失时能够承担赔偿责任。

3. 法律事实怎么分类？

法律事实包括行为和事件。行为是指法律关系主体有意识的活动，能够引起法律关系发生变更和消灭的行为，包括作为和不作为两种表现形式。行为还可分为合法行为和违法行为。事件是指不以合同法律关系主体的主观意志为转移而发生的，能够引起合同法律关系产生、变更、消灭的客观现象。这些客观事件出现与否，是当事人无法预见和控制的。事件可分为自然事件和社会事件两种。

4. 代理的种类有哪些？

以代理权产生的依据不同，可将代理分为委托代理、法定代理和指定代理。

（1）委托代理。委托代理是基于被代理人对代理人的委托授权行为而产生的代理。委托代理关系的产生，需要在代理人与被代理人之间存在基础法律关系，如委托合同关系、合伙合同关系、工作隶属关系等,但只有在被代理人对代理人进行授权后,这种委托代理关系才真正建立。授予代理权的形式可以用书面形式,也可以用口头形式。如果法律法规规定应当采用书面形式的,则应当采用书面形式。

(2)法定代理。法定代理是指根据法律的直接规定而产生的代理。法定代理主要是为维护无行为能力或限制行为能力人的利益而设立的代理方式。

(3)指定代理。指定代理是根据人民法院和有关单位的指定而产生的代理。指定代理只在没有委托代理人和法定代理人的情况下适用。在指定代理中,被指定的人称为指定代理人,依法被指定为代理人的,如无特殊原因不得拒绝担任代理人。

5. 担保的方式有哪些?

《中华人民共和国担保法》(以下简称《担保法》)规定的担保方式为保证、抵押、质押、留置和定金。

(1)保证。是指保证人和债权人约定,当债务人不履行债务时,保证人按照约定履行债务或者承担责任的行为。保证法律关系必须至少有三方参加,即保证人、被保证人(债务人)和债权人。保证的方式有两种,即一般保证和连带责任保证。

(2)抵押。是指债务人或者第三人向债权人以不转移占有的方式提供一定的财产作为抵押物,用以担保债务履行的担保方式。

(3)质押。是指债务人或者第三人将其动产或权利移交债权人占有,用以担保债权履行的担保。质押后,当债务人不能履行债务时,债权人依法有权就该动产或权利优先得到清偿。

(4)留置。是指债权人按照合同约定占有对方(债务人)的财产,当债务人不能按照合同约定期限履行债务时,债权人有权依照法律规定留置该财产并享有处置该财产得到优先受偿的权利。

(5)定金。是指当事人双方为了保证债务的履行,约定由当事人一方先行支付给对方一定数额的货币作为担保。

6. 哪些组织不能作为保证人?

具有代为清偿债务能力的法人、其他组织或者公民,可以作为保证人。但是,以下组织不能作为保证人:

(1)企业法人的分支机构、职能部门。企业法人的分支机构有法人书面授权的,可以在授权范围内提供保证。

(2)国家机关。经国务院批准为使用外国政府或者国际经济组织贷款进行转贷的除外。

(3)学校、幼儿园、医院等以公益为目的的事业单位、社会团体。

7. 哪些财产可以作为抵押物?

下列财产可以作为抵押物:①抵押人所有的房屋和其他地上定着物;②抵押人所有的机器、交通运输工具和其他财产;③抵押人依法有权处置的国有土地使用权、房屋和其他地上定着物;④抵押人依法有权处置的国有机器、交通运输工具和其他财产;⑤抵押人依法承包并经发包方同意抵押的荒山、荒沟、荒丘、荒滩等荒地的土地使用权;⑥依法可以抵押的其他财产。

8. 如何理解保证在工程建设中的应用？

在工程建设的过程中，保证是最为常用的一种担保方式。保证这种担保方式必须由第三人作为保证人，由于对保证人的信誉要求比较高，工程建设中的保证人往往是银行，也可能是信用较高的其他担保人（如担保公司），这种保证应当采用书面形式。在工程建设中习惯把银行出具的保证称为保函，而把其他保证人出具的书面保证称为保证书。

（1）施工投标保证。施工项目的投标担保应当在投标时提供，担保方式可以是由投标人提供一定数额的保证金；也可以提供第三人的信用担保（保证），一般是由银行或者担保公司向招标人出具投标保函或者投标保证书。在下列情况下可以没收投标保证金或要求承保的担保公司或银行支付投标保证金：①投标人在投标有效期内撤销投标书；②投标人在业主已正式通知他的投标已被接受中标后，在投标有效期内未能或拒绝按"投标人须知"规定，签订合同协议或递交履约保函。

投标保证的有效期限一般是从投标截止日起到确定中标人止。若由于评标时间过长，而使保证到期，招标人应当通知投标人延长保函或者保证书有效期。投标保函或者保证书在评标结束之后应退还给承包商，一般有两种情况：①未中标的投标人可向招标人索回投标保函或者保证书，以便向银行或者担保公司办理注销或使押金解冻；②中标的投标人在签订合同时，向业主提交履约担保，招标人即可退回投标保函或者保证书。

（2）施工合同的履约保证。施工合同的履约保证，是为了保证施工合同的顺利履行而要求承包人提供的担保。《中华人民共和国招标投标法》（以下简称《招标投标法》）第46条规定："招标文件要求中标人提交履约保证金的，中标人应当提供。"在建设项目的施工招标中，履约担保的方式可以是提交一定数额的履约保证金；也可以提供第三人的信用担保（保证），一般是由银行或者担保公司向招标人出具履约保函或者保证书。履约保证的有效期限从提交履约保证起，到项目竣工并验收合格止。如果工程拖期，不论何种原因，承包人都应与发包人协商，并通知保证人延长保证有效期，防止发包人借故提款。

（3）施工预付款保证。由于工程建设施工中承包人是不垫资承包的，因此发包人一般应向承包人支付预付款，帮助承包人解决前期施工资金周转的困难。预付款担保，是承包人提交的、为保证返还预付款的担保。预付款担保都是采用由银行出具保函的方式提供。

预付款保证的有效期从预付款支付之日起至发包人向承包人全部收回预付款之日止。担保金额应当与预付款金额相同，预付款在工程的进展过程中按约定时间和比例结算工程款（中间支付）分次返还时，经发包人出具相应文件，担保金额也应当随之减少。

9. 什么是保险？什么是保险合同？

保险，是指投保人根据合同约定向保险人支付保险费，保险人对于合同约定的可能发生的事故因其发生所造成的财产损失承担赔偿保险金责任，或者当被保险人死亡、伤残、疾病或者达到合同约定的年龄、期限时承担给付保险金责任的商业保险行为。保险是一种受法律保护的分散危险、消化损失的法律制度。保险的目的是分散危险，因此危险的存在是保险产生的前提。保险制度上的危险是一种损失发生的不确定性，其表现为：①发生与否的不确定性；②发生时间的不确定性；③发生后果的不确定性。

保险合同是指投保人与保险人约定保险权利义务关系的协议。投保人是指与保险人订立保险合同,并按照保险合同负有支付保险费义务的人。保险人是指与投保人订立保险合同,并承担赔偿或者给付保险金责任的保险公司。保险合同在履行中还会涉及被保险人和受益人的概念。被保险人是指其财产或者人身受保险合同保障,享有保险金请求权的人,投保人可以为被保险人。受益人是指人身保险合同中由被保险人或者投保人指定的享有保险金请求权的人,投保人、被保险人可以为受益人。

10. 建筑工程一切险的投保人是谁?

在国外,建筑工程一切险的投保人一般是承包商。如国际咨询工程师联合会(FIDIC)土木工程施工合同条件要求,承包商以承包商和业主的共同名义对工程及其材料、配备设备装置投保保险。我国的《建设工程施工合同(示范文本)》规定,工程开工前发包人应当为建设工程办理保险,支付保险费用。因此,采用《建设工程施工合同(示范文本)》应当由发包人投保建筑工程一切险。

第二节　合同法律制度

1. 简述合同的分类。

1)合同的基本分类

《中华人民共和国合同法》(以下简称《合同法》)分则部分将合同分为 15 类:买卖合同,供用电、水、气、热力合同,赠与合同,借款合同,租赁合同,融资租赁合同,承揽合同,建设工程合同,运输合同,技术合同,保管合同,仓储合同,委托合同,行纪合同,居间合同。这可以认为是《合同法》对合同的基本分类。合同法对每一类合同都作了较为详细的规定。

2)其他分类

其他分类是侧重学理分析的,虽然合同法中也有涉及。

(1)计划与非计划合同。计划合同是依据国家有关计划签订的合同;非计划合同则是当事人根据市场需求和自己的意愿订立的合同。在市场经济中,依计划订立合同的比重降低了,但仍然有一部分合同是依据国家有关计划订立的。对于计划合同,有关法人、其他组织之间应当依照有关法律、行政法规规定的权利和义务订立合同。

(2)双务合同与单务合同。双务合同是当事人双方相互享有权利和相互负有义务的合同。大多数合同都是双务合同,如建设工程合同。单务合同是指合同当事人双方并不相互享有权利、负有义务的合同,如赠与合同。

(3)诺成合同与实践合同。诺成合同是当事人意思表示一致即可成立的合同。实践合同则要求在当事人意思表示一致的基础上,还必须交付标的物或者其他给付义务的合同。在现代经济生活中,大部分合同都是诺成合同。这种合同分类的目的在于确立合同的生效时间。

(4)主合同与从合同。主合同是指不依赖其他合同而独立存在的合同。从合同是以主合同的存在为存在前提的合同。主合同的无效、终止将导致从合同的无效、终止,但从合同的无效、终止不能影响主合同。担保合同是典型的从合同。

(5)有偿合同与无偿合同。有偿合同是指合同当事人双方任何一方均须给予另一方相应权益方能取得自己利益的合同。而无偿合同的当事人一方无须给予相应权益即可从另一方取得利益。在市场经济中,绝大部分合同都是有偿合同。

(6)要式合同与不要式合同。如果法律要求必须具备一定形式和手续的合同,称为要式合同;反之,法律不要求具备一定形式和手续的合同,称为不要式合同。

2. 为什么我国合同法对合同形式采用不要式原则?

合同法颁布前,我国有关法律对合同形式的要求是以要式为原则的。而合同法规定,当事人订立合同,有书面形式、口头形式和其他形式。法律、行政法规规定采用书面形式或者当事人约定采用书面形式的,应当采用书面形式。我国合同法在一般情况下对合同形式并无要求,只有在法律、行政法规有规定和当事人有约定的情况下要求采用书面形式。可以认为,合同法在合同形式上的要求是以不要式为原则的。当然,这种合同形式的不要式原则并不排除对于一些特殊的合同法律要求应当采用规定的形式(这种规定形式往往是书面形式),比如建设工程合同。

我国合同法采用合同形式的不要式原则有以下理由:

(1)合同本质对合同形式不作要求。现代市场经济中,合同自由原则成为合同一切制度的核心,反映在合同订立形式上不再要求具有严格的形式。从合同的本质上看,合同是一种合意。合同内容及法律效力的确定应当以当事人内在的真实意思为准,不能以其表现于外部的意志为准。

(2)市场经济要求不应对合同形式进行限制。现代市场交易活动要求商品的流转迅速、方便,而"要式原则"无法做到这一点。如:书面合同的要求将使分处两地的当事人无法通过电话订立合同或办理委托,标准合同形式或者要求书面签字盖章的合同无法通过电报、电传等方式订立。特别是通过竞争性方式订立的合同,"要式原则"更有无法克服的困难,如拍卖,在合同实质成立之前并无任何书面的形式。

(3)国际公约要求不应对合同形式进行限制。立法应当与市场经济的国际惯例一致,这已成为我国的共识。虽然目前许多国家对合同形式有要式要求,但大多数市场经济国家并未改变以不要式为主的状况,要式仅是对不要式合同的一种例外要求。在国际公约中也存在着以不要式为主的原则,如《联合国国际货物买卖合同公约》。虽然我国对国际公约这方面的规定声明有所保留,但从有利于国际贸易的角度考虑,我国也应建立起合同形式以不要式为主的立法体系。

(4)电子技术对合同形式的革命。电子数据交换(Electronic Date Interchange)和电子邮件(Email)等电子技术的发展,使信息交流更为快捷,订货和履约更为迅速,并且电子技术实现了订立合同无纸化,在这种形势下对合同形式的严格要求无疑将极大地阻碍新技术的发展和应用。

3. 要约应当符合哪些条件? 要约与要约邀请有什么区别?

(1)要约是希望和他人订立合同的意思表示。提出要约的一方为要约人,接受要约的一方为被要约人。要约应当符合以下条件:①内容具体确定;②表明经受要约人承诺,要约人即受该意思表示约束。具体地讲,要约必须是特定人的意思表示,必须是以缔结合同为目的。要约必须是对相对人发出的行为,必须由相对人承诺,虽然相对人的人数可能为不特定的多数人。另外,要约必须具备合同的一般条款。

（2）要约与要约邀请区别表现在：①要约的内容具体确定，而要约邀请的内容不具体确定；②要约表明经受要约人承诺，要约人即受该意思表示约束，要约邀请对行为人不具有合同意义的约束力。

4. 哪些合同是可变更或者可撤销的合同？

有下列情形之一的，当事人一方有权请求人民法院或者仲裁机构变更或者撤销其合同：

（1）因重大误解而订立的合同。重大误解是指由于合同当事人一方本身的原因，对合同主要内容发生误解，产生错误认识。重大误解必须是当事人在订立合同时已经发生的误解，如果是合同订立后发生的事实，且一方当事人订立时由于自己的原因而没有预见到，则不属于重大误解。

（2）在订立合同时显失公平的合同。一方当事人利用优势或者利用对方没有经验，致使双方的权利与义务明显违反公平原则的，可以认定为显失公平。

（3）以欺诈、胁迫等手段或者乘人之危，使对方在违背真实意思的情况下订立的合同。一方在上述情况下订立的合同，受损害方有权请求人民法院或者仲裁机构变更或者撤销。

5. 合同法对格式条款的提供人有哪些限制？

提供格式条款的一方应当遵循公平的原则确定当事人之间的权利义务关系，并采取合理的方式提请对方注意免除或限制其责任的条款，按照对方的要求，对该条款予以说明。提供格式条款一方免除其责任、加重对方责任、排除对方主要权利的，该条款无效。对格式条款的理解发生争议的，应当按照通常的理解予以解释，对格式条款有两种以上解释的，应当作出不利于提供格式条款一方的解释。在格式条款与非格式条款不一致时，应当采用非格式条款。

6. 承担缔约过失责任的情形有哪些？

（1）假借订立合同，恶意进行磋商。恶意磋商，是指一方没有订立合同的诚意，假借订立合同与对方磋商而导致另一方遭受损失的行为。如甲施工企业知悉自己的竞争对手在协商与乙企业联合投标，为了与对手竞争，遂与乙企业谈判联合投标事宜，在谈判中故意拖延时间，使竞争对手失去与乙企业联合的机会，之后宣布谈判终止，致使乙企业遭受重大损害。

（2）故意隐瞒与订立合同有关的重要事实或提供虚假情况。故意隐瞒重要事实或者提供虚假情况，是指以涉及合同成立与否的事实予以隐瞒或者提供与事实不符的情况而引诱对方订立合同的行为。如代理人隐瞒无权代理这一事实而与相对人进行磋商，施工企业不具有相应的资质等级而谎称具有，没有得到进（出）口许可而谎称获得，故意隐瞒标的物的瑕疵等。

（3）有其他违背诚实信用原则的行为。其他违背诚实信用原则的行为主要指当事人一方对附随义务的违反，即违反了通知、保护、说明等义务。

（4）违反缔约中的保密义务。当事人在订立合同过程中知悉的商业秘密，无论合同是否成立，不得泄露或者不正当使用。泄露或者不正当使用该商业秘密给对方造成损失的，应当承担损害赔偿责任。例如，发包人在建设工程招标投标中或者合同谈判中知悉对方的商业秘密,如果泄露或者不正当使用,给承包人造成损失的,应当承担损害赔偿责任。

7. 合同当事人在哪些情形下可以行使不安抗辩权?

应当先履行合同的一方有确切证据证明对方有下列情形之一的,可以中止履行(行使不安抗辩权):①经营状况严重恶化;②转移财产、抽逃资金以逃避债务的;③丧失商业信誉;④有丧失或者可能丧失履行债务能力的其他情形。

8. 承担违约责任的方式有哪些?

(1)继续履行。继续履行是指违反合同的当事人不论是否承担了赔偿金或者其他形式的违约责任,都必须根据对方的要求,在自己能够履行的条件下对合同未履行的部分继续履行。因为订立合同的目的就是通过履行实现当事人的目的,从立法的角度应当鼓励和要求合同的实际履行。承担赔偿金或者违约金责任不能免除当事人的履约责任。

(2)采取补救措施。所谓的补救措施主要是指我国民法通则和合同法中所确定的,在当事人违反合同的事实发生后,为防止损失发生或者扩大,而由违反合同一方依照法律规定或者约定采取的修理、更换、重新制作、退货、减少价格或者报酬等措施,以给权利人弥补或者挽回损失的责任形式。采取补救措施的责任形式,主要发生在质量不符合约定的情况下。建设工程合同中,采取补救措施是施工单位承担违约责任常用的方法。

(3)赔偿损失。当事人一方不履行合同义务或者履行合同义务不符合约定给对方造成损失的,应当赔偿对方的损失。损失赔偿额应相当于因违约所造成的损失,包括合同履行后可以获得的利益,但不得超过违反合同一方订立合同时预见或应当预见的因违反合同可能造成的损失。这种方式是承担违约责任的主要方式。因为违约一般都会给当事人造成损失,赔偿损失是守约者避免损失的有效方式。

(4)支付违约金。当事人可以约定一方违约时应当根据违约情况向对方支付一定数额的违约金,也可以约定因违约产生的损失额的赔偿办法。约定违约金低于造成的损失额,当事人可以请求人民法院或仲裁机构予以增加;约定违约金过分高于造成的损失额,当事人可以请求人民法院或仲裁机构予以适当减少。违约金与赔偿损失不能同时采用。如果当事人约定了违约金,则应当按照支付违约金承担违约责任。

(5)定金罚则。当事人可以约定一方向对方给付定金作为债权的担保。债务人履行债务后定金应当抵作价款或收回。给付定金的一方不履行约定债务的,无权要求返还定金;收受定金的一方不履行约定债务的,应当双倍返还定金。当事人既约定违约金,又约定定金的,一方违约时,对方可以选择适用违约金或定金条款。但是,这两种违约责任不能合并使用。

9. 解决合同争议的方法有哪些?

合同争议也称合同纠纷,是指合同当事人对合同规定的权利和义务产生了不同的理解。合同争议的解决方式有和解、调解、仲裁、诉讼四种。在这四种解决争议的方式中,和解和调解的结果没有强制执行的法律效力,要靠当事人的自觉履行。

(1)和解。和解是指合同纠纷当事人在自愿友好的基础上,互相沟通、互相谅解,从而解决纠纷的一种方式。合同发生纠纷时,当事人应首先考虑通过和解解决纠纷。事实上,在合同的履行过程中,绝大多数纠纷都可以通过和解解决。

(2)调解。调解是指合同当事人对合同所约定的权利、义务发生争议,经过和解后,不能达成和解协议时,在经济合同管理机关或有关机关、团体等的主持下,通过对当事人进行说服教育,促使双方互相作出适当的让步、平息争端、自愿达成协议,以求解决经济合同纠纷的方法。

(3)仲裁。仲裁,亦称"公断",是当事人双方在争议发生前或争议发生后达成协议,自愿将争议交给第三者作出裁决,并负有自动履行义务的一种解决争议的方式。这种争议解决方式必须是自愿的,因此必须有仲裁协议。如果当事人之间有仲裁协议,争议发生后又无法通过和解和调解解决,则应及时将争议提交仲裁机构仲裁。

(4)诉讼。诉讼是指合同当事人依法请求人民法院行使审判权,审理双方之间发生的合同争议,作出由国家强制保证实现其合法权益,从而解决纠纷的审判活动。合同双方当事人如果未约定仲裁协议,则只能以诉讼作为解决争议的最终方式。

10. 仲裁的原则有哪些?

(1)自愿原则。解决合同争议是否选择仲裁方式以及选择仲裁机构本身并无强制力。当事人采用仲裁方式解决纠纷,应当贯彻双方自愿原则,达成仲裁协议。如有一方不同意进行仲裁的,仲裁机构即无权受理合同纠纷。

(2)公平合理原则。仲裁的公平合理,是仲裁制度的生命力所在。这一原则要求仲裁机构要充分收集证据,听取纠纷双方的意见。仲裁应当根据事实,同时符合法律规定。

(3)仲裁依法独立进行原则。仲裁机构是独立的组织,相互间也无隶属关系。仲裁依法独立进行,不受行政机关、社会团体和个人的干涉。

(4)一裁终局原则。由于仲裁是当事人基于对仲裁机构的信任作出的选择,因此其裁决是立即生效的。裁决作出后,当事人就同一纠纷再申请仲裁或者向人民法院起诉的,仲裁委员会或者人民法院不予受理。

11. 仲裁庭如何组成?

仲裁庭的组成有两种方式:

(1)当事人约定由三名仲裁员组成仲裁庭。当事人如果约定由三名仲裁员组成仲裁庭,应当各自选定或者各自委托仲裁委员会主任指定一名仲裁员,第三名仲裁员由当事人共同选定或者共同委托仲裁委员会主任指定。第三名仲裁员是首席仲裁员。

(2)当事人约定由一名仲裁员组成仲裁庭。仲裁庭也可以由一名仲裁员组成。当事人如果约定由一名仲裁员组成仲裁庭的,应当由当事人共同选定或者共同委托仲裁委员会主任指定仲裁员。

第三节　建设工程招标管理

1. 政府行政主管部门对招标活动进行哪些方面的监督?

1)依法核查必须采用招标方式选择承包单位的建设项目

(1)必须招标的范围。招标投标法规定,任何单位和个人不得将必须进行招标的项目化整为零或者以其他任何方式规避招标。要求各类工程项目的建设活动,达到下列标准之一者,必须进行招标:①施工单项合同估算价在200万元人民币以上;②重要设备、材料等货物的采购,单项合同估算价在100万元人民币以上;③勘察、设计、监理等服务的采购,单项合同估算价在50万元人民币以上。

为了防止将应该招标的工程项目化整为零规避招标,即使单项合同估算价低于上述规定的标准,但项目总投资在3 000万元人民币以上的勘察、设计、施工、监理,以及与工程建设有关的重要设备、材料等的采购,也必须采用招标方式委托工作任务。

依法必须进行招标的项目,全部使用国有资金投资或者国有资金投资占控股或者主导地位的,应当公开招标。

(2)可以不进行招标的范围。属于下列情形之一的,经县级以上地方人民政府建设行政主管部门批准,可以不进行招标,采用直接委托的方式承担建设任务:①涉及国家安全、国家秘密的工程;②抢险救灾工程;③利用扶贫资金实行以工代赈、需要使用农民工等特殊情况;④建筑造型有特殊要求的设计;⑤采用特定专利技术、专有技术进行勘察、设计或施工;⑥停建或者缓建后恢复建设的单位工程,且承包人未发生变更的;⑦施工企业自建自用的工程,且该施工企业资质等级符合工程要求的;⑧在建工程追加的附属小型工程或者主体加层工程,且承包人未发生变更的;⑨法律、法规、规章规定的其他情形。

2)招标备案

工程项目的建设应当按照建设管理程序进行。为了保证工程项目的建设符合国家或地方总体发展规划,以及能使招标后工作顺利进行,不同标的的招标均需满足相应的条件。

(1)前期准备应满足的要求:①建设工程已批准立项;②向建设行政主管部门履行了报建手续,并取得批准;③建设资金能满足建设工程的要求,资金到位率符合规定;④建设用地已依法取得,并领取了建设工程规划许可证;⑤技术资料能满足招标投标的要求;⑥法律、法规、规章规定的其他条件。

(2)对招标人的招标能力要求。为了保证招标行为的规范化、科学地评标,达到招标选择承包人的预期目的,招标人应满足以下的要求:①有与招标工作相适应的经济、法律咨询和技术管理人员;②有组织编制招标文件的能力;③有审查招标单位资质的能力;④有组织开标、评标、定标的能力。

招标人具有编制招标文件和组织评标能力的,可以自行办理招标事宜,向有关行政监督部门进行备案即可。如果招标单位不具备上述要求,则需委托具有相应资质的中介机构代理招标。

3)对招标有关文件的核查备案

建设行政主管部门核查的内容主要包括以下方面:

(1)对投标人资格审查文件的核查。①不得以不合理条件限制或排斥潜在投标人;②不得对潜在投标人实行歧视待遇;③不得强制投标人组成联合体投标。

(2)对招标文件的核查。①招标文件的组成是否包括招标项目的所有实质性要求和条件,以及拟签订合同的主要条款,能使投标人明确承包工作范围和责任,并能够合理预见风险编制投标文件;②招标项目需要划分标段时,承包工作范围的合同界限是否合理;③招标文件是否有限制公平竞争的条件。

4)对投标活动的监督

全部使用国有资金投资或者国有资金投资控股或者占主导地位,依法必须进行施工招标的工程项目,应当进入有形建筑市场进行招标投标活动。

5)查处招标投标活动中的违法行为

招标投标法明确提出,国务院规定的有关行政监督部门有权依法对招标投标活动中的违法行为进行查处。视情节和对招标的影响程度,承担后果责任的形式可以为:判定招标无效,责令改正后重新招标;对单位负责人或其他直接责任者给予行政或纪律处分;没收非法所得,并处以罚金;构成犯罪的,依法追究刑事责任。

2. 公开招标程序包括哪些步骤?

按照招标人和投标人参与程度,可将公开招标过程粗略划分成招标准备阶段、招标投标阶段和决标成交阶段。

1)招标准备阶段的主要工作内容

招标准备阶段的工作由招标人单独完成,投标人不参与。其主要工作包括以下几个方面:

(1)选择招标方式。①根据工程特点和招标人的管理能力确定发包范围;②依据工程建设总进度计划确定项目建设过程中的招标次数和每次招标的工作内容;③按照每次招标前准备工作的完成情况,选择合同的计价方式;④依据工程项目的特点、招标前准备工作的完成情况、合同类型等因素的影响程度,最终确定招标方式。

(2)办理招标备案。招标人向建设行政主管部门办理申请招标手续。招标备案文件应说明招标工作范围、招标方式、计划工期、对投标人的资质要求、招标项目前期准备工作的完成情况,以及自行招标还是委托代理招标等内容。招标手续获得认可后才可以开展招标工作。

(3)编制招标有关文件。招标准备阶段应编制好招标过程中可能涉及的有关文件,保证招标活动的正常进行。这些文件大致包括招标公告、资格预审文件、招标文件、合同协议书,以及资格预审和评标的方法。

2)招标阶段的主要工作内容

该阶段从发布招标公告开始,到投标截止日期为止。

(1)发布招标公告。招标公告的作用是让潜在投标人获得招标信息,以便进行项目筛选,确定是否参与竞争。

(2)资格预审。对潜在投标人进行资格审查,主要考察该企业总体能力是否具备完成招标工作所要求的条件。公开招标时设置资格预审程序,一是保证参与投标的法人或组织在资质和能力等方面能够满足完成招标工作的要求;二是通过评审优选出综合实力较强的一批申请投标人,再请他们参加投标竞争,以减小评标的工作量。

(3)发售招标文件。招标文件通常分为投标须知、合同条件、技术规范、图纸和技术资料、工程量清单几大部分内容。

(4)现场考察。招标人在投标须知规定的时间内组织投标人自费进行现场考察。设置此程序的目的,一方面是让投标人了解工程项目的现场情况、自然条件、施工条件以及周围环境条件,以便编制投标书;另一方面也是要求投标人通过自己的实地考察确定投标的原则和策略,避免合同履行过程中以不了解现场情况为理由推卸应承担的合同责任。

(5)解答投标人的质疑。招标人对任何一位投标人所提问题的回答必须发送给每一位投标人,用以保证招标的公开和公平,但不必说明问题的来源。回答函件作为招标文件的组成部分,如果书面解答的问题与招标文件中的规定不一致,以函件的解答为准。

3)决标成交阶段的主要工作内容

从开标日到签订合同这一期间称为决标成交阶段,是对各投标书进行评审比较最终确定中标人的过程。

A. 开标

在投标须知规定的时间和地点由招标人主持开标会议,所有投标人均应参加,并邀请项目建设有关部门代表出席。开标时,由投标人或其推选的代表检验投标文件的密封情况。确认无误后工作人员当众拆封,宣读投标人名称、投标价格和投标文件的其他主要内容。所有在投标致函中提出的附加条件、补充声明、优惠条件、替代方案等均应宣读,如果有标底也应公布。开标过程应当记录,并存档备查。开标后,任何投标人都不允许更改投标书的内容和报价,也不允许再增加优惠条件。投标书经启封后不得再更改招标文件中说明的评标、定标办法。

B. 评标

评标是对各投标书优劣的比较,以便最终确定中标人,由评标委员会负责评标工作。大型工程项目的评标通常分成初评和详评两个阶段进行。

a. 初评

评标委员会以招标文件为依据,审查各投标书是否为响应性投标,确定投标书的有效性。投标书内如有下列情况之一,即视为投标文件对招标文件实质性要求和条件响应存在重大偏差,应予淘汰:

(1)没有按照招标文件要求提供投标担保或者所提供的投标担保有瑕疵。

(2)没有按照招标文件要求由投标人授权代表签字并加盖公章。

(3)投标文件记载的招标项目完成期限超过招标文件规定的完成期限。

(4)明显不符合技术规格、技术标准的要求。

(5)投标文件记载的货物包装方式、检验标准和方法等不符合招标文件的要求。

(6)招标人不能接受的条件。

(7)不符合招标文件中规定的其他实质性要求。

对于存在细微偏差的投标文件,可以书面要求投标人在评标结束前予以澄清、说明或者补正,但不得超出投标文件的范围或者改变投标文件的实质性内容。

b. 详评

详评通常分为两个步骤进行。首先对各投标书进行技术和商务方面的审查,评定其合理性,以及若将合同授予该投标人在履行过程中可能给招标人带来的风险。评标委员会认为必要时可以单独约请投标人对标书中含义不明确的内容作必要的澄清或说明,但澄清或说明不得超出投标文件的范围或改变投标文件的实质性内容。澄清内容也要整理成文字材料,作为投标书的组成部分。在对标书审查的基础上,评标委员会依据评标规则量化比较各投标书的优劣,并编写评标报告。

c. 评标报告

评标委员会经过对各投标书评审后向招标人提出的结论性报告作为定标的主要依

据。评标报告应包括评标情况说明、对各个合格投标书的评价、推荐合格的中标候选人等内容。

C. 定标

确定中标人前招标人不得与投标人就投标价格、投标方案等实质性内容进行谈判。招标人应该根据评标委员会提出的评标报告和推荐的中标候选人确定中标人，也可以授权评标委员会直接确定中标人。

定标原则是中标人的投标应当符合下列条件之一：能够最大限度地满足招标文件中规定的各项综合评价标准；能够满足招标文件各项要求，并经评审的价格最低，但投标价格低于成本的除外。

中标人确定后，招标人向中标人发出中标通知书，同时将中标结果通知未中标的投标人并退还他们的投标保证金或保函。中标通知书对招标人和中标人具有法律效力，招标人改变中标结果或中标人拒绝签订合同均要承担相应的法律责任。

3. 如何对投标人进行资格审查?

1) 资格预审程序

(1) 招标人依据项目的特点编写资格预审文件，资格预审文件分为资格预审须知和资格预审表两大部分。

①资格预审须知内容包括招标工程概况、工作范围介绍、对投标人的基本要求以及指导投标人填写资格预审文件的有关说明；②资格预审表列出对潜在投标人资质条件、实施能力、技术水平、商业信誉等方面需要了解的内容，以应答形式给出的调查文件。

(2) 招标人依据工程项目特点和发包工作性质划分评审的几大方面，如资质条件、人员能力、设备和技术能力、财务状况、工程经验、企业信誉等，并分别给予不同权重。对其中的各方面再细化评定内容和分项评分标准。通过对各投标人的评定和打分，确定各投标人的综合素质得分。

(3) 资格预审合格的条件。首先投标人必须满足资格预审文件规定的必要合格条件和附加合格条件，其次评定分数必须在预先确定的最低分数线以上。目前采用的合格标准有两种方式：一种是限制合格者数量，以便减小评标的工作量（如5家），招标人按得分高低次序向预定数量的投标人发出邀请投标函并请投标人予以确认，如果某一家放弃投标则由下一家递补维持预定数量；另一种是不限制合格者的数量，凡满足80分以上的潜在投标人均视为合格，保证投标的公平性和竞争性。后一种原则的缺点是如果合格者数量较多时，将增加评标的工作量。不论采用那种方法，招标人都不得向他人透露有权参与竞争的潜在投标人的名称、人数以及与招标投标有关的其他情况。

2) 投标人必须满足的基本资格条件

资格预审须知中明确列出投标人必须满足的最基本条件，可分为必要合格条件和附加合格条件两类：

(1) 必要合格条件通常包括法人地位、资质等级、财务状况、企业信誉、分包计划等具体要求，是潜在投标人应满足的最低标准。

(2) 附加合格条件视招标项目是否对潜在投标人有特殊要求决定有无。普通工程项目一般承包人均可完成，可不设置附加合格条件。对于大型复杂项目尤其是需要有专门技术、设备或经验的投标人才能完成时,则应设置此类条件。招标人可以针对工程所需的特别措施或工艺的专长、专业工程施工资质、环境保护方针和保证体系、同类工程施工经历、项目经理资质要求、安全文明施工要求等方面设立附加合格条件。

4. 监理招标有哪些特点?

监理招标的特点主要表现为:

(1)宗旨是对监理单位能力的选择。监理服务是监理单位的高智能投入,服务工作完成的好坏不仅依赖于执行监理业务是否遵循了规范化的管理程序和方法,更多地取决于参与监理工作人员的业务专长、经验、判断能力、创新想象力,以及风险意识。因此招标选择监理单位时,鼓励的是能力竞争,而不是价格竞争。如果对监理单位的资质和能力不给予足够重视,只依据报价高低确定中标人,就忽视了高质量服务,报价最低的投标人不一定就是最能胜任工作者。

(2)报价在选择中居于次要地位。工程项目的施工、物资供应招标选择中标人的原则是在技术上达到要求标准的前提下主要考虑价格的竞争性。而监理招标对能力的选择放在第一位,因为当价格过低时监理单位很难把招标人的利益放在第一位,为了维护自己的经济利益采取减少监理人员数量或多派业务水平低、工资低的人员,其后果必然导致对工程项目的损害。另外,监理单位提供高质量的服务往往能使招标人获得节约工程投资和提前投产的实际效益,因此过多考虑报价因素得不偿失。但从另一个角度来看,服务质量与价格之间应有相应的平衡关系,所以招标人应在能力相当的投标人之间再进行价格比较。

(3)邀请投标人数量较少。选择监理单位一般采用邀请招标,且邀请数量以 3～5 家为宜。因为监理招标是对知识、技能和经验等方面综合能力的选择,每一份标书内都会提出具有独特见解或创造性的实施建议,但又各有长处和短处。如果邀请过多投标人参与竞争,不仅要增大评标工作量,而且定标后还要给予未中标人以一定补偿费,与在众多投标人中好中求好的目的比较往往产生事倍功半的效果。

5. 施工招标的评标方法有哪些?

1)综合评分法

施工招标需要评定比较的要素较多,且各项内容的单位又不一致,如工期是天、报价是元等,因此综合评分法可以较全面地反映投标人的素质。评标是对各承包商实施工程综合能力的比较,大型复杂工程的评分标准最好设置几级评分目标,以利于评委控制打分标准,减小随意性。评分的指标体系及权重应根据招标工程项目特点设定。报价部分的评分又分为用标底衡量、用复合标底衡量和无标底比较三大类。

(1)以标底衡量报价得分的综合评分法。首先以预先确定的允许报价浮动范围确定入围的有效投标,然后按照评标规则依据报价与标底的偏离程度计算报价项得分,最后以各项累计得分比较投标书的优劣。应予注意,若某投标书的总分不低,但其中某一项得分低于该项及格分时,也应充分考虑授标给此投标人实施过程中可能的风险。

(2)以复合标底值作为报价评分衡量标准的综合评分法。具体步骤为:①计算各投标书报价的算术平均值;②将标书平均值与标底再作算术平均;③以步骤②算出的值为中心,按预先确定的允许浮动范围确定入围的有效投标书;④计算入围有效标书的报价算术平均值;⑤将标底和步骤④计算的值进行平均,作为确定报价得分的衡量标准。此步计算可以是简单的算术平均,也可以采用加权平均(如标底的权重为0.4,报价的平均值权重为0.6);⑥依据评标规则确定的计算方法,按报价与标准的偏离度计算各投标书的该项得分。

(3)无标底的综合评分法。为了鼓励投标人的报价竞争,可以不预先制定标底,用反映投标人报价平均水平的某一值作为衡量基准评定各投标书的报价部分得分。此种方法在招标文件中应说明比较的标准值和报价与标准值偏差的计分方法,视报价与其偏离度的大小确定分值高低。采用较多的方法包括:

①以最低报价为标准值。在所有投标书的报价中以报价最低者为标准(该项满分),其他投标人的报价按预先确定的偏离百分比计算相应得分。但应注意,最低的投标报价比次低投标人的报价如果相差悬殊(例如20%以上),则应首先考察最低报价者是否有低于其企业成本的竞标,若报价的费用组成合理,才可以作为标准值。这种规则适用于工作内容简单,一般承包人采用常规方法都可以完成的施工内容,因此评标时更重视报价的高低。

②以平均报价为标准值。开标后,首先计算各主要报价项的标准值。可以采用简单的算术平均值或平均值下浮某一预先规定的百分比作为标准值。标准值确定后,再按预先确定的规则,视各投标书的报价与标准值的偏离程度,计算各投标书的该项得分。对于某些较为复杂的工作任务,不同的施工组织和施工方法可能产生不同效果的情况,不应过分追求报价,因此采用投标人的报价平均水平作为衡量标准。

2)评标价法

评标委员会首先通过对各投标书的审查淘汰技术方案不满足基本要求的投标书,然后对基本合格的标书按预定的方法将某些评审要素按一定规则折算为评审价格,加到该标书的报价上形成评标价。以评标价最低的标书为最优(不是投标报价最低)。评标价仅作为衡量投标人能力高低的量化比较方法,与中标人签订合同时仍以投标价格为准。可以折算成价格的评审要素一般包括:

(1)投标书承诺的工期提前给项目可能带来的超前收益,以月为单位按预定计算规则折算为相应的货币值,从该投标人的报价内扣减此值。

(2)实施过程中必然发生而标书又属明显漏项部分,给予相应的补项,增加到报价上去。

(3)技术建议可能带来的实际经济效益,按预定的比例折算后,在投标价内减去该值。

(4)投标书内提出的优惠条件可能给招标人带来的好处,以开标日为准,按一定的方法折算后,作为评审价格因素之一。

(5)对其他可以折算为价格的要素,按照对招标人有利或不利的原则,增加或减少到投标报价上去。

第四节　工程委托监理合同

1. 监理合同示范文本的标准条件与专用条件有何关系？

建设工程委托监理合同的专用条件是建设工程委托监理合同标准条件的补充和修正。建设工程委托监理合同标准条件，其内容涵盖了合同中所用词语定义，适用范围和法规，签约双方的责任、权利和义务，合同生效、变更与终止，监理报酬，争议的解决，以及其他一些情况。它是委托监理合同的通用文件，适用于各类建设工程项目监理，各个委托人、监理人都应遵守。

由于标准条件适用于各种行业和专业项目的建设工程监理，因此其中的某些条款规定得比较笼统，需要在签订具体工程项目监理合同时，结合地域特点、专业特点和委托监理项目的工程特点，对标准条件中的某些条款进行补充和修改。

（1）补充。在标准条件条款确定的原则下，专用条件的条款中进一步明确具体内容，使两个条件中相同序号的条款共同组成一条内容完备的条款。

（2）修改。对标准条件中规定的程序方面的内容，如果双方认为不合适，可以协议修改。

2. 监理合同当事人双方都有哪些权利？

1）委托人的权利

（1）授予监理人权限的权利。在委托人授权范围内，监理人可对所监理的合同自主地采取各种措施进行监督、管理和协调，如果超越权限，应首先征得委托人同意后方可发布有关指令。委托人授予监理人权限的大小，要根据自身的管理能力、工程建设项目的特点及需要等因素考虑。监理合同内授予监理人的权限，在执行过程中可随时通过书面附加协议予以扩大或减小。

（2）对其他合同承包人的选定权。委托人是建设资金的持有者和建筑产品的所有人，因此对设计合同、施工合同、加工制造合同等的承包单位有选定权和订立合同的签字权。监理人在选定其他合同承包人的过程中仅有建议权而无决定权。

（3）委托监理工程重大事项的决定权。委托人有对工程规模、规划设计、生产工艺设计、设计标准和使用功能等要求的认定权，工程设计变更审批权。

（4）对监理人履行合同的监督控制权。委托人对监理人履行合同的监督权利体现在以下三个方面：①对监理合同转让和分包的监督。除支付款的转让外，监理人不得将所涉及的利益或规定义务转让给第三方。监理人所选择的监理工作分包单位必须事先征得委托人的认可。在没有取得委托人的书面同意前，监理人不得开始实行、更改或终止全部或部分服务的任何分包合同。②对监理人员的控制监督。合同专用条款或监理人的投标书内，应明确总监理工程师人选和监理机构派驻人员计划。合同开始履行时，监理人应向委托人报送委派的总监理工程师及其监理机构主要成员名单，以保证完成监理合同专用条件中约定的监理工作范围内的任务。当监理人调换总监理工程师时，须经委托人同意。③合同履行的监督权。监理人有义务按期提交月、季、年度的监理报告，委托人也可以随时要求其对重大问题提交专项报告，这些内容应在专用条款中明确约定。委托人按照合同约定检查监理工作的执行情况,如果发现监理人员不按监理合同履行职责或与承包方串通,给委托人或工程造成损失,有权要求监理人更换监理人员,直至终止合同,并承担相应赔偿责任。

　　2)监理人的权利

　　监理合同中涉及监理人权利的条款可分为两大类:一类是监理人在委托合同中应享有的权利;另一类是监理人履行委托人与第三方签订的承包合同的监理任务时可行使的权利。

　　(1)委托监理合同中赋予监理人的权利包括:①完成监理任务后获得酬金的权利。监理人不仅可获得完成合同内规定的正常监理任务酬金,如果合同履行过程中因主、客观条件的变化完成附加工作和额外工作后,也有权按照专用条件中约定的计算方法,得到额外工作的酬金。监理人在工作过程中作出了显著成绩,如由于监理人提出的合理化建议使委托人获得实际经济利益,则应按照合同中规定的奖励办法得到委托人给予的适当物质奖励。奖励办法通常参照国家颁布的合理化建议奖励办法,写明在专用条件相应的条款内。②终止合同的权利。如果由于委托人违约严重拖欠应付监理人的酬金,或由于非监理人责任而使监理暂停的期限超过半年以上,监理人可按照终止合同规定程序,单方面提出终止合同,以保护自己的合法权益。

　　(2)监理人执行监理业务可以行使的权利:①工程建设有关事项和工程设计的建议权,工程建设有关事项包括工程规模、设计标准、规划设计、生产工艺设计和使用功能要求。②实施项目的质量、工期和费用的监督控制权。主要表现为:对承包商报的工程施工组织设计和技术方案,按照保质量、保工期和降低成本要求,自主进行审批和向承包商提出建议;征得委托人同意,发布开工令、停工令、复工令;对工程上使用的材料和施工质量进行检验;对施工进度进行检查、监督,未经监理工程师签字,建筑材料、建筑构配件和设备不得在工地上使用,施工单位不得进行下一道工序的施工;工程实施竣工日期提前或延误期限的鉴定;在工程承包合同方定的工程范围内,工程款支付的审核和签认权,以及结算工程款的复核确认与否定权。未经监理人签字确认,委托人不支付工程款,不进行竣工验收。③工程建设有关协作单位组织协调的主持权。④紧急情况下,为了工程和人身安全,尽管变更指令已超越了委托人授权而又不能事先得到批准时,也有权发布变更指令,但应尽快通知委托人。⑤审核承包商索赔的权利。

3. 监理合同要求监理人必须完成的工作包括哪几类?

　　监理合同要求监理人必须完成的工作包括三类:

　　(1)正常工作。监理合同的专用条款内注明的委托监理工作范围和内容,从工作性质而言属于正常的监理工作。

　　(2)附加工作。与完成正常工作相关,在委托正常监理工作范围以外监理人应完成的工作。可能包括:①由于委托人、第三方原因,使监理工作受到阻碍或延误,以致增加了工作量或延续时间;②增加监理工作的范围和内容等。

　　(3)额外工作。指服务内容和附加工作以外的工作,即非监理人自己的原因而暂停或终止监理业务,其善后工作及恢复监理业务前不超过42天的准备工作时间。

　　由于附加工作和额外工作是委托正常工作之外要求监理人必须履行的义务,因此委托人在其完成工作后应另行支付附加监理工作酬金和额外监理工作酬金,但酬金的计算办法应在专用条款内予以约定。

4. 监理人执行监理业务过程中,发生哪些情况不应由监理人承担责任?

由于建设工程监理是以监理人向委托人提供技术服务为特性,在服务过程中监理人主要凭借自身知识、技术和管理经验,向委托人提供咨询、服务,替委托人管理工程。同时,在工程项目的建设过程中会受到多方面因素限制,鉴于上述情况,在责任方面作了如下规定:①监理人不对责任期以外发生的任何事情所引起的损失或损害负责;②不对第三方违反合同规定的质量要求和完工(交图、交货)时限承担责任。

第五节　建设工程勘察设计合同管理

1. 订立设计合同时,应约定哪些方面的条款?

设计合同条款的约定是设计合同履行的依据,应明确委托任务的范围和双方的权利、义务。使用设计合同范本订立合同时,在相关条款内应结合工程项目的具体特点明确以下方面的内容:

(1)发包人应提供文件、资料的名称和时间作为设计人完成设计任务的基础,通常包括本项目的设计依据文件和设计要求文件两部分。设计依据文件是发包人订立设计合同前已完成工作所获得的批准文件和数据资料;设计要求文件则是设计人完成委托任务应满足的具体要求。

(2)委托任务的工作范围。由于具体工程项目的条件和特点各异,应针对委托设计的项目明确说明。通常涉及设计范围、建筑物的设计合理使用年限要求、委托的设计阶段和内容、设计深度要求、设计人配合施工工作的要求等方面的约定。

(3)合同约定的勘察工作开始和终止时间。

(4)设计费用。合同内除写明双方约定的总设计费外,还需列明分阶段支付进度款的条件、占总设计费的百分比及金额。

(5)发包人应为设计人提供现场服务。包括施工现场的工作条件、生活条件及交通等方面的具体内容。

(6)违约责任。需要约定的内容包括承担违约责任的条件和违约金的计算方法等。

(7)合同争议的最终解决方式。明确约定解决合同争议的最终方式是采用仲裁或诉讼。采用仲裁时,需注明仲裁委员会的名称。

2. 发包人应为勘察人提供哪些现场的工作条件?

发包人应为勘察人提供现场必要的生产、生活条件,包括:

(1)在勘察现场范围内,不属于委托勘察任务而又没有资料、图纸的地区(段),发包人应负责查清地下埋藏物。若因未提供上述资料、图纸,或提供的资料图纸不可靠、地下埋藏物不清,致使勘察人在勘察工作过程中发生人身伤害或造成经济损失时,由发包人承担民事责任。

(2)若勘察现场需要看守,特别是在有毒、有害等危险现场作业时,发包人应派人负责安全保卫工作,按国家有关规定,对从事危险作业的现场人员进行保健防护,并承担费用。

（3）工程勘察前，属于发包人负责提供的材料，应根据勘察人提出的工程用料计划，按时提供各种材料及其产品合格证明，并承担费用和运到现场，派人与勘察人一起验收。

3. 设计合同履行期间，发包人和设计人各应履行哪些义务？

设计合同确定双方履行义务的原则是，设计人按照发包人的项目建设意图保质、保量、按期完成委托项目的设计任务，并协助实现设计的预期目的，所有与设计有关的外部配合、协调工作属于发包人的义务。因此，双方的义务分别体现为以下几个方面。

1）发包人的义务

（1）提供设计依据资料。发包人应当按照合同内约定时间，一次性或陆续向设计人提交设计依据文件和相关资料以保证设计工作的顺利进行，并对所提交基础资料及文件的完整性、正确性和时限负责。

（2）提供必要的现场工作条件。发包人有义务为设计人在现场工作期间提供必要的工作、生活便利条件。

（3）外部协调工作。包括设计的阶段成果（初步设计、技术设计、施工图设计）完成后，应由发包人组织鉴定和验收，并负责向发包人的上级或有管理资质的设计审批部门完成报批手续；施工图设计完成后，发包人应将施工图报送建设行政主管部门，由建设行政主管部门委托的审查机构进行结构安全和强制性标准、规范执行情况等内容的审查。

（4）其他相关工作。发包人委托设计配合引进项目的设计任务，从询价、对外谈判、国内外技术考察直至建成投产的各个阶段，应吸收承担有关设计任务的设计人参加。出国费用，除制装费外，其他费用由发包人支付。如果发包人委托设计人承担合同约定委托范围之外的服务工作，需另行支付费用。

（5）保护设计人的知识产权。

（6）遵循合理设计周期的规律。发包人不应严重背离合理设计周期的规律，强迫设计人不合理地缩短设计周期。若双方经过协商达成一致并签订提前交付设计文件的协议后，发包人应支付相应的赶工费。

2）设计人的义务

（1）保证设计质量。①设计人应依据批准的可行性研究报告、勘察资料，在满足国家规定的设计规范、规程、技术标准的基础上，按合同规定的标准完成各阶段的设计任务，并对提交的设计文件质量负责。②在投资限额内，鼓励设计人采用先进的设计思想和方案。但若设计文件中采用的新技术、新材料可能影响工程的质量或安全而又没有国家标准时，应当由国家认可的检测机构进行试验、论证，并经国务院有关部门或省、直辖市、自治区有关部门组织的建设工程技术专家委员会审定后方可使用。③负责设计的建（构）筑物需注明设计的合理使用年限。④设计文件中选用的材料、构配件、设备等，应当注明规格、型号、性能等技术指标，其质量要求必须符合国家规定的标准。⑤各设计阶段设计文件审查会提出的修改意见，设计人应负责修正和完善。⑥对外商的设计资料进行审查。

（2）配合施工的义务。①设计交底；②解决施工中出现的设计问题，如完成设计变更或解决与设计有关的技术问题等；③参加工程验收工作，包括重要部位的隐蔽工程验收、试车验收和竣工验收；④保护发包人的知识产权。

4. 设计合同履行过程中哪些属于违约行为？当事人双方各应如何承担违约责任？

1）发包人的违约责任

（1）发包人延误支付。发包人应按合同规定的金额和时间向设计人支付设计费，每逾期支付一天，应承担支付金额2‰的逾期违约金，且设计人提交设计文件的时间顺延。逾期超过30天以上时，设计人有权暂停履行下阶段工作，并书面通知发包人。

（2）审批工作的延误。发包人的上级或设计审批部门对设计文件不审批或合同项目停缓建，均视为发包人应承担的风险。设计人提交合同约定的设计文件和相关资料后，按照设计人已完成全部设计任务对待，发包人应按合同规定结清全部设计费。

（3）发包人原因要求解除合同，按照设计人完成设计工作的进展情况按以下原则处理：①设计人未开始设计工作的，不退还发包人已付的定金；②已开始设计工作但实际完成的工作量不足一半时，按该阶段设计费的一半支付；③设计工作未全部完成但实际工作量超过一半时，支付该阶段全部设计费。

2）设计人的违约责任

（1）设计错误。①设计人对设计资料及文件中出现的遗漏或错误负责修改或补充；②由于设计人员错误造成工程质量事故损失，设计人除负责采取补救措施外，应免收直接受损失部分的设计费；③由于设计错误导致工程实际受到严重损失时，应根据损失的程度、设计人责任大小、合同约定的百分比承担损害赔偿责任。

（2）延误完成设计任务。由于设计人自身原因，延误了按合同规定交付的设计资料及设计文件的时间，每延误一天，应减收该项目应收设计费的2‰。

（3）设计人原因要求解除合同，应双倍返还定金。

第六节　建设工程施工合同管理

1. 对双方有约束力的合同包括哪些文件？

在协议书和通用条款中规定，对合同双方当事人有约束力的合同文件包括签订合同时已形成的文件和履行过程中构成对双方有约束力的文件两大部分。

订立合同时已形成的文件包括：①施工合同协议书；②中标通知书；③投标书及其附件；④施工合同专用条款；⑤施工合同通用条款；⑥标准、规范及有关技术文件；⑦图纸；⑧工程量清单；⑨工程报价单或预算书。

合同履行过程中形成的文件包括：合同履行过程中双方有关工程的洽商、变更等书面协议或文件也构成对双方有约束力的合同文件，将其视为协议书的组成部分。

2. 质量监督机构与工程师对施工合同的质量管理有哪些区别？

（1）依据不同。质量监督机构是接受建设行政主管部门的委托，负责监督工程质量的中介组织，对建设工程质量的监督有强制性。而工程师是根据监理合同的约定对施工合同进行质量管理的，是受发包人委托进行的，其管理的依据是合同。

（2）范围不同。质量监督机构不仅对工程的质量进行监督，还对工程参建各方主体质量行为进行监督。对实体质量监督以抽查方式为主，并辅以科学的检测手段。工程师对施工合同的管理限于合同的约定，仅仅对工程质量本身进行控制，但其质量检查内容和控制手段则比质量监督机构丰富。

（3）后果不同。质量监督机构监督是一种强制性手段，如果不合格，则工程参建各方主体需要承担相应的行政责任。而工程师是依据合同进行管理的，因此如果不合格，责任方则承担相应的民事责任，工程师无权进行行政处理。

3. 施工进度计划有何作用？工程师如何对施工进度进行控制？

施工进度计划的作用是确保承包人在合理的状态下施工。工程师对施工进度进行控制包括以下方面：

（1）承包人应当在专用条款约定的日期，将施工组织设计和施工进度计划提交工程师。群体工程中采取分阶段进行施工的单项工程，承包人则应按照发包人提供图纸及有关资料的时间，按单项工程编制进度计划，分别向工程师提交。工程师接到承包人提交的进度计划后应当予以确认或者提出修改意见，时间限制则由双方在专用条款中约定。如果工程师逾期不确认也不提出书面意见，则视为已经同意。工程师按照进度计划对承包人施工进度的认可，不免除承包人对施工组织设计和工程进度计划本身的缺陷所应承担的责任。进度计划经工程师予以认可的主要目的，是作为发包人和工程师依据计划进行协调和对施工进度控制的依据。

（2）工程开工后合同履行即进入施工阶段，直至工程竣工。这一阶段工程师进行进度管理的主要任务是控制施工工作按进度计划执行，确保施工任务在规定的合同工期内完成。开工后，承包人应按照工程师确认的进度计划组织施工，接受工程师对进度的检查、监督。一般情况下，工程师每月均应检查一次承包人的进度计划执行情况，由承包人提交一份上月进度计划执行情况和本月的施工方案与措施。同时，工程师还应进行必要的现场实地检查。实际施工过程中，由于受到外界环境条件、人为条件、现场情况等的限制，经常出现与承包人开工前编制施工进度计划时预计的施工条件有出入的情况，导致实际施工进度与计划进度不符。不管实际进度是超前还是滞后于计划进度，只要与计划进度不符时，工程师都有权通知承包人修改进度计划，以便更好地进行后续施工的协调管理。承包人应当按照工程师的要求修改进度计划并提出相应措施，经工程师确认后执行。

4. 如何进行隐蔽工程的检验和验收？

由于隐蔽工程在施工中一旦完成隐蔽，将很难再对其进行质量检查（这种检查往往成本很大），因此必须在隐蔽前进行检查验收。对于中间验收，应按专用条款中约定，对需要进行中间验收的单项工程和部位及时进行检查、试验，不应影响后续工程的施工。发包人应为检验和试验提供便利条件。

（1）承包人自检。工程具备隐蔽条件或达到专用条款约定的中间验收部位，承包人进行自检，并在隐蔽或中间验收前48小时以书面形式通知工程师验收。通知包括隐蔽和中间验收的内容、验收时间和地点。承包人准备验收记录。

（2）共同检验。工程师接到承包人的请求验收通知后，应在通知约定的时间与承包人共同进行检查或试验。检测结果表明质量验收合格，经工程师在验收记录上签字后，承包人可进行工程隐蔽和继续施工；验收不合格，承包人应在工程师限定的时间内修改后重新验收。

如果工程师不能按时进行验收，应在承包人通知的验收时间前24小时，以书面形式向承包人提出延期验收要求,但延期不能超过 48 小时。

若工程师未能按以上时间提出延期要求,又未按时参加验收,承包人可自行组织验收。承包人经过验收的检查、试验程序后,将检查、试验记录送交工程师。本次检验视为工程师在场情况下进行的验收,工程师应承认验收记录的正确性。

经工程师验收,工程质量符合标准、规范和设计图纸等要求,验收 24 小时后,工程师不在验收记录上签字,视为工程师已经认可验收记录,承包人可进行工程隐蔽和继续施工。

(3)重新检验。无论工程师是否参加了验收,当其对某部分的工程质量有怀疑,均可要求承包人对已经隐蔽的工程进行重新检验。承包人接到通知后,应按要求进行剥离或开孔,并在检验后重新覆盖或修复。重新检验表明质量合格,发包人承担由此发生的全部追加合同价款,赔偿承包人损失,并相应顺延工期;检验不合格,承包人承担发生的全部费用,工期不予顺延。

5. 监理工程师如何处理设计变更?

监理工程师在合同履行管理中应严格控制变更,施工中承包人未得到工程师的同意也不允许对工程设计随意变更。如果由于承包人擅自变更设计发生的费用和因此而导致发包人产生的直接损失,应由承包人承担,延误的工期不予顺延。

(1)发包人要求的设计变更。施工中发包人需对原工程设计进行变更,应提前 14 天以书面形式向承包人发出变更通知。变更超过原设计标准或批准的建设规模时,发包人应报规划管理部门和其他有关部门重新审查批准,并由原设计单位提供变更的相应图纸和说明。

监理工程师向承包人发出设计变更通知后,承包人按照监理工程师发出的变更通知及有关要求进行所需的变更。因设计变更导致合同价款的增减及造成的承包人损失由发包人承担,延误的工期相应顺延。

(2)承包人要求的设计变更。施工中承包人不得因施工方便而要求对原工程设计进行变更。承包人在施工中提出的合理化建议被发包人采纳,若建议涉及对设计图纸或施工组织设计的变更及对材料、设备的换用,则须经工程师的同意。未经工程师同意承包人擅自更改或换用,承包人应承担由此发生的费用,并赔偿发包人的有关损失,延误的工期不予顺延。工程师同意采用承包人提出的合理化建议,所发生费用和获得收益的分担或分享,发包人和承包人另行约定。

6. 发生哪些情况应该给承包人合理顺延工期?

按照施工合同范本通用条件的规定,以下原因造成的工期延误,经工程师确认后工期相应顺延:①发包人不能按专用条款的约定提供开工条件;②发包人不能按约定日期支付工程预付款、进度款,致使工程不能正常进行;③工程师未按合同约定提供所需指令、批准等,致使施工不能正常进行;④设计变更和工程量增加;⑤一周内非承包人原因停水、停电、停气造成停工累计超过 8 小时;⑥不可抗力;⑦专用条款中约定或工程师同意工期顺延的其他情况。

7.竣工阶段监理工程师应做好哪些工作?

(1)竣工验收。工程验收是合同履行中的一个重要工作阶段,工程未经竣工验收或竣工验收未通过的,发包人不得使用。发包人强行使用时,由此发生的质量问题及其他问题,由发包人承担责任。竣工验收分为分项工程竣工验收和整体工程竣工验收两大类,视施工合同约定的工作范围而定。

(2)工程保修。承包人应当在工程竣工验收之前,与发包人签订质量保修书,作为合同附件。工程师也应当做好工程保修中的监理工作。

(3)竣工结算。工程师在竣工结算中也需要履行合同规定的义务。

第七节　FIDIC 合同条件下的施工管理

1.如何理解《施工合同条件》中合同履行中涉及的几个期限的概念?

(1)合同工期。判定承包商提前或延误竣工的标准。总时间为合同内注明的完成全部工程的时间,加上合同履行过程中因非承包商应负责原因导致变更和索赔事件发生后,经工程师批准顺延工期之和。

(2)施工期。承包商的实际施工时间,从工程师按合同约定发布的"开工令"中指明的应开工之日起,至工程接收证书注明的竣工日止的日历天数为承包商的施工期。

(3)缺陷通知期。缺陷通知期即工程保修期,自工程接收证书中写明的竣工日开始,至工程师颁发履约证书为止的日历天数。

(4)有效期。合同条款约定的责任对业主和承包商具有约束力的时间期限,自合同签字日起至承包商提交给业主的"结清单"生效日止。

2.《施工合同条件》指定分包商的特点有哪些?

(1)业主可指定分包工程单位。

(2)承包商可与指定分包商签约。

(3)承包商对指定分包商施工具有监督、协调、管理义务。

(4)指定分包商的工作内容不属于承包商必须完成的承包工作范围。

(5)给指定分包商的付款从暂列金额内支付。

(6)指定分包商有按时获得工程进度款的权利,工程师和业主在支付承包商工程款时应予以保护。

(7)指定分包商的违约行为承包商不承担责任。

3.《施工合同条件》中如何解决合同争议?

业主和承包商任何一方对合同有争议按以下程序执行:

(1)提交工程师决定。FIDIC 编制的施工合同条件的基本出发点之一,是合同履行过程中建立以工程师为核心的项目管理模式,因此不论是承包商的索赔还是业主的索赔均应首先提交给工程师。任何一方要求工程师作出决定时,工程师应与双方协商尽力达成一致。如果未能达成一致,则应按照合同规定并适当考虑有关情况后作出公正的决定。

(2)提交争端裁决委员会决定。双方起因于合同的任何争端,包括对工程师签发的证书及作出的决定、指示、意见或估价不接受时,可将争议提交合同争端裁决委员会,并将副本送交对方和工程师。裁决委员会在收到提交的争议文件后84天内作出合理的裁决。作出裁决后的28天内任何一方未提出不满意裁决的通知,则此裁决即为最终的决定。

（3）双方协商。任何一方对裁决委员会的裁决不满意,或裁决委员会在84天内没能作出裁决,在此期限后的28天内应将争议提交仲裁。仲裁机构在收到申请后的56天才开始审理,这一时间要求双方尽力以友好的方式解决合同争议。

（4）仲裁。如果双方仍未能通过协商解决争议,则只能在合同约定的仲裁机构最终解决。

4.《施工合同条件》中是如何进行风险责任划分的?

施工合同条件在业主和承包商之间划分风险分担责任有三个基本原则:

（1）承包商在投标阶段是否可以合理预见,以基准日(投标截止日期前第28天)作为划分合同风险责任的时间点。

（2）所发生的事件属于有经验的承包商不能合理预见,而非承包商的投标失误或管理责任。

（3）通过工程投保也不能合理或全部转移的风险应由业主承担。

因此,在基准日后发生的作为一个有经验承包商在投标阶段不可能合理预见的风险事件,按承包商受到的实际影响给予补偿;若业主获得好处,也应取得相应的利益。某一不利于承包商的风险损害是否应给予补偿,工程师不是简单看承包商的报价内包括或未包括对此事件的费用,而是以作为有经验的承包商在投标阶段能否合理预见作为判定准则。

5.《施工合同条件》中工程师如何对施工进度进行监督?

（1）认可承包商编制的施工进度计划。要求承包商收到开工通知后的28天内,按工程师要求的格式和详细程度提交施工进度计划,说明为完成施工任务而打算采用的施工方法、施工组织方案、进度计划安排,以及按季度列出根据合同预计应支付给承包人费用的资金估算表。

进度计划的内容应包括:①施工的计划进度。视承包工程的任务范围不同,可能还涉及设计进度(如果包括部分工程的施工图设计的话),材料采购计划,永久工程设备的制造、运到现场、施工、安装、调试和检验各个阶段的预期时间(永久工程设备包括在承包范围内的话)。②每个指定分包商施工各阶段的安排。③合同中规定的重要检查、检验的次序和时间。④保证计划实施的说明文件:一是承包商在各施工阶段准备采用的方法和主要阶段的总体描述;二是各主要阶段承包商准备投入的人员和设备数量的计划等。承包商将计划提交的21天内,工程师未提出需修改计划的通知,即该计划已被工程师认可。

（2）监督计划的执行。承包商每个月都应向工程师提交进度报告,说明前一阶段的进度情况和施工中存在的问题,以及下一阶段的实施计划和准备采取的相应措施。报告的内容包括:①设计(如有时)、承包商的文件、采购、制造、货物运达现场、施工、安装和调试的每一阶段,以及指定分包商实施工程的这些阶段进展情况的图表与详细说明;②表明制造(如有时)和现场进展状况的照片;③与每项主要永久设备和材料制造有关的制造商名称、制造地点、进度百分比,以及开始制造、承包商的检查、检验、运输和到达现场的实际或预期日期;④说明承包商在现场的施工人员和各类施工设备数量;⑤若干份质量保证文件、材料的检验结果及证书;⑥安全统计,包括涉及环境和公共关系方面的任何危险事件与活动的详情;⑦实际进度与计划进度的对比,包括可能影响按照合同完工的任何事件和情况的详情,以及为消除延误而正在(或准备)采取的措施等。

（3）实际进度与计划进度不符时,要求承包商修改进度计划。不论实际进度是超前还是滞后于计划进度,为了使进度计划有实际指导意义,随时有权指示承包人编制改进的施工进度计划,并再次提交工程师认可后执行,新进度计划将代替原来的计划。

（4）非承包商应负责原因导致施工进度延误,应给予合理顺延合同工期。通常可能包括以下几种情况:①误发放图纸;②误移交施工现场;③非承包商依据工程师提供的错误数据导致放线错误;④不可预见的外界条件;⑤施工中遇到文物和古迹而对施工进度的干扰;⑥非承包商原因检验导致施工的延误;⑦发生变更或合同中实际工程量与计划工程量出现实质性变化;⑧施工中遇到有经验的承包商不能合理预见的异常不利气候条件影响;⑨由于传染病或其他政府行为导致工期的延误;⑩施工中受到业主或其他承包商的干扰;⑪施工涉及有关公共部门原因引起的延误;⑫业主提前占用工程导致对后续施工的延误;⑬非承包商原因使竣工检验不能按计划正常进行;⑭后续法规调整引起的延误;⑮发生不可抗力事件的影响。

6.《施工合同条件》中工程师如何对工程变更进行管理?

按照变更原因分类,可以分为工程师指示的变更和承包商提出变更建议经工程师批准的变更两类。

1）工程师指示的变更

（1）工程变更的范围。工程师可以根据施工进展的实际情况,在认为必要时就以下6个方面发布更指令:①对合同中任何工作工程量的改变;②任何工作质量或其他特性的变更;③工程任何部分标高、位置和尺寸的改变;④删减任何合同约定的工作内容;⑤进行永久工程所必需的任何附加工作、永久设备、材料供应或其他服务;⑥改变原定的施工顺序或时间安排。

（2）变更程序。一种情况是必须进行的工程变更,工程师直接发布变更指示即可。另一种情况属于要求承包商递交建议书后再确定的变更。其程序为:①工程师将计划变更事项通知承包商,并要求他递交实施变更的建议书。②承包商应尽快予以答复是否同意此项变更。不同意需说明理由,若同意则应提交实施变更的计划,内容包括:将要实施的工作的说明书以及该工作实施的进度计划;承包商依据合同规定对进度计划和竣工时间作出任何必要修改的建议,提出工期顺延要求;承包商对变更估价的建议,提出变更费用要求。③工程师作出是否变更的决定,应尽快通知承包商说明批准与否或提出意见。④承包商在等待答复期间,不应延误任何工作。⑤工程师发出每一项实施变更的指示,应要求承包商记录支出的费用。⑥承包商提出的变更建议书,只是作为工程师决定是否实施变更的参考。除工程师作出指示或批准以总价方式支付的情况外,每一项变更应依据计量工程量进行估价和支付。

（3）变更估价。变更估价的原则可分为三种情况:①变更工作在工程量表中有同种工作内容的单价,应以该费率计算变更工程费用。实施变更工作未引起工程施工组织和施工方法发生实质性变动,不应调整该项目的单价。②工程量表中虽然列有同类工作的单价或价格,但对具体变更工作而言已不适用,则应在原单价和价格的基础上制定合理的新单价或价格。如果纯属由于工程量增减而需要调整单价,必须同时满足以下3个条件:此项工作实际测量的工程量比工程量表或其他报表中规定的工程量的变动大于10%;工程量的变更与对该项工作规定的具体费率的乘积超过了接受的合同款额的0.01%;由此工程量的变更直接造成该项工作每单位工程量费用的变动超过1%。③变更工作的内容在工程量表中没有同类工作的费率和价格,应按照与合同单价水平相一致的原则,确定新的费率或价格。

2)承包商申请的变更

承包商根据工程施工的具体情况,可以向工程师提出对合同内任何一个项目或工作的详细变更请求报告,经过工程师同意后再实施变更工作。

(1)承包商提出变更建议,说明如果采纳其建议将可能有以下方面的好处:加速完工;降低业主实施、维护或运行工程的费用,对业主而言能提高竣工工程的效率或价值;为业主带来其他利益。承包商应自费编制此类建议书。

(2)如果由工程师批准的承包商建议,承包商应设计该部分工程。如果他不具备设计资质,也可以委托有资质的单位进行分包。变更的设计工作应按合同规定承包商负责设计的规定执行,包括:承包商应按照合同中说明的程序向工程师提交该部分工程的承包商的文件;承包商的文件必须符合规范和图纸的要求;承包商应对该部分工程负责,并且该部分工程完工后应适合于合同中规定的工程预期目的;在开始竣工检验之前,承包商应按照规范规定向工程师提交竣工文件以及操作和维修手册。

(3)接受建议后对变更的估价。如果此改变造成该部分工程的合同价值减少,工程师应与承包商商定或决定一笔费用,并将之加入合同价格。这笔费用应是以下两项金额差额的一半(50%):①合同价的减少——由此改变造成的合同价值的减少,不包括依据后续法规变化作出的调整和因物价浮动调价所作的调整;②变更对使用功能的影响——考虑到质量、预期寿命或运行效率的降低,对业主而言已变更工作价值上的减少(如有时)。

如果降低工程功能的价值(②项)大于减少合同的价格对业主的好处(①项),则没有该笔奖励费用。

7.《施工合同条件》中工程师如何进行工程进度款的支付管理?

1)工程量计量

每次支付工程月进度款前,均需通过测量来核实实际完成的工程量,以计量值作为支付依据。

2)承包商提供报表

每个月的月末,承包商应按工程师规定的格式提交一式6份本月支付报表。内容包括提出本月已完成合格工程的应付款要求和对应扣款的确认,一般包括以下7个方面的内容:

(1)本月完成的工程量清单中工程项目及其他项目的应付金额(包括变更)。

(2)法规变化引起的调整应增加和减扣的任何款额。对于施工期较长的合同,为了合理分担市场价格浮动变化对施工成本影响的风险,在合同内要约定调价的方法。

属于非承包商应负责原因的延误,工程实际竣工前每一次支付工程进度款时,调价公式继续有效;若因承包商应负责原因的延误,在应竣工日后支付进度款时,则应分别计算应竣工日和实际支付日的调价款,经过对比后按照对业主有利的原则执行。

(3)作为保留金扣减的任何款额。从首次支付工程进度款开始,用该月承包商完成合格工程应得款加上因后续法规政策变化的调整和市场价格浮动变化的调价款为基数,乘以合同约定保留金的百分比作为本次支付时应扣留的保留金。逐月累计扣到合同约定的保留金最高限额为止。

扣留承包商的保留金分两次返还:颁发了整个工程的接收证书时,将保留金的一半支付给承包商;保修期满颁发履约证书后将剩余保留金返还。

当保留金已累计扣留到保留金限额的60%时,为了使承包商有较充裕的流动资金用于工程施工,可以允许承包商提交保留金保函代换保留金。业主返还保留金限额的50%,剩余部分待颁发履约证书后再返还。保函金额在颁发接收证书后不递减。

(4)预付款的支付(分期支付的预付款)和扣还应增加和减扣的任何款额。合同工程是否有预付款,以及预付款的金额多少、支付(分期支付的次数及时间)和扣还方式等均要在专用条款内约定。通用条件内针对预付款金额不少于合同价22%的情况规定的管理程序为:

①动员预付款的支付。预付款的数额由承包商在投标书内确认。承包商需首先将银行出具的履约保函和预付款保函交给业主并通知工程师,工程师在21天内签发"预付款支付证书",业主按合同约定的数额和外币比例支付预付款。预付款保函金额始终保持与预付款等额,即随着承包商对预付款的偿还逐渐递减保函金额。

②偿还预付款的开始时间。自承包商获得工程进度款累计总额(不包括预付款的支付和保留金的扣减)达到合同总价(减去暂列金额)10%那个月起扣。即

$$\frac{工程师签证累计支付款总额 - 预付款 - 已扣保留金}{接受的合同价 - 暂定金额} = 10\%$$

③每次支付时的扣减额度。本月证书中承包商应获得的合同款额(不包括预付款及保留金的扣减)中扣除25%作为预付款的偿还,直至还清全部预付款。即:

每次扣还金额 =(本次支付证书中承包商应获得的款额 - 本次应扣的保留金)× 25%

(5)承包商采购用于永久工程的设备、材料应预付和扣减款额。通用条件的条款规定,为了帮助承包商解决订购大宗主要材料、设备所占用资金的周转,订购物资经工程师确认合格后,按发票价值80%作为设备、材料预付的款额,包括在当月应支付的工程进度款内。

(6)根据合同或其他规定(包括索赔、争端裁决和仲裁),应付的任何其他应增加和扣减的款额。

(7)对所有以前的支付证书中证明的款额的扣除或减少(对已付款支付证书的修正)。

3)工程师签证

工程师接到报表后,对承包商完成的工程形象、项目、质量数量以及各项价款的计算进行核查。若有疑问时,可要求承包商共同复核工程量。在收到承包商的支付报表的28

天内,按核查结果以及总价承包分解表中核实的实际完成情况签发支付证书。工程师可以不签发证书或扣减承包商报表中部分金额的情况包括:

(1)合同内约定有工程师签证的最小金额时,本月应签发的金额小于签证的最小金额,工程师不出具月进度款的支付证书。本月应付款接转下月,超过最小签证金额后一并支付。

(2)承包商提供的货物或施工的工程不符合合同要求时,可扣发修正或重置相应的费用,直至修正或重置工作完成后再支付。

(3)承包商未能按合同规定进行工作或履行义务,并且工程师已经通知了承包商,则可以扣留该工作或义务的价值,直至工作或义务履行为止。

工程进度款支付证书属于临时支付证书,工程师有权对以前签发过的证书中发现的错、漏或重复提出更改或修正,承包商也有权提出,经双方复核同意后,将增加或扣减的金额纳入本次签证中。

4)业主支付

承包商的报表经过工程师认可并签发工程进度款的支付证书后,业主应在接到证书后及时给承包商付款。业主的付款时间不应超过工程师收到承包商的月进度付款申请单后的 56 天。如果逾期支付将承担延期付款的违约责任,延期付款的利息按银行贷款利率加 3% 计算。

8.《施工合同条件》中工程师如何进行竣工验收阶段的合同管理?

1)竣工检验

承包商完成工程并准备好竣工报告所需报送的资料后,应提前 21 天将某一确定的日期通知工程师,说明此日后已准备好进行竣工检验。工程师应指示在该日期后 14 天内的某日进行。此项规定同样适用于按合同规定分部移交的工程。

2)颁发工程接收证书

工程通过竣工检验达到了合同规定的"基本竣工"要求后,承包商在他认为可以完成移交工作前 14 天以书面形式向工程师申请颁发接收证书。工程师接到承包商申请后的 28 天内,如果认为已满足竣工条件,即可颁发工程接收证书;若不满意,则应书面通知承包商,指出还需完成哪些工作后才达到基本竣工条件。工程接收证书中包括确认工程达到竣工的具体日期。在以下两种特殊情况下,虽未经过竣工检验,工程师也应颁发工程接收证书:

(1)业主提前占用工程。工程师应及时颁发工程接收证书,并确认业主占用日为竣工日。提前占用或使用表明该部分工程已达到竣工要求,对工程照管责任也相应转移给业主,但承包商对该部分工程的施工质量缺陷仍负有责任。工程师颁发接收证书后,应尽快给承包商采取必要措施完成竣工检验的机会。

(2)因非承包商原因导致不能进行规定的竣工检验,工程师应以本该进行竣工检验日签发工程接收证书,将这部分工程移交给业主照管和使用。工程虽已接收,仍应在缺陷通知期内进行补充检验。当竣工检验条件具备后,承包商应在接到工程师指示进行竣工试验通知的 14 天内完成检验工作。由于非承包商原因导致缺陷通知期内进行的补检,属于承包商在投标阶段不能合理预见到的情况,该项检查试验比正常检验多支出的费用应由业主承担。

3）未能通过竣工检验

（1）重新检验。承包商对缺陷进行修复和改正，在相同条件下重复进行此类未通过的试验和对任何相关工作的竣工检验。

（2）重复检验仍未能通过，工程师应有权按照缺陷的实际情况选择以下任何一种处理方法：①指示再进行一次重复的竣工检验；②如果由于该工程缺陷致使业主基本上无法享用该工程或区段所带来的全部利益，拒收整个工程或区段（视情况而定），在此情况下，业主有权获得承包商的赔偿，包括：业主为整个工程或该部分工程（视情况而定）所支付的全部费用以及融资费用，拆除工程、清理现场和将永久设备、材料退还给承包商所支付的费用；③颁发一份接收证书（如果业主同意的话），折价接收该部分工程。合同价格应按照可以适当弥补由于此类失误而给业主造成的减少价值数额予以扣减。

4）竣工结算

（1）承包商报送竣工报表。颁发工程接收证书后的84天内，承包商应按工程师规定的格式报送竣工报表。报表内容包括：①到工程接收证书中指明的竣工日止，根据合同完成全部工作的最终价值；②承包商认为应该支付给他的其他款项，如要求的索赔款、应退还的部分保留金等；③承包商认为根据合同应支付给他的估算总额。所谓"估算总额"是这笔金额还未经过工程师审核同意。估算总额应在竣工结算报表中单独列出，以便工程师签发支付证书。

（2）竣工结算与支付。工程师接到竣工报表后，应对照竣工图进行工程量详细核算，对其他支付要求进行审查，然后再依据检查结果签署竣工结算的支付证书。此项签证工作，工程师也应在收到竣工报表后28天内完成。业主依据工程师的签证予以支付。

第八节　建设工程施工索赔

1. 如何理解施工索赔的概念？

索赔是当事人在合同实施过程中，根据法律、合同规定及惯例，对不应由自己承担责任的情况造成的损失，向合同的另一方当事人提出给予赔偿或补偿要求的行为。对施工合同的双方来说，都有通过索赔维护自己合法利益的权利，依据双方约定的合同责任，构成正确履行合同义务的制约关系。

从索赔的基本含义，可以看出索赔具有以下基本特征：

（1）索赔是双向的，不仅承包人可以向发包人索赔，发包人同样也可以向承包人索赔。由于实践中发包人向承包人索赔发生的频率相对较低，而且在索赔处理中，发包人始终处于主动和有利地位，对承包人的违约行为他可以直接从应付工程款中扣抵、扣留保留金或通过履约保函向银行索赔来实现自己的索赔要求，因此在工程实践中，大量发生的、处理比较困难的是承包人向发包人的索赔，也是工程师进行合同管理的重点内容之一。

（2）只有实际发生了经济损失或权利损害，一方才能向对方索赔。经济损失是指因对方因素造成合同外的额外支出，如人工费、材料费、机械费、管理费等额外开支；权利损害是指虽然没有经济上的损失，但造成了一方权利上的损害，如由于恶劣气候条件对工程进度的不利影响,承包人有权要求工期延长等。因此,发生了实际的经济损失或权利损害,应是一方提出索赔的一个基本前提条件。有时上述两者同时存在,如发包人未及时交付合格的施工现场,既造成承包人的经济损失,又侵犯了承包人的工期权利,因此承包人既要求经济赔偿,又要求工期延长;有时两者则可单独存在,如恶劣气候条件影响、不可抗力事件等,承包人根据合同规定或惯例则只能要求工期延长,不应要求经济补偿。

(3)索赔是一种未经对方确认的单方行为。它与我们通常所说的工程签证不同。在施工过程中,签证是承发包双方就额外费用补偿或工期延长等达成一致的书面证明材料和补充协议,它可以直接作为工程款结算或最终增减工程造价的依据,而索赔则是单方面行为,对对方尚未形成约束力,这种索赔要求能否得到最终实现,必须要通过确认(如双方协商、谈判、调解或仲裁、诉讼)后才能实现。

索赔是一种正当的权利或要求,是合情、合理、合法的行为,它是在正确履行合同的基础上争取合理的偿付,不是无中生有、无理争利。索赔同守约、合作并不矛盾、对立,索赔本身就是市场经济中合作的一部分,只要是符合有关规定的、合法的或者符合有关惯例的,就应该理直气壮地、主动地向对方索赔。大部分索赔都可以通过协商、谈判和调解等方式获得解决,只有在双方坚持己见而无法达成一致时才会提交仲裁或诉诸法院求得解决。

2. 施工索赔有哪些分类?

1)按索赔的合同依据分类

(1)合同中明示的索赔。指承包人所提出的索赔要求,在该工程项目的合同文件中有文字依据,承包人可以据此提出索赔要求,并取得经济补偿。这些在合同文件中有文字规定合同条款,称为明示条款。

(2)合同中默示的索赔。承包人的该项索赔要求,虽然在工程项目的合同条款中没有专门的文字叙述,但可以根据该合同中某些条款的含义,推论出承包人有索赔权。这种索赔要求,同样有法律效力,有权得到相应的经济补偿。默示条款是一个广泛的合同概念,它包含合同明示条款中没有写入但符合双方签订合同时设想的愿望和当时环境条件的一切条款。这些默示条款,或者从明示条款所表述的设想愿望中引申出来,或者从合同双方在法律上的合同关系引申出来,经合同双方协商一致,或被法律和法规所指明,都成为合同文件的有效条款,要求合同双方遵照执行。

2)按索赔目的分类

(1)工期索赔。由于非承包人责任的原因而导致施工进程延误,要求批准顺延合同工期的索赔,称之为工期索赔。工期索赔形式上是对权利的要求,以避免在原定合同竣工日不能完工时,被发包人追究拖期违约责任。一旦获得批准合同工期顺延后,承包人不仅免除了承担拖期违约赔偿费的严重风险,而且可能提前工期得到奖励,最终仍反映在经济收益上。

(2)费用索赔。费用索赔的目的是要求经济补偿。当施工的客观条件改变导致承包人增加开支,要求对超出计划成本的附加开支给予补偿,以挽回不应由他承担的经济损失。

3）按索赔事件的性质分类

（1）工程延误索赔。因发包人未按合同要求提供施工条件，如未及时交付设计图纸、施工现场、道路等，或因发包人指令工程暂停或不可抗力事件等原因造成工期拖延的，承包人对此提出索赔。

（2）工程变更索赔。由于发包人或监理工程师指令增加或减少工程量或增加附加工程、修改设计、变更工程顺序等，造成工期延长和费用增加，承包人对此提出索赔。

（3）合同被迫终止的索赔。由于发包人或承包人违约以及不可抗力事件等原因造成合同非正常终止，无责任的受害方因其蒙受经济损失而向对方提出索赔。

（4）工程加速索赔。由于发包人或工程师指令承包人加快施工速度，缩短工期，引起承包人的人、财、物额外开支而提出的索赔。

（5）意外风险和不可预见因素索赔。在工程实施过程中，因人力不可抗拒的自然灾害。特殊风险以及一个有经验的承包人通常不能合理预见的不利施工条件或外界障碍，如地下水、地质断层、溶洞、地下障碍物等引起的索赔。

（6）其他索赔。如因货币贬值、汇率变化、物价和工资上涨、政策法令变化等原因引起的索赔。

3. 索赔程序有哪些步骤？

1）承包人的索赔程序

A. 承包人提出索赔要求

（1）发出索赔意向通知。索赔事件发生后，承包人应在索赔事件发生后的 28 天内向工程师递交索赔意向通知，声明将对此事件提出索赔。该意向通知是承包人就具体的索赔事件向工程师和发包人表示的索赔愿望和要求。如果超过这个期限，工程师和发包人有权拒绝承包人的索赔要求。索赔事件发生后，承包人有义务做好现场施工的同期记录，工程师有权随时检查和调阅，以判断索赔事件造成的实际损害。

（2）递交索赔报告。索赔意向通知提交后的 28 天内，或工程师可能同意的其他合理时间，承包人应递送正式的索赔报告。索赔报告的内容应包括：事件发生的原因，对其权益影响的证据资料，索赔的依据，此项索赔要求补偿的款项和工期展延天数的详细计算等有关材料。

如果索赔事件的影响持续存在，28 天内还不能算出索赔额和工期展延天数时，承包人应按工程师合理要求的时间间隔（一般为 28 天），定期陆续报出每一个时间段内的索赔证据资料和索赔要求。在该项索赔事件的影响结束后的 28 天内，报出最终详细报告，提出索赔论证资料和累计索赔额。

B. 工程师审核索赔报告

（1）工程师审核承包人的索赔申请。接到正式索赔报告以后，工程师应认真研究承包人报送的索赔资料。首先在不确认责任归属的情况下，客观分析事件发生的原因，重温合同的有关条款，研究承包人的索赔证据，并检查他的同期记录；其次通过对事件的分析，工程师再依据合同条款划清责任界限，如果必要时还可以要求承包人进一步提供补充资料。尤其是对承包人与发包人或工程师都负有一定责任的影响事件，更应划出各方应该承担合同责任的比例。最后再审查承包人提出的索赔补偿要求，剔除其中的不合理部分，拟定自己计算的合理索赔款额和工期顺延天数。

（2）判定索赔成立的原则。工程师判定承包人索赔成立的条件为：①与合同相对照，事件已造成了承包人施工成本的额外支出，或总工期延误；②造成费用增加或工期延误的原因，按合同约定不属于承包人应承担的责任，包括行为责任或风险责任；③承包人按合同规定的程序提交了索赔意向通知和索赔报告。上述三个条件没有先后主次之分，应当同时具备。只有工程师认定索赔成立后，才处理应给予承包人的补偿额。

（3）对索赔报告的审查。①事态调查。通过对合同实施的跟踪、分析，了解事件经过、前因后果，掌握事件详细情况。②损害事件原因分析。即分析索赔事件是由何种原因引起，责任应由谁来承担。③分析索赔理由。主要依据合同文件判明索赔事件是否属于未履行合同规定义务或未正确履行合同义务导致，是否在合同规定的赔偿范围之内。只有符合合同规定的索赔要求才有合法性、才能成立。④实际损失分析。即为索赔事件的影响分析，主要表现为工期的延长和费用的增加。⑤证据资料分析。主要分析证据资料的有效性、合理性、正确性，这也是索赔要求有效的前提条件。如果工程师认为承包人提出的证据不足以说明其要求的合理性时，可以要求承包人进一步提交索赔的证据资料。

（4）合理的补偿额。

C. 工程师与承包人协商补偿

工程师核查后初步确定应予以补偿的额度往往与承包人的索赔报告中要求的额度不一致，甚至差额较大。主要原因大多为对承担事件损害责任的界限划分不一致，索赔证据不充分，索赔计算的依据和方法分歧较大等，因此双方应就索赔的处理进行协商。通过协商达不成共识时，承包人仅有权得到所提供的证据满足工程师认为索赔成立那部分的付款和工期顺延。

工程师收到承包人送交的索赔报告和有关资料后，于28天内给予答复或要求承包人进一步补充索赔理由和证据。如果在28天内既未予答复，也未对承包人作进一步要求的话，则视为承包人提出的该项索赔要求已经认可。

对于持续影响时间超过28天以上的工期延误事件，当工期索赔条件成立时，对承包人每隔28天报送的阶段索赔临时报告审查后，每次均应作出批准临时延长工期的决定，并于事件影响结束后28天内承包人提出最终的索赔报告后，批准顺延工期总天数。应当注意的是，最终批准的总顺延天数，不应少于以前各阶段已同意顺延天数之和。

D. 发包人审查索赔处理

当工程师确定的索赔额超过其权限范围时，必须报请发包人批准。发包人首先根据事件发生的原因、责任范围、合同条款审核承包人的索赔申请和工程师的处理报告，再依据工程建设的目的、投资控制、竣工投产日期要求以及针对承包人在施工中的缺陷或违反合同规定等的有关情况，决定是否同意工程师的处理意见。索赔报告经发包人同意后，工程师即可签发有关证书。

E. 承包人是否接受最终索赔处理

承包人接受最终的索赔处理决定，索赔事件的处理即告结束。如果承包人不同意，就会导致合同争议。通过协商双方达成互谅互让的解决方案，是处理争议的最理想方式。如达不成谅解，承包人有权提交仲裁或诉讼解决。

2）发包人的索赔

承包人未能按合同约定履行自己的各项义务或发生错误而给发包人造成损失时，发包人也应按合同约定向承包人提出索赔。

4. 工程师处理索赔应遵循哪些原则？

1）公平合理地处理索赔

工程师作为施工合同的管理核心，必须公平地行事。以没有偏见的方式解释和履行合同，独立地作出判断，行使自己的权力。处理索赔原则有如下几个方面：

（1）从工程整体效益、工程总目标的角度出发作出判断或采取行动。使合同风险分配、干扰事件责任分担、索赔的处理和解决不损害工程整体效益、不违背工程总目标。

（2）按照合同约定行事。工程师应该准确理解、正确执行合同，在索赔的解决和处理过程中应贯彻合同精神。

（3）从事实出发，实事求是。按照合同的实际实施过程、干扰事件的实情、承包人的实际损失和所提供的证据作出判断。

2）及时作出决定和处理索赔

在工程施工中，工程师必须及时地（有的合同规定具体的时间，或"在合理的时间内"）作出决定，下达通知、指令，表示认可等。这有如下重要作用：

（1）可以减少承包人的索赔机会。因为如果工程师不能迅速及时地行事，造成承包人的损失，必须给予工期或费用的补偿。

（2）防止干扰事件影响扩大。若不及时行事会造成承包人停工处理指令，或承包人继续施工，造成更大范围的影响和损失。

（3）在收到承包人的索赔意向通知后应迅速作出反应，认真研究，密切注意干扰事件的发展。一方面可以及时采取措施降低损失；另一方面可以掌握干扰事件发生和发展的过程，掌握第一手资料，为分析、评价承包人的索赔做准备。

（4）不及时地解决索赔问题将会加深双方的不理解、不一致和矛盾。如果不能及时解决索赔问题，会导致承包人资金周转困难，积极性受到影响，施工进度放慢，对工程师和发包人缺乏信任感；而发包人会抱怨承包人拖延工期，不积极履约。

（5）不及时行事会造成索赔解决的困难。单个索赔集中，索赔额积累，不仅给分析、评价带来困难，而且会带来新的问题，使解决复杂化。

3）尽可能通过协商达成一致

工程师在处理和解决索赔问题时应及时地与发包人和承包人沟通，保持经常性的联系。在作出决定，特别是作出调整价格、决定工期和费用补偿决定前，应充分地与合同双方协商，最好达成一致，取得共识。如果工程师的协调不成功使索赔争执升级，则对合同双方都是损失，将会严重影响工程项目的整体效益。

4）诚实信用

工程师有很大的工程管理权力，对工程的整体效益有关键性的作用。发包人出于信任，将工程管理的任务交给工程师，承包人希望他公平行事。

5. 工程师审查索赔应注意哪些问题？

1）审查索赔证据

工程师对索赔报告审查时，首先判断承包人的索赔要求是否有理、有据。承包人可以提供的证据包括下列证明材料：①合同文件中的条款约定；②经工程师认可的施工进度计划；③合同履行过程中的来往函件；④施工现场记录；⑤施工会议记录；⑥工程照片；⑦工程师发布的各种书面指令；⑧中期支付工程进度款的单证；⑨检查和试验记录；⑩汇率变化表；⑪各类财务凭证；⑫其他有关资料。

2）审查工期顺延要求

对索赔报告中要求顺延的工期，在审核中应注意以下几点：

（1）划清施工进度拖延的责任。因承包人的原因造成施工进度滞后，属于不可原谅的延期；只有承包人不应承担任何责任的延误，才是可原谅的延期。有时工期延期的原因中可能包含有双方责任，此时工程师应进行详细分析，分清责任比例，只有可原谅延期部分才能批准顺延合同工期。

（2）被延误的工作应是处于施工进度计划关键线路上的施工内容。但有时也应注意，既要看被延误的工作是否在批准进度计划的关键路线上，又要详细分析这一延误对后续工作的可能影响。因为若对非关键路线工作的影响时间较长，超过了该工作可用于自由支配的时间，也会导致进度计划中非关键路线转化为关键路线，其滞后将影响总工期的拖延。此时，应充分考虑该工作的自由时间，给予相应的工期顺延，并要求承包人修改施工进度计划。

（3）无权要求承包人缩短合同工期。工程师有审核、批准承包人顺延工期的权力，但不可以扣减合同工期。也就是说，工程师有权指示承包人删减掉某些合同内规定的工作内容，但不能要求其相应缩短合同工期。如果要求提前竣工，这项工作属于合同的变更。

3）审查工期索赔计算

（1）网络分析法是利用进度计划的网络图，分析其关键线路。

（2）比例计算法。

对于已知部分工程延期的时间：

$$工期索赔值 = \frac{受干扰部分工程的合同价}{原合同总价} \times 受干扰部分工期拖延时间$$

对于已知额外增加工程量的价格：

$$工期索赔值 = \frac{额外增加工程量的价格}{原合同总价} \times 原合同总工期$$

4）审查费用索赔要求

费用索赔的原因，可能是与工期索赔相同的内容，即属于可原谅并应予以费用补偿的索赔，也可能是与工期索赔无关的理由。工程师在审核索赔的过程中，除划清合同责任外，还应注意索赔计算的取费合理性和计算的正确性。

（1）承包人可索赔的费用。费用内容一般可以包括以下几个方面：①人工费。包括增加工作内容的人工费、停工损失费和工作效率降低的损失费等累计，但不能简单地用计日工费计算。②设备费。可采用机械台班费、机械折旧费、设备租赁费等几种形式。③材料费。④保函手续费。工程延期时,保函手续费相应增加,反之,取消部分工程且发包人与承包人达成提前竣工协议时,承包人的保函金额相应折减,则计入合同价内的保函手续费也应扣减。⑤贷款利息。⑥保险费。⑦利润。⑧管理费。此项又可分为现场管理费和公司管理费两部分,由于二者的计算方法不一样,所以在审核过程中应区别对待。

(2)审核索赔取费的合理性。费用索赔涉及的款项较多、内容庞杂。承包人都是从维护自身利益的角度解释合同条款,进而申请索赔额。工程师应做到公平地审核索赔报告申请,挑出不合理的取费项目或费率。FIDIC《施工合同条件》中,按照引起承包商损失事件原因不同,对承包商索赔可能给予合理补偿工期、费用和利润的情况,分别作出了相应的规定(见表2-1)。

表2-1 可以合理补偿承包商索赔的条款

序号	条款号	主要内容	可补偿内容		
			工期	费用	利润
1	1.9	延误发放图纸	√	√	√
2	2.1	延误移交施工现场	√	√	√
3	4.7	承包商依据工程师提供的错误数据导致放线错误	√	√	√
4	4.12	不可预见的外界条件	√	√	
5	4.24	施工中遇到文物和古迹	√	√	
6	7.4	非承包商原因检验导致施工的延误	√	√	√
7	8.4(a)	合同变更导致竣工时间的延长	√		
8	8.4(c)	异常不利的气候条件	√		
9	8.4(d)	由于传染病或其他政府行为导致工期的延误	√		
10	8.4(e)	业主或其他承包商的干扰	√		
11	8.5	公共当局引起的延误	√		
12	10.2	业主提前占用工程		√	√
13	10.3	对竣工检验的干扰		√	√
14	13.7	后续法规引起的调整	√	√	
15	18.1	业主办理的保险未能从保险公司获得补偿部分		√	
16	19.4	不可抗力事件造成的损害	√	√	

(3)审核索赔计算的正确性。①所采用的费率是否合理、适度。主要注意的问题包括:一是工程量表中的单价是综合单价,不仅含有直接费,还包括间接费、风险费、辅助施工机械费、公司管理费和利润等项目的摊销成本。在索赔计算中不应有重复取费。二是停工损失中,不应以计日工费计算。闲置人员不应计算在此期间的奖金、福利等报酬,通常采取人工单价乘以折算系数计算,停驶的机械费补偿,应按机械折旧费或设备租赁费计算,不应包括运转操作费用。②区分停工损失与因工程师临时改变工作内容或作业方法

的功效降低损失的区别。凡可改作其他工作的,不应按停工损失计算,但可以适当补偿降效损失。

6. 工程师如何预防和减少索赔?

索赔虽然不可能完全避免,但通过努力可以减少发生。工程师预防和减少索赔应该注意的问题有:

(1)正确理解合同规定。由于施工合同通常比较复杂,因而"理解合同规定"就有一定的困难。双方站在各自立场上对合同规定的理解往往不可能完全一致,总会或多或少地存在某些分歧。这种分歧经常是产生索赔的重要原因之一,所以发包人、工程师和承包人都应该认真研究合同文件,以便尽可能在诚信的基础上正确、一致地理解合同的规定,减少索赔的发生。

(2)做好日常监理工作,随时与承包人保持协调。做好日常监理工作是减少索赔的重要手段。工程师应善于预见、发现和解决问题,能够在某些问题对工程产生额外成本或其他不良影响以前,就把它们纠正过来,就可以避免发生与此有关的索赔。

(3)尽量为承包人提供力所能及的帮助。承包人在施工过程中肯定会遇到各种各样的困难。虽然从合同上讲,工程师没有义务向其提供帮助,但从共同努力建设好工程这一点来讲,还是应该尽可能地提供一些帮助。这样,不仅可以免遭或少遭损失,从而避免或减少索赔,而且承包人对某些似是而非、模棱两可的索赔机会,还可能基于友好考虑而主动放弃。

(4)建立和维护工程师处理合同事务的威信。工程师自身必须有公正的立场、良好的合作精神和处理问题的能力,这是建立和维护其威信的基础。如果承包人认为工程师明显偏袒发包人或处理问题能力较差甚至是非不分,他就会更多地提出索赔,而不管是否有足够的依据,以求"以量取胜"或"蒙混过关"。如果工程师处理合同事务立场公正,有丰富的经验知识、较高的威信,就会促使承包人在提出索赔前认真做好准备工作,只提出那些有充足依据的索赔,"以质取胜",从而减少提出索赔的数量。发包人、工程师和承包人应该从一开始就努力建立和维持相互关系的良性循环,这对合同顺利实施是非常重要的。

第三章　建设工程质量管理

第一节　建设工程质量管理概述

1.什么是质量？其含义有哪些方面？

2000 版 GB/T 19000—ISO9000 族标准中质量的定义是：一组固有特性满足要求的程度。上述定义可以从以下几方面去理解：

（1）质量不仅是指产品质量，也可以是某项活动或过程的工作质量，还可以是质量管理体系运行的质量。质量是由一组固有特性组成的，这些固有特性是指满足顾客和其他相关方的要求的特性，并由其满足要求的程度加以表征。

（2）特性是指区分的特征。特性可以是固有的或赋予的，可以是定性的或定量的。质量特性是固有的特性，并通过产品、过程或体系设计和开发及其后的实现过程形成的属性。

（3）满足要求就是应满足明示的（如合同、规范、标准、技术、文件、图纸中明确规定的）、通常隐含的（如组织的惯例、一般习惯）或必须履行的（如法律、法规、行业规则）需要和期望。

（4）顾客和其他相关方对产品、过程或体系的质量要求是动态的、发展的和相对的。

2.什么是建设工程质量？

建设工程质量简称工程质量。工程质量是指工程满足业主需要的，符合国家法律、法规、技术规范标准、设计文件及合同规定的特性综合。

3.建设工程质量的特性有哪些？其内涵如何？

建设工程质量的特性主要表现在以下六个方面：

（1）适用性。即功能，是指工程满足使用目的的各种性能，包括理化性能、结构性能、使用性能、外观性能。

（2）耐久性。即寿命，是指工程在规定的条件下，满足规定功能要求使用的年限，也就是工程竣工后的合理使用寿命周期。

（3）安全性。是指工程建成后在使用过程中保证结构安全、保证人身和环境免受危害的程度。

（4）可靠性。是指工程在规定的时间和规定的条件下完成规定功能的能力。

（5）经济性。是指工程从规划、勘察、设计、施工到整个产品使用寿命周期内的成本和消耗的费用。工程经济性具体表现为设计成本、施工成本、使用成本三者之和。

（6）与环境的协调性。是指工程与其周围生态环境相协调，与所在地区经济环境相协调，以及与周围已建工程相协调，以适应可持续发展的要求。

上述六个方面的质量特性彼此之间是相互依存的。总体而言，适用、耐久、安全、可靠、经济、与环境适应性，都是必须达到的基本要求，缺一不可。

4.试述工程建设各阶段对质量形成的影响。

工程建设的不同阶段，对工程项目质量的形成起着不同的作用和影响。

（1）项目可行性研究。在此阶段，需要确定工程项目的质量要求，并与投资目标相协调。项目的可行性研究直接影响项目的决策质量和设计质量。

（2）项目决策。项目决策阶段对工程质量的影响主要是确定工程项目应达到的质量目标和水平。

（3）工程勘察、设计。工程的地质勘察设计使得质量目标和水平具体化，为施工提供直接依据。工程设计质量是决定工程质量的关键环节，设计的严密性、合理性，决定了工程建设的成败，是建设工程的安全、适用、经济与环境保护等措施得以实现的保证。

（4）工程施工。工程施工活动决定了设计意图能否体现，它直接关系到工程的安全可靠、使用功能的保证，以及外表观感能否体现建筑设计的艺术水平。在一定程度上，工程施工是形成实体质量的决定性环节。

（5）工程竣工验收。工程竣工验收的质量很大程度保证了最终产品的质量。

5. 试述影响工程质量的因素。

影响工程的因素很多，但归纳起来主要有五个方面，即人（Man）、材料（Material）、机械（Machine）、方法（Method）和环境（Environment），简称为4M1E因素。

（1）人员素质。人是生产经营活动的主体，也是工程项目建设的决策者、管理者、操作者，工程建设的全过程，如项目的规划、决策、勘察、设计和施工，都是通过人来完成的。人员的素质，都将直接和间接地对规划、决策、勘察、设计和施工的质量产生影响。因此，建筑行业实行经营资质管理和各类专业从业人员持证上岗制度是保证人员素质的重要管理措施。

（2）工程材料。工程材料将直接影响建设工程的结构刚度和强度，影响工程外表及观感，影响工程的使用功能，影响工程的使用安全。

（3）机械设备。工程用机具设备其产品质量优劣，直接影响工程使用功能质量。施工机具设备的类型是否符合工程施工特点，性能是否先进稳定，操作是否方便安全等，都将会影响工程项目的质量。

（4）方法。在工程施工中，施工方案是否合理，施工工艺是否先进，施工操作是否正确，都将对工程质量产生重大的影响。大力推进采用新技术、新工艺、新方法，不断提高工艺技术水平，是保证工程质量稳定提高的重要因素。

（5）环境条件。环境条件包括工程技术环境、工程作业环境、工程管理环境，对工程质量产生特定的影响。加强环境管理，改进作业条件，把握好技术环境，辅以必要的措施，是控制环境对质量影响的重要保证。

6. 试述工程质量的特点。

（1）影响因素多。建设工程质量受到多种因素的影响，如决策、设计、材料、机具设备、施工方法、施工工艺、技术措施、人员素质、工期、工程造价等，这些因素直接或间接地影响工程项目质量。

（2）质量波动大。由于建筑生产的单件性、流动性，不像一般工业产品的生产那样，有固定的生产流水线、有规范化的生产工艺和完善的检测技术、有成套的生产设备和稳定的生产环境，所以工程质量容易产生波动且波动较大。同时由于影响工程质量的偶然性因素和系统性因素比较多，其中任一因素发生变动，都会使工程质量产生波动。

（3）质量隐蔽性。建设工程在施工过程中，分项工程交接多、中间产品多、隐蔽工程多，因此质量存在隐蔽性。

（4）终检的局限性。工程项目的终检（竣工验收）无法进行工程内在质量的检验,发现隐蔽的质量缺陷。因此,工程项目的终检存在一定的局限性。

（5）评价方法的特殊性。工程质量的检查评定及验收是按检验批、分项工程、分部工程、单位工程进行的。隐蔽工程在隐蔽前要检查合格后验收,涉及结构安全的试块、试件及有关材料,应按规定进行见证取样检测,涉及结构安全和使用功能的重要分部工程要进行抽样检测。工程质量是在施工单位按合格质量标准自行检查评定的基础上,由监理工程师（或建设单位项目负责人）组织有关单位、人员进行检验确认验收。这种评价方法体现了"验评分离、强化验收、完善手段、过程控制"的指导思想。

7. 什么是质量控制？其含义如何？

2000 版 GB/T 19000—ISO9000 族标准中,质量控制的定义是:质量管理的一部分,致力于满足质量要求。

上述定义可以从以下几方面去理解:

（1）质量控制是质量管理的重要组成部分,其目的是使产品、体系或过程的固有特性达到规定的要求,即满足顾客、法律、法规等方面所提出的质量要求（如适用性、安全性等）。所以,质量控制是通过采取一系列的作业技术和活动对各个过程实施控制的。

（2）质量控制的工作内容包括了作业技术和活动,也就是包括专业技术和管理技术两个方面。

（3）质量控制应贯穿在产品形成和体系运行的全过程。

8. 什么是工程质量控制？简述工程质量控制的内容。

工程质量控制是指致力于满足工程质量要求,也就是为了保证工程质量满足工程合同、规范标准所采取的一系列措施、方法和手段。工程质量要求主要表现为工程合同、设计文件、技术规范标准规定的质量标准。

（1）工程质量控制按其实施主体不同,主要包括以下四个方面:①政府的工程质量控制。政府属于监控主体,它主要是以法律法规为依据,通过抓工程报建、施工图设计文件审查、施工许可、材料和设备准用、工程质量监督、重大工程竣工验收备案等主要环节进行的。②工程监理单位的质量控制。工程监理单位属于监控主体,它主要是受建设单位的委托,代表建设单位对工程实施全过程进行的质量监督和控制,包括勘察设计阶段质量控制、施工阶段质量控制,以满足建设单位对工程质量的要求。③勘察设计单位的质量控制。勘察设计单位属于自控主体,它是以法律、法规及合同为依据,对勘察设计的整个过程进行控制,包括工作程序、工作进度、费用及成果文件所包含的功能和使用价值,以满足建设单位对勘察设计质量的要求。④施工单位的质量控制。施工单位属于自控主体,它是以工程合同、设计图纸和技术规范为依据,对施工准备阶段、施工阶段、竣工验收交付阶段等施工全过程的工作质量和工程质量进行的控制,以达到合同文件规定的质量要求。

（2）工程质量控制按工程质量形成过程,包括全过程各阶段的质量控制,主要是:①决策阶段的质量控制;②工程勘察设计阶段的质量控制;③工程施工阶段的质量控制。

9. 简述监理工程师进行工程质量控制应遵循的原则。

监理工程师在工程质量控制过程中应遵循以下几条原则:

（1）坚持质量第一的原则。

（2）坚持以人为核心的原则。

（3）坚持以预防为主的原则。

（4）坚持质量标准的原则。

（5）坚持科学、公正、守法的职业道德规范。

10. 试述工程质量责任体系。

1）建设单位的质量责任

（1）建设单位对其自行选择的设计、施工单位发生的质量问题承担相应责任。

（2）建设单位按合同的约定负责采购供应的建筑材料、建筑构配件和设备,应符合设计文件和合同要求,对发生的质量问题,应承担相应的责任。

2）勘察、设计单位的质量责任

勘察、设计单位必须按照国家现行的有关规定、工程建设强制性技术标准和合同要求进行勘察、设计工作,并对所编制的勘察、设计文件的质量负责。

3）施工单位的质量责任

施工单位对所承包的工程项目的施工质量负责。实行总承包的工程,总承包单位应对全部建设工程质量负责。建设工程勘察、设计、施工、设备采购的一项或多项实行总承包的,总承包单位应对其承包的建设工程或采购设备的质量负责;实行总分包的工程,分包应按照分包合同约定对其分包工程的质量向总承包单位负责,总承包单位与分包单位对分包工程的质量承担连带责任。

4）工程监理单位的质量责任

工程监理单位应依照法律、法规以及有关技术标准、设计文件和建设工程承包合同,与建设单位签订监理合同,代表建设单位对工程质量实施监理,并对工程质量承担监理责任。监理责任主要有违法责任和违约责任两个方面。如果工程监理单位故意弄虚作假,降低工程质量标准,造成质量事故的,要承担法律责任;如果工程监理单位与承包单位串通,牟取非法利益,给建设单位造成损失的,应当与承包单位承担连带赔偿责任;如果监理单位在责任期内,不按照监理合同约定履行监理职责,给建设单位或其他单位造成损失的,属违约责任,应当向建设单位赔偿。

5）建筑材料、构配件及设备生产或供应单位的质量责任

建筑材料、构配件及设备生产或供应单位对其生产或供应的产品质量负责。

11. 简述工程质量政府监督管理体制及管理职能。

（1）监督管理体制。国务院建设行政主管部门对全国的建设工程质量实施统一监督管理。国务院铁路、交通、水利等有关部门按国务院规定的职责分工,负责对全国的有关专业建设工程质量的监督管理。县级以上地方人民政府建设行政主管部门对本行政区域内的建设工程质量实施监督管理。县级以上地方人民政府交通、水利等有关部门在各自职责范围内,负责本行政区域内的专业建设工程质量的监督管理。

（2）管理职能。①建立和完善工程质量管理法规;②建立和落实工程质量责任制;③建设活动主体资格的管理;④工程承发包管理;⑤控制工程建设程序。

12. 简述工程质量管理制度。

近年来,我国建设行政主管部门先后颁发了多项建设工程质量管理制度,主要有:

1）施工图设计文件审查制度

施工图审查是指国务院建设行政主管部门和省、自治区、直辖市人民政府建设行政主管部门委托依法认定的设计审查机构，根据国家法律、法规、技术标准与规范，对施工图的结构安全和强制性标准、规范执行情况等进行的独立审查。

施工图审查的主要内容有：①建筑物的稳定性、安全性审查，包括地基基础和主体结构是否安全、可靠；②是否符合消防、节能、环保、抗震、卫生、人防等有关强制性标准、规范；③施工图是否达到规定的深度要求；④是否损害公众利益。

2）工程质量监督制度

工程质量监督管理的主体是各级政府建设行政主管部门和其他有关部门。工程质量监督管理由建设行政主管部门或其他有关部门委托的工程质量监督机构具体实施。

工程质量监督机构的主要任务是：①根据政府主管部门的委托，受理建设工程项目的质量监督；②制订质量监督工作方案；③检查施工现场工程建设各方主体的质量行为；④检查建设工程实体质量；⑤监督工程质量验收；⑥向委托部门报送工程质量监督报告；⑦对预制建筑构件和商品混凝土的质量进行监督；⑧受委托部门委托按规定收取工程质量监督费；⑨政府主管部门委托的工程质量监督管理的其他工作。

3）工程质量检测制度

工程质量检测工作是对工程质量进行监督管理的重要手段之一。工程质量检测机构是对建设工程、建筑构件和制品及现场所用的有关建筑材料、设备质量进行检测的法定单位。在建设行政主管部门领导和标准化管理部门指导下开展检测工作，其出具的检测报告具有法定效力。法定的国家级检测机构出具的检测报告，在国内为最终裁定，在国外具有代表国家的性质。

4）工程质量保修制度

建设工程质量保修制度是指建设工程在办理交工验收手续后，在规定的保修期限内，因勘察、设计、施工、材料等原因造成的质量问题，要由施工单位负责维修、更换，由责任单位负责赔偿损失。

建设工程承包单位在向建设单位提交工程竣工验收报告时，应向建设单位出具工程质量保修书，质量保修书中应明确建设工程保修范围、保修期限和保修责任等。

在正常使用条件下，建设工程的最低保修期限为：①基础设施工程、房屋建筑工程的地基基础和主体结构工程，为设计文件规定的该工程的合理使用年限；②屋面防水工程、有防水要求的卫生间、房间和外墙面的防渗漏，为 5 年；③供热与供冷系统，为 2 个采暖期、供冷期；④电气管线、给排水管道、设备安装和装修工程，为 2 年。

其他项目的保修期由发包方与承包方约定。保修期自竣工验收合格之日起计算。

第二节　勘察设计的质量管理

1.设计交底的目的和主要内容是什么？

设计交底是指在施工图完成并经审查合格后，设计单位在设计文件交付施工时，按法律规定的义务就施工图设计文件向施工单位和监理单位作出详细的说明。其目的是对施工单位和监理单位正确贯彻设计意图,使其加深对设计文件特点、难点、疑点的理解,掌握关键工程部位的质量要求,确保工程质量。

设计交底的主要内容一般包括:施工图设计文件总体介绍,设计的意图说明,特殊的工艺要求,建筑、结构、工艺、设备等各专业在施工中的难点、疑点和容易发生的问题说明,对施工单位、监理单位、建设单位等对设计图纸疑问的解释等。

2. 图纸会审一般包括的主要内容有哪些方面?

(1)是否无证设计或越级设计,图纸是否经设计单位正式签署。

(2)地质勘探资料是否齐全。

(3)设计图纸与说明是否齐全,有无分期供图的时间表。

(4)设计地震烈度是否符合当地要求。

(5)几个设计单位共同设计的图纸相互间有无矛盾;专业图纸之间、平立剖面图之间有无矛盾;标注有无遗漏。

(6)总平面与施工图的几何尺寸、平面位置、标高等是否一致。

(7)消防设计是否满足要求。

(8)建筑结构与各专业图纸本身是否有差错及矛盾;结构图与建筑图的平面尺寸及标高是否一致;建筑图与结构图的表示方法是否清楚,是否符合制图标准;预埋件是否表示清楚;有无钢筋明细表;钢筋的构造要求在图中是否表示清楚。

(9)施工图中所列各种标准图册,施工单位是否具备。

(10)材料来源有无保证,能否代换;图中所要求的条件能否满足;新材料、新技术的应用有无问题。

(11)地基处理方法是否合理,建筑与结构构造是否存在不能施工、不便于施工的技术问题,或容易导致质量、安全、工程费用增加等方面的问题。

(12)工艺管道、电气线路、设备装置、运输道路与建筑物之间或相互间有无矛盾,布置是否合理。

(13)施工安全、环境卫生有无保证。

(14)图纸是否符合监理大纲所提出的要求。

3. 简述组织设计交底与图纸会审的法律、法规依据,试述如何进行组织。

国务院《建设工程质量管理条例》《建设工程勘察设计管理条例》以及国家发改委、建设部和各地方政府的相关配套法规、规章均对此有明文规定和具体要求。特别是《建设工程勘察设计管理条例》第二十八条规定:"施工单位、监理单位发现建设工程勘察、设计文件不符合工程建设强制性标准、合同约定的质量要求,应当报告建设单位,建设单位有权要求建设工程勘察、设计单位对建设工程勘察设计文件进行补充、修改",第三十条规定:"建设工程勘察、设计单位应当在建设工程施工前,向施工单位和监理单位说明建设工程勘察、设计,解释建设工程的勘察、设计文件",并应及时解决施工中出现的勘察、设计问题。这些是图纸会审和设计交底的直接法律依据。

设计交底由承担设计阶段监理任务的监理单位或建设单位负责组织,设计单位向施工单位和承担施工阶段监理任务的监理单位等相关参建单位进行交底。图纸会审由承担施工阶段监理任务的监理单位负责组织,施工单位、建设单位、设计单位等相关参建单位参加。

4. 监理工程师控制设计变更应注意哪些主要问题?

为了保证建设工程的质量,监理工程师应对设计变更进行严格控制,并注意以下几点:

(1)应随时掌握国家政策法规的变化,特别是有关设计、施工的规范、规程的变化,以及有关材料或产品的淘汰或禁用,并将信息尽快通知设计单位和建设单位,避免产生设计变更的潜在因素。

(2)加强对设计阶段的质量控制。特别是施工图设计文件的审核,对施工图节点做法的可施工性要根据自己的经验给予评判,对各专业图纸的交叉要严格控制会签工作,力争将矛盾和差错解决在出图之前。

(3)对建设单位和承包单位提出的设计变更要求要进行统筹考虑,确定其必要性,同时将设计变更对建设工期和费用的影响分析清楚并通报给建设单位,非改不可的要调整施工计划,以尽可能减少对工程的不利影响。

(4)要严格控制设计变更的签批手续,以明确责任,减少索赔,现将施工图设计文件投入使用前和使用后两种情况列出监理工程师对设计变更的控制程序,如图 3-1 和图 3-2 所示,设计阶段设计变更由该阶段监理单位负责控制,施工阶段设计变更由承担施工阶段监理任务的监理单位负责控制。

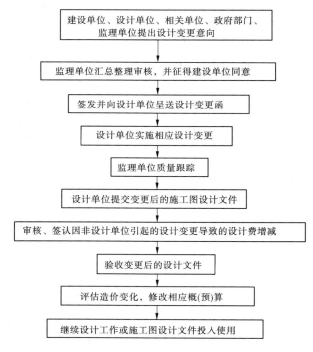

图 3-1 设计阶段设计变更控制程序框图

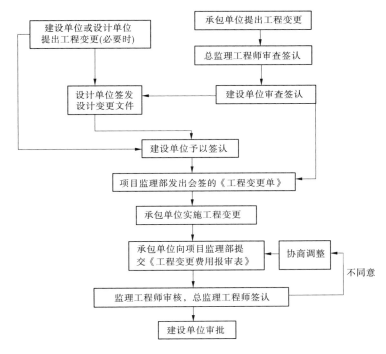

图 3-2　施工阶段设计变更控制程序框图

第三节　工程施工的质量管理

1.施工准备、施工过程、竣工验收各阶段的质量管理包括哪些主要内容?

施工阶段质量控制的系统过程如图 3-3 所示。

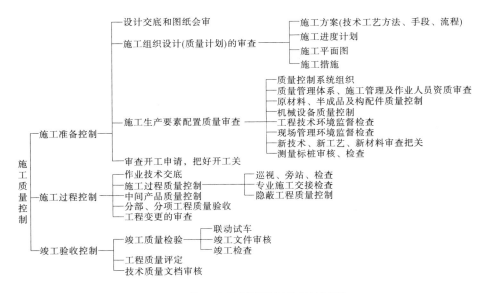

图 3-3　施工阶段质量控制的系统过程

2. 施工质量管理的依据主要有哪些方面？

（1）施工阶段监理工程师进行质量控制的依据，大体上有以下四类：①工程合同文件；②设计文件；③国家及政府有关部门颁布的有关质量管理方面的法律、法规性文件；④有关质量检验与控制的专门技术法规性文件。

（2）概括说来，属于这类专门的技术法规性的依据主要有以下几类：①工程项目施工质量验收标准；②有关工程材料、半成品和构配件质量控制方面的专门技术法规性依据；③控制施工作业活动质量的技术规程；④凡采用新工艺、新技术、新材料的工程，事先应进行试验，并应有权威性技术部门的技术鉴定书及有关的质量数据、指标，在此基础上制定有关的质量标准和施工工艺规程，以此作为判断与控制质量的依据。

3. 简要说明施工阶段监理工程师质量控制的工作程序。

（1）在每项工程开始前，承包单位须做好施工准备工作，然后填报《工程开工/复工报审表》，附上该项工程的开工报告、施工方案，以及施工进度计划、人员及机械设备配置、材料准备情况等，报送监理工程师审查。若审查合格，则由总监理工程师批复准予施工；否则，承包单位应进一步做好施工准备，待条件具备时，再次填报开工申请。

（2）在施工过程中，监理工程师应督促承包单位加强内部质量管理，严格质量控制。施工作业过程均应按规定工艺和技术要求进行。在每道工序完成后，承包单位应进行自检，自检合格后，填报《＿＿＿报验申请表》交监理工程师检验。监理工程师收到检查申请后应在合同规定的时间内到现场检验，检验合格后予以确认。

（3）只有上一道工序被确认质量合格后，方能准许下道工序施工，按上述程序完成逐道工序。当一个检验批、分部、分项工程完成后，承包单位首先对检验批、分部、分项工程进行自检，填写相应质量验收记录表，确认工程质量符合要求，然后向监理工程师提交《＿＿＿报验申请表》并附上自检的相关资料，经监理工程师现场检查及对相关资料审核后，符合要求予以签认验收；反之，则指令承包单位进行整改或返工处理。

（4）在施工质量验收过程中，涉及结构安全的试块、试件及有关材料，应按规定进行见证取样检测；对涉及结构安全和使用功能的重要分部工程，应进行抽样检测，承担见证取样检测及有关结构安全检测的单位应具有相应资质。

（5）通过返修或加固处理仍不能满足安全使用要求的分部工程、单位工程严禁验收。

4. 监理工程师对施工承包单位资质核查的内容是什么？

1）招投标阶段对承包单位资质的审查

（1）根据工程的类型、规模和特点，确定参与投标企业的资质等级，并取得招标投标管理部门的认可。

（2）对符合参与投标承包企业的考核，应包括：①查对《营业执照》及《建筑业企业资质证书》；②考核承包企业近期的表现，查对年检情况、资质升降级情况，了解其是否有工程质量、施工安全、现场管理等方面的问题，企业管理的发展趋势、质量是否呈上升趋势；③查对近期承建工程，实地参观考核工程质量情况及现场管理水平。

2）对中标进场从事项目施工的承包企业质量管理体系的检查

（1）了解企业的质量意识、质量管理情况，重点了解企业质量管理的基础工作、工程项目管理和质量控制的情况。

（2）贯彻 ISO9000 标准、体系建立和通过认证的情况。

（3）企业领导班子的质量意识及质量管理机构落实、质量管理权限实施的情况等。

（4）审查承包单位现场项目经理部的质量管理体系。

5. 监理工程师审查施工组织设计的原则有哪些？

（1）施工组织设计的编制、审查和批准应符合规定的程序。

（2）施工组织设计应符合国家的技术政策，充分考虑承包合同规定的条件、施工现场条件及法规条件的要求，突出"质量第一、安全第一"的原则。

（3）施工组织设计的针对性：承包单位是否了解并掌握了本工程的特点及难点，施工条件是否分析充分。

（4）施工组织设计的可操作性：承包单位是否有能力执行并保证工期和质量目标，该施工组织设计是否切实可行。

（5）技术方案的先进性：施工组织设计采用的技术方案和措施是否先进适用，技术是否成熟。

（6）质量管理、技术管理体系和质量保证措施是否健全且切实可行。

（7）安全、环保、消防和文明施工措施是否切实可行并符合有关规定。

（8）在满足合同和法规要求的前提下，对施工组织设计的审查，应尊重承包单位的自主技术决策和管理决策。

6. 对工程所需的原材料、半成品、构配件的采购订货质量控制主要从哪些方面进行？

（1）凡由承包单位负责采购的原材料、半成品或构配件，在采购订货前应向监理工程师申报；对于重要的材料，还应提交样品，供试验或鉴定，有些材料则要求供货单位提交理化试验单（如预应力钢筋的硫、磷含量等），经监理工程师审查认可后，方可进行订货采购。

（2）对于半成品或构配件，应按经过审批认可的设计文件和图纸要求采购订货，质量应满足有关标准和设计的要求，交货期应满足施工及安装进度安排的需要。

（3）供货厂家是制造材料、半成品、构配件的主体，所以通过考查优选合格的供货厂家，是保证采购、订货质量的前提。为此，大宗的器材或材料的采购应当实行招标采购的方式。

（4）对于半成品和构配件的采购、订货，监理工程师应提出明确的质量要求，质量检测项目及标准，出厂合格证或产品说明书等质量文件的要求，以及是否需要权威性的质量认证等。

（5）某些材料，诸如瓷砖等装饰材料，订货时最好一次订齐和备足货源，以免由于分批而出现色泽不一的质量问题。

（6）供货厂方应向需方（订货方）提供质量文件，用以表明其提供的货物能够完全达到需方提出的质量要求。

7. 监理工程师如何审查分包单位的资格？

（1）分包单位提交《分包单位资质报审表》。包括：①关于拟分包工程的情况；②关于分包单位的基本情况；③分包协议草案。

（2）监理工程师审查总承包单位提交的《分包单位资质报审表》。

（3）对分包单位进行调查。调查的目的是核实总承包单位申报的分包单位情况是否属实。

8. 设计交底中,监理工程师应主要了解哪些内容?

（1）有关地形、地貌、水文气象、工程地质及水文地质等自然条件方面。

（2）主管部门及其他部门（如规划、环保、农业、交通、旅游等）对本工程的要求、设计单位采用的主要设计规范、市场供应的建筑材料情况等。

（3）设计意图方面:诸如设计思想、设计方案比选的情况、基础开挖及基础处理方案、结构设计意图、设备安装和调试要求、施工进度与工期安排等。

（4）施工应注意事项方面:如基础处理的要求、对建筑材料方面的要求、主体工程设计中采用新结构或新工艺对施工提出的要求、为实现进度安排而应采用的施工组织和技术保证措施等。

9. 什么是质量控制点? 选择质量控制点的原则是什么?

1）质量控制点的概念

质量控制点是指为了保证作业过程质量而确定的重点控制对象、关键部位或薄弱环节。对于质量控制点,一般要事先分析可能造成质量问题的原因,再针对原因制定对策和措施进行预控。

2）选择质量控制点的一般原则

（1）施工过程中的关键工序或环节及隐蔽工程,例如预应力结构的张拉工序,钢筋混凝土结构中的钢筋架立。

（2）施工中的薄弱环节,或质量不稳定的工序、部位或对象,例如地下防水层施工。

（3）对后续工程施工或对后续工序质量或安全有重大影响的工序、部位或对象,例如预应力结构中的预应力钢筋质量、模板的支撑与固定等。

（4）采用新技术、新工艺、新材料的部位或环节。

（5）施工上无足够把握的、施工条件困难的或技术难度大的工序或环节,例如复杂曲线模板的放样等。

10. 什么是质量预控?

所谓工程质量预控,就是针对所设置的质量控制点或分部、分项工程,事先分析施工中可能发生的质量问题和隐患,分析可能产生的原因,并提出相应的对策,采取有效的措施进行预先控制,以防在施工中发生质量问题。

11. 环境状态控制的内容有哪些?

1）施工作业环境的控制

所谓作业环境条件主要是指诸如水、电或动力供应、施工照明、安全防护设备、施工场地空间条件和通道以及交通运输和道路条件等。

监理工程师应事先检查承包单位对施工作业环境条件方面的有关准备工作是否已做好安排和准备妥当;当确认其准备可靠、有效后,方准许其进行施工。

2）施工质量管理环境的控制

施工质量管理环境主要是指:施工承包单位的质量管理体系和质量控制自检系统是否处于良好的状态;系统的组织结构、管理制度、检测制度、检测标准、人员配备等方面是否完善和明确;质量责任制是否落实;监理工程师做好承包单位施工质量管理环境的检查,并督促其落实,是保证作业效果的重要前提。

3)现场自然环境条件的控制

监理工程师应检查施工承包单位,对于未来的施工期间,自然环境条件可能出现对施工作业质量的不利影响时,是否事先已有充分的认识并已做好充足的准备和采取了有效措施与对策以保证工程质量。

12. 监理工程师如何做好进场施工机械设备的质量控制?

(1)施工机械设备的进场检查。

(2)机械设备工作状态的检查。

(3)特殊设备安全运行的审核。

(4)大型临时设备的检查。

13. 监理工程师如何做好施工测量、计量的质量控制?

1)监理工程师对试验室的检查

(1)工程作业开始前,承包单位应向项目监理机构报送试验室(或外委试验室)的有关资料。

(2)监理工程师的实地检查。监理工程师应检查试验室资质证明文件、试验设备、检测仪器能否满足工程质量检查要求,是否处于良好的可用状态;精度是否符合需要;法定计量部门标定资料、合格证、率定表是否在标定的有效期内;试验室管理制度是否齐全,符合实际;试验、检测人员的上岗资质等。经检查,确认能满足工程质量检验要求,则予以批准,同意使用;否则,承包单位应进一步完善、补充。在没得到监理工程师同意之前,工地试验室不得使用。

2)工地测量仪器的检查

施工测量开始前,承包单位应向项目监理机构提交测量仪器的有关资料,监理工程师审核确认后,方可进行正式测量作业。在作业过程中监理工程师也应经常检查了解计量仪器、测量设备的性能、精度状况,使其处于良好的状态之中。

14. 监理工程师如何做好作业技术活动过程的质量控制?

监理工程师做好作业技术活动过程的质量控制包括:①承包单位自检和专检工作的监控;②技术复核工作监控;③见证取样送检工作的监控;④工程变更的监控;⑤见证点的实施监控;⑥级配管理质量监控;⑦计量工作质量监控;⑧质量记录资料的监控;⑨工地例会的管理;⑩停、复工令的实施。

15. 什么是见证取样? 其工作程序和要求有哪些?

见证是指由监理工程师现场监督承包单位某工序全过程完成情况的活动。见证取样则是指对工程项目使用的材料、半成品、构配件的现场取样、工序活动效果的检查实施见证。

1)见证取样的工作程序

(1)工程项目施工开始前,项目监理机构要督促承包单位尽快落实见证取样的送检试验室。

(2)项目监理机构要将选定的试验室到负责本项目的质量监督机构备案并得到认

可,同时要将项目监理机构中负责见证取样的监理工程师在该质量监督机构备案。

（3）承包单位在对进场材料、试块、试件、钢筋接头等实施见证取样前要通知负责见证取样的监理工程师,在该监理工程师现场监督下,承包单位按相关规范的要求完成材料、试块、试件等的取样过程。

（4）完成取样后承包单位将送检样品装入木箱,由监理工程师加封,不能装入箱中的试件,如钢筋样品、钢筋接头,则贴上专用加封标志,然后送往试验室。

2）实施见证取样的要求

（1）试验室要具有相应的资质并进行备案、认可。

（2）负责见证取样的监理工程师要具有材料、试验等方面的专业知识,且要取得从事监理工作的上岗资格。

（3）承包单位从事取样的人员一般应是试验室人员,或专职质检人员担任。

（4）送往试验室的样品要填写"送验单",送验单要盖有"见证取样"专用章,并有见证取样监理工程师的签字。

（5）试验室出具的报告一式两份,分别由承包单位和项目监理机构保存,并作为归档材料,是工序产品质量评定的重要依据。

（6）见证取样的频率,国家或地方主管部门有规定的,执行相关规定;施工承包合同中如有明确规定的,执行施工承包合同的规定。见证取样的频率和数量,包括在承包单位自检范围内,一般所占比例为30%。

（7）见证取样的试验费用由承包单位支付。

（8）实行见证取样,绝不代替承包单位对材料、构配件进场时必须进行的自检。自检频率和数量要按相关规范要求执行。

16. 工程变更的要求可能来自何方？ 其变更程序如何？

工程变更的要求可能来自建设单位、设计单位或施工承包单位。为确保工程质量,不同情况下工程变更的实施、设计图纸的澄清和修改具有不同的工作程序。

1）施工承包单位的要求及处理

（1）对技术修改要求的处理。

承包单位提出技术修改的要求时,应向项目监理机构提交《工程变更单》,在该表中应说明要求修改的内容及原因或理由,并附图和有关文件。

技术修改问题一般可以由专业监理工程师组织承包单位和现场设计代表参加,经各方同意后签字并形成纪要,作为工程变更单附件,经总监批准后实施。

（2）工程变更的要求。

承包单位应就要求变更的问题填写《工程变更单》,送交项目监理机构。总监理工程师根据承包单位的申请,经与设计、建设、承包单位研究并作出变更的决定后签发《工程变更单》,并应附有设计单位提出的变更设计图纸。承包单位签收后按变更后的图纸施工。

2）设计单位提出变更的处理

（1）设计单位首先将"设计变更通知"及有关附件报送建设单位。

（2）建设单位会同监理、施工承包单位对设计单位提交的"设计变更通知"进行研究,必要时设计单位尚需提供进一步的资料,以便对变更作出决定。

(3)总监理工程师签发《工程变更单》,并将设计单位发出的"设计变更通知"作为该《工程变更单》的附件,施工承包单位按新的变更图实施。

3)建设单位(监理工程师)要求变更的处理

(1)建设单位(监理工程师)将变更的要求通知设计单位,如果在要求中包括有相应的方案或建议,则应一并报送设计单位;否则,变更要求由设计单位研究解决。在提供审查的变更要求中,应列出所有受该变更影响的图纸、文件清单。

(2)设计单位对《工程变更单》进行研究。

(3)根据建设单位的授权,监理工程师研究设计单位所提交的建议设计变更方案或其对变更要求所附方案的意见,必要时会同有关的承包单位和设计单位一起进行研究,也可进一步提供资料,以便对变更作出决定。

(4)建设单位作出变更的决定后由总监理工程师签发《工程变更单》,指示承包单位按变更的决定组织施工。

17. 什么是"见证点"？ 见证点的监理实施程序是什么？

1)见证点的概念

见证点监督,也称为 W 点监督。凡是列为见证点的质量控制对象,在规定的关键工序施工前,承包单位应提前通知监理人员在约定的时间内到现场进行见证和对其施工实施监督。如果监理人员未能在约定的时间内到现场见证和监督,则承包单位有权进行该 W 点相应的工序操作和施工。

2)见证点的监理实施程序

(1)承包单位应在某见证点施工之前一定时间(例如 24 小时前)书面通知监理工程师,说明该见证点准备施工的日期与时间,请监理人员届时到达现场进行见证和监督。

(2)监理工程师收到通知后,应注明收到该通知的日期并签字。

(3)监理工程师应按规定的时间到现场见证。

(4)如果监理人员在规定的时间不能到场见证,承包单位可以认为已获监理工程师默认,可有权进行该项施工。

(5)如果在此之前监理人员已到过现场检查,并将有关意见写在"施工记录"上,则承包单位应在该意见旁写明他根据该意见已采取的改进措施,或者写明他的某些具体意见。

18. 施工过程中成品保护的措施一般有哪些？

(1)防护。就是针对被保护对象的特点采取各种防护的措施。

(2)包裹。就是将被保护物包裹起来,以防损伤或污染。

(3)覆盖。就是用表面覆盖的办法防止堵塞或损伤。

(4)封闭。就是采取局部封闭的办法进行保护。

(5)合理安排施工顺序。主要是通过合理安排不同工作间的施工先后顺序,以防止后道工序损坏或污染已完成施工的成品或生产设备。

19. 监理工程师进行现场质量检验的方法有哪几类？ 其主要内容包括哪些方面？

对于现场所用原材料、半成品、工序过程或工程产品质量进行检验的方法,一般可分为三类,即目测法、量测法以及试验法。

（1）目测法：即凭借感官进行检查，也可以叫做观感检验。这类方法主要是根据质量要求，采用看、摸、敲、照等手法对检查对象进行检查。

（2）量测法：就是利用量测工具或计量仪表，通过实际量测结果与规定的质量标准或规范的要求相对照，从而判断质量是否符合要求。量测的手法可归纳为：靠、吊、量、套。

（3）试验法：指通过进行现场试验或试验室试验等理化试验手段，取得数据，分析判断质量情况。包括：①理化试验；②无损测试或检验。

20. 施工阶段监理工程师进行质量监督控制可以通过哪些手段进行？

施工阶段监理工程师可以通过以下手段进行质量监督控制：

（1）审核技术文件、报告和报表。包括：①审核施工单位的开工报告；②审核分包单位的技术资质证明文件；③审核施工单位提交的施工组织设计、施工方案；④审核施工单位提交的材料、半成品、构配件的质量检验报告；⑤审核新材料、新技术、新工艺的现场试验报告；⑥审核永久设备的技术性能和质检报告；⑦审核施工单位的质量管理体系文件；⑧审核设计变更和图纸修改；⑨审核施工单位提交的反映工程质量动态的统计资料或图表。

（2）下达指令文件。指令文件是指监理工程师对施工单位发出指示和要求的书面文件，用以向施工单位提出或指出施工中存在的问题，或要求和指示施工单位应做什么或如何做等。监理工程师所发出的各项指令都必须是书面的，并作为技术文件存档保存。

（3）现场监督和检查。现场监督检查的内容：①开工前的检查；②工序施工中的跟踪监督、检查与控制；③对于重要的和对工程质量有重大影响的工序和工程部位，还应在现场进行施工过程的旁站监督与控制，确保使用材料及工艺过程质量。

现场监督检查的方式有：①旁站与巡视；②平行检验。

（4）规定质量监控工作程序。规定施工阶段施工单位和监理单位双方都必须遵守的指令控制制度和工作程序。监理人员根据这一制度或工作程序进行质量控制。

（5）利用支付手段。支付控制权是指对施工单位支付各项工程款时，必须有监理工程师签署的支付证明书，业主才向施工单位支付工程款，否则业主不得支付。监理工程师可以利用赋予他的这一控制权进行施工质量的控制，即只有施工质量达到规定的标准和要求时，监理工程师才签发支付证明书，否则可以拒绝签发支付证明书。

第四节　　工程施工质量验收评定

1. 什么是项目划分？项目划分有什么作用？

（1）项目划分是工程质量考核、评定的基础性工作，是将一项工程整个施工过程细化分解至各实施阶段的每个工种、每道工序，通过严格控制每个工种、每道工序的作业质量来实现对工程全方位、全过程的质量管理、控制，并最终实现工程整体质量目标。

（2）项目划分的作用：一是便于施工质量检验控制和施工质量的量化考核、评定，保证施工质量；二是利于工程施工资料的收集整理，保证技术资料整编质量；三是方便参建各方、社会各界对工程进行全面的监督管理，维护水利工程建筑市场正常秩序。

水利水电工程质量检验与评定应进行项目划分，项目按级划分为单位工程、分部工程、单元(工序)工程等三级。

2. 什么是单位工程、分部工程、单元(工序)工程?

(1)单位工程是具有独立发挥作用或独立施工条件的建筑物。属于主要建筑物的单位工程称为主要单位工程。主要建筑物,指其失事后将造成灾害或严重影响工程效益的建筑物,如堤防、河道整治建筑物、泄洪建筑物、输水建筑物等。

(2)分部工程是指在一个建筑物内能组合发挥一种功能的建筑安装工程,是组成单位工程的部分。对单位工程安全、功能或效益起决定性作用的分部工程是主要分部工程。

(3)单元工程是指依据设计结构、施工部署和质量考核要求,将分部工程划分为若干个层、块、区、段,每一层、块、区、段为一个单元工程,是施工质量考核的基本单位。对工程安全、功能或效益有显著影响的单元工程称为主要单元工程。

(4)工序是指按施工的先后顺序将单元工程划分成的若干个具体施工过程或施工步骤。对单元工程质量影响较大的工序是主要工序。工序是施工质量验收的最小单位。

3. 项目划分的原则是什么?

1)单位工程项目的划分原则

(1)堤防工程:按招标标段或工程结构划分单位工程,规模较大的交叉联结建筑物及管理设施以每座独立的建筑物为一个单位工程。

(2)河道整治工程:按招标标段或坝垛(坝段)划分。

(3)水闸工程:一般以每座建筑物为一个单位工程,也可将一个建筑物中具有独立施工条件的部分划分为一个单位工程。

(4)道路工程:按招标标段划分。

2)分部工程项目的划分原则

(1)堤防工程:按长度或功能划分;河道整治工程:按施工部署或坝垛划分,以坝垛为单位工程的按工程主要结构划分;水闸工程:按工程结构主要组成部分划分;道路工程:按长度或结构划分。

(2)同一单位工程中,各个分部工程的工程量(或投资)不宜相差太大,每个单位工程中的分部工程数目不宜少于5个。

3)单元工程项目的划分原则

(1)单元工程按工序划分情况,分为有工序单元工程和无工序单元工程。

(2)土方填筑按层、段划分;吹填工程按围堰仓、段划分;防护工程按施工段划分;河(渠)道开挖、填筑及衬砌单元工程划分界限宜设在变形缝或结构缝处,长度一般不大于100 m;其他工程可依据工程结构、施工部署或质量考核要求,按层、块、段进行划分。

同一分部工程中各单元工程的工程量(或投资)不宜相差太大。

4. 项目划分的原则是什么?

(1)由项目法人组织监理、设计及施工等单位进行工程项目划分,并确定主要单位工程、主要分部工程、重要隐蔽单元工程和关键部位单元工程。项目法人在主体工程开工前将项目划分表及说明书面报相应工程质量监督机构确认。

(2)工程质量监督机构收到项目划分书面报告后,应在14个工作日内对项目划分进行确认并将确认结果书面通知项目法人。

（3）工程实施过程中,需对单位工程、主要分部工程、重要隐蔽单元工程和关键部位单元工程的项目划分进行调整时,项目法人应重新报送工程质量监督机构确认。

5. 什么是施工质量验收的主控项目和一般项目?

1）主控项目

建筑工程中对安全、卫生、环境保护和公众利益起决定性作用的检验项目,例如混凝土结构工程中钢筋安装时受力钢筋的品种、级别、规格和数量必须符合设计要求;纵向受力钢筋连接方式应符合设计要求;安装现浇结构的上层模板及其支架时下层模板应具有承受上层荷载的承载能力,或加设支架,上、下层支架的立柱应对准并铺设垫板等都是主控项目。

2）一般项目

除主控项目以外的项目都是一般项目。例如混凝土结构工程中,除主控项目外,钢筋的接头宜设置在受力较小处,同一纵向受力钢筋不宜设置两个或两个以上接头,接头末端至钢筋弯起点的距离不应小于钢筋直径的 10 倍;钢筋应平直、无损伤,表面不得有裂纹、油污、颗粒状或片状老锈;施工缝的位置应在混凝土的浇筑前按设计要求和施工技术方案确定,施工缝的处理应按施工技术方案执行等都是一般项目。

6. 简述水利工程质量检验内容。

（1）质量检验包括施工准备检查,原材料与中间产品质量检验,水工金属结构、启闭机及机电产品质量检查,单元(工序)工程质量检验,质量事故检查和质量缺陷备案,工程外观质量检验等。

（2）主体工程开工前,施工单位应组织人员进行施工准备检查,并经项目法人(建设单位)或监理单位确认合格且履行相关手续后,才能进行主体工程施工。

（3）施工单位应按有关规程及技术标准对水泥、钢材等原材料与中间产品质量进行检验,并报监理单位复核。不合格产品不得使用。

（4）水工金属结构、启闭机及机电产品进场后,有关单位应按有关合同进行交货检查和验收。安装前,施工单位应检查产品是否有出厂合格证、设备安装说明书及有关技术文件,对在运输和存放过程中发生的变形、受潮、损坏等问题应做好记录,并进行妥善处理。无出厂合格证或不符合质量标准的产品不得用于工程中。

（5）施工单位应认真检验单元(工序)工程质量,做好书面记录,在自检合格后,填写施工质量评定表报监理单位复核。监理单位根据抽检资料核定单元(工序)工程质量等级。发现不合格单元(工序)工程,应要求施工单位及时进行处理,合格后才能进行后续工程施工。对施工中的质量缺陷应书面记录备案,进行必要的统计分析,并在相应单元(工序)工程质量评定表"评定意见"栏内注明。

（6）施工单位应及时将原材料、中间产品及单元(工序)工程质量检验结果报监理单位复核,并按月将施工质量情况报监理单位,由监理单位汇总分析后报送项目法人(建设单位)和工程质量监督机构。

（7）单位工程完工后,项目法人(建设单位)应组织监理、设计、施工及工程运行管理等单位组成工程外观质量评定组,现场进行工程外观质量检验评定,并将评定结论报工程质量监督机构核定。参加工程外观质量评定的人员应具有工程师以上技术职称或相应执业资格。评定组人数应不少于 5 人,大型工程不宜少于 7 人。

7. 简述水利工程质量评定合格标准,单元、分部、单位工程施工质量合格标准。

(1)合格标准是工程验收标准。不合格工程必须进行处理且达到合格标准后,才能进行后续工程施工或验收。

(2)单元(工序)工程施工质量合格标准:主控项目检验点全部合格,一般项目每个检验项目包含的检验点 70% 以上合格,且不合格检验点不集中在一个区域。当达不到合格标准时,应及时处理。处理后的质量等级应按下列规定重新确定:全部返工重做的,可重新评定质量等级;经加固补强并经设计和监理单位鉴定能达到设计要求时,其质量评为合格。划分工序的单元工程施工质量合格标准为:各工序施工质量验收评定全部合格;各项报验资料符合要求。

(3)分部工程施工质量同时满足如下标准时,其质量评为合格:所含单元工程的质量全部合格;质量事故及质量缺陷已按要求处理,并经检验合格;原材料、中间产品及混凝土(砂浆)试件质量全部合格,金属结构及启闭机制造质量合格,机电产品质量合格。

(4)单位工程施工质量同时满足如下标准时,其质量评为合格:所含分部工程质量全部合格;质量事故已按要求进行处理;工程外观质量得分率达到 70% 以上;单位工程施工质量检验与评定资料基本齐全;工程施工期及试运行期,单位工程观测资料分析结果符合国家和行业技术标准以及合同约定的标准要求。

8. 简述水利工程质量评定优良标准,单元、分部、单位工程施工质量优良标准。

(1)优良等级是为工程项目质量创优而设置。其评定标准为推荐性标准,是为鼓励工程项目质量创优或执行合同约定而设置。

(2)单元工程施工质量优良标准:主控项目检验点全部合格,一般项目每个检验项目包含的检验点 90% 以上合格,且不合格检验点不集中在一个区域;全部返工重做的单元工程,经检验达到优良标准时,可评为优良等级。划分工序的单元工程施工质量优良标准为:各工序施工质量验收评定全部合格,其中优良工序达到 50% 及以上,且主要工序均为优良等级;各项报验资料符合要求。

(3)分部工程施工质量优良标准:所含单元工程质量全部合格,其中 70% 以上达到优良等级,重要隐蔽单元工程和关键部位单元工程质量优良率达 90% 以上,且未发生过质量事故;中间产品质量全部合格,混凝土(砂浆)试件质量达到优良等级(当试件组数小于 30 时,试件质量合格);原材料质量、金属结构及启闭机制造质量合格,机电产品质量合格。

(4)单位工程施工质量优良标准:所含分部工程质量全部合格,其中 70% 以上达到优良等级,主要分部工程质量全部优良,且施工中未发生过较大质量事故;质量事故已按要求进行处理;外观质量得分率达到 85% 以上;单位工程施工质量检验与评定资料齐全;工程施工期及试运行期,单位工程观测资料分析结果符合国家和行业技术标准以及合同约定的标准要求。

9. 试说明施工质量验收的基本规定。

(1)施工现场质量管理应有相应的施工技术标准,健全的质量管理体系、施工质量检验制度和综合施工质量水平评价考核制度,并做好施工现场质量管理检查记录。

（2）建筑工程施工质量应按下列要求进行验收：①建筑工程施工质量应符合建筑工程施工质量验收统一标准和相关专业验收规范的规定；②建筑工程施工应符合工程勘察、设计文件的要求；③参加工程施工质量验收的各方人员应具备规定的资格；④工程质量的验收应在施工单位自行检查评定的基础上进行；⑤隐蔽工程在隐蔽前应由施工单位通知有关方进行验收，并应形成验收文件；⑥涉及结构安全的试块、试件以及有关材料，应按规定进行见证取样检测；⑦检验批的质量应按主控项目和一般项目验收；⑧对涉及结构安全和使用功能的分部工程应进行抽样检测；⑨承担见证取样检测及有关结构安全检测的单位应具有相应资质；⑩工程的观感质量应由验收人员通过现场检查，并应共同确认。

10. 简述单元、分部、单位工程质量验收评定程序。

（1）单元（工序）工程质量在施工单位自评合格后，由监理单位复核，监理工程师核定质量等级并签证认可。其中重要隐蔽单元工程及关键部位单元工程质量经施工单位自评合格、监理单位抽检后，由项目法人（或委托监理）、监理、设计、施工、工程运行管理等单位组成联合小组，共同检查核定其质量等级并填写签证表，报工程质量监督机构核备。

（2）分部工程质量在施工单位自评合格后，由监理单位复核，项目法人认定。分部工程验收的质量结论由项目法人报工程质量监督机构核备。大型枢纽工程主要建筑物的分部工程验收的质量结论由项目法人报工程质量监督机构核定。

（3）单位工程质量在施工单位自评合格后，由监理单位复核，项目法人认定。单位工程验收的质量结论由项目法人报工程质量监督机构核定。

第五节　工程质量问题和质量事故的处理

1. 如何区分工程质量不合格、工程质量问题和质量事故？

答：根据国际标准化组织（ISO）和我国有关质量、质量管理和质量保证标准的定义，凡工程产品质量没有满足某个规定的要求，就称之为质量不合格。

根据1989年建设部颁布的第3号令《工程建设重大事故报告和调查程序规定》和1990年建设部建建工字第55号文件关于第3号部令有关问题的说明：凡是工程质量不合格，必须进行返修、加固或报废处理，由此造成直接经济损失低于5 000元的称为质量问题；直接经济损失在5 000元（含5 000元）以上的称为工程质量事故。

2. 常见的工程质量问题发生的原因主要有哪些方面？

常见的工程质量问题发生的原因主要有以下几个方面：

（1）违背基本建设程序。包括：项目前期工作深度不足。例如在水文气象资料缺乏、工程地质和水文地质情况不明、施工工艺不过关的条件下盲目兴建。

（2）违反法规行为。违反招标投标规定，选择劣质施工队伍。

（3）地质勘察失真。地质勘察工作深度不够，勘察不详细，勘察报告不准确。

（4）设计差错。包括：设计方案不当；结构不合理；设计计算错误。

（5）施工与管理不到位。包括：不按设计图纸施工，施工方案和技术措施不当，不遵守施工规范的规定，施工工艺、施工顺序不当，技术管理制度不完善，施工人员素质低。

（6）使用不合格的原材料、制品及设备。包括：对钢材、水泥、砂石、沥青、木材等主材、半成品的质量把关不严,对进场设备性能检查不到位,设备本身存在性能缺陷。对进场时质量验收合格的材料因管理不善,导致强度、承载力以及耐久性等使用性能下降。

(7)自然环境因素。对风、雨、温度、湿度、洪水、地震等因素的影响未采取相应的预防措施。

3. 试述工程质量问题处理的程序。

当发现工程质量问题,监理工程师应按以下程序进行处理:

(1)当发生工程质量问题时,监理工程师首先应判断其严重程度。对可以通过返修或返工弥补的质量问题可签发《监理通知》,责成施工单位写出质量问题调查报告,提出处理方案,填写《监理通知回复单》报监理工程师审核后批复承包单位处理,必要时应经建设单位和设计单位认可,对处理结果应重新进行验收。

(2)对需要加固补强的质量问题,或质量问题的存在影响下道工序和分项工程的质量时,应签发《工程暂停令》,指令施工单位停止有质量问题部位和与其有关联部位及下道工序的施工。必要时,应要求施工单位采取防护措施,责成施工单位写出质量问题调查报告,由设计单位提出处理方案,并征得建设单位同意,批复承包单位处理。对处理结果应重新进行验收。

(3)施工单位接到《监理通知》后,在监理工程师的组织参与下,尽快进行质量问题调查并完成报告编写。

(4)监理工程师审核、分析质量问题调查报告,判断和确认质量问题产生的原因。

(5)在原因分析的基础上,认真审核签认质量问题处理方案。

(6)指令施工单位按既定的处理方案实施处理并进行跟踪检查。

(7)质量问题处理完毕,监理工程师应组织有关人员对处理的结果进行严格的检查、鉴定和验收,写出质量问题处理报告,报建设单位和监理单位存档。写出质量问题处理报告,报建设单位和监理单位存档。

4. 简述工程质量事故的特点、分类和处理的权限范围。

(1)工程质量事故具有复杂性、严重性、可变性和多发性的特点。

(2)国家现行对工程质量通常采用按造成损失严重程度进行分类,其基本分类如下:①一般质量事故;②严重质量事故;③重大质量事故;④特别重大事故。

(3)特别重大质量事故由国务院按有关程序和规定处理;重大质量事故由国家建设主管部门归口管理;严重质量事故由省、自治区、直辖市建设行政主管部门归口管理;一般质量事故由市、县级建设行政主管部门归口管理。

5. 工程质量事故处理的依据是什么?

进行工程质量事故处理的主要依据有四个方面:质量事故的实况资料;具有法律效力的,得到有关当事各方认可的工程承包合同、设计委托合同、材料或设备购销合同以及监理合同或分包合同等合同文件;有关的技术文件、档案和相关的建设法规。

6. 简述对工程质量事故原因进行分析的基本步骤和原理。

1)基本步骤

(1)进行细致的现场调查研究,观察记录全部实况,充分了解与掌握引发质量事故的现象和特征。

（2）收集调查与质量事故有关的全部设计和施工资料，分析并摸清工程在施工或使用过程中所处的环境及面临的各种条件和情况。

（3）找出可能产生质量事故的所有因素。

（4）分析、比较和判断，找出最可能造成质量事故的原因。

（5）进行必要的计算分析或模拟试验，并予以论证确认。

2）基本原理

分析的要领是逻辑推理法，其基本原理是：

（1）确定质量事故的初始点，即所谓原点，它是一系列独立原因集合起来形成的爆发点。因其反映出质量事故的直接原因，而在分析过程中具有关键性作用。

（2）围绕原点对现场各种现象和特征进行分析，区别导致同类质量事故的不同原因，逐步揭示质量事故萌生、发展和最终形成的过程。

（3）综合考虑原因的复杂性，确定诱发质量事故的起源点即真正原因。

7. 简述工程质量事故处理的程序，监理工程师在事故处理过程中应如何去做？

（1）工程质量事故发生后，总监理工程师应签发《工程暂停令》，并要求停止进行质量缺陷部位和与其有关联部位及下道工序施工，应要求施工单位采取必要的措施，防止事故扩大并保护好现场。同时，要求质量事故发生单位迅速按类别和等级向相应的主管部门上报，并于24小时内写出书面报告。

（2）监理工程师在事故调查组展开工作后，应积极协助，客观地提供相应证据，若监理方无责任，监理工程师可应邀参加调查组，参与事故调查；若监理方有责任，则应予以回避，但应配合调查组工作。

（3）当监理工程师接到质量事故调查组提出的技术处理意见后，可组织相关单位研究，并责成相关单位完成技术处理方案，并予以审核签认。

（4）技术处理方案核签后，监理工程师应要求施工单位制订详细的施工方案设计，必要时应编制监理实施细则，对工程质量事故技术处理施工质量进行监理，技术处理过程中的关键部位和关键工序应进行旁站，并会同设计、建设等有关单位共同检查认可。

（5）对施工单位完工自检后报验结果，组织有关各方进行检查验收，必要时应进行处理结果鉴定。要求事故单位整理编写质量事故处理报告，并审核签认，组织将有关技术资料归档。

（6）签发《工程复工令》，恢复正常施工。

8. 工程质量事故处理方案确定的一般原则和基本要求是什么？

工程质量事故处理方案确定的一般处理原则是：正确确定事故性质，是表面性还是实质性、是结构性还是一般性、是迫切性还是可缓性；正确确定处理范围，除直接发生部位，还应检查处理事故相邻影响作用范围的结构部位或构件。其处理基本要求是：满足设计要求和用户的期望；保证结构安全可靠，不留任何质量隐患；符合经济合理的原则。

9. 工程质量事故处理可能采取的处理方案有哪几类？它们各适合在何种情况下采用？

（1）修补处理。通常当工程的某个检验批、分部或分项的质量虽未达到规定的规范、标准或设计要求,存在一定缺陷,但通过修补或更换器具、设备后还可达到要求的标准,又不影响使用功能和外观要求,在此情况下,可以进行修补处理。

(2)返工处理。当工程质量未达到规定的标准和要求,存在严重的质量问题,对结构的使用和安全构成重大影响,且又无法通过修补处理的情况下,可对检验批、分部、分项甚至整个工程返工处理。

(3)不做处理。某些工程质量问题虽然不符合规定的要求和标准构成质量事故,但视其严重情况,经过分析、论证、法定检测单位鉴定和设计等有关单位认可,对工程或结构使用及安全影响不大,也可不做专门处理。

10. 监理工程师应如何选择最适用的工程质量事故处理方案?

答:选择工程质量事故处理方案,是复杂而重要的工作,它直接关系到工程的质量、费用和工期。下面给出一些可采取的选择工程质量事故处理方案的辅助决策方法,包括:①实验验证;②定期观测;③专家论证;④方案比较。

11. 监理工程师如何对工程质量事故处理进行鉴定与验收?

(1)必要的鉴定。为确保工程质量事故的处理效果,凡涉及结构承载力等使用安全和其他重要性能的处理工作,或质量事故处理施工过程中建筑材料及构配件保证资料严重缺乏,或对检查验收结果各参与单位有争议时,常需做必要的试验和检验鉴定工作。常见的检验工作有:混凝土钻芯取样,用于检查密实性和裂缝修补效果,或检测实际强度;结构荷载试验,确定其实际承载力;超声波检测焊接或结构内部质量;池、罐、箱柜工程的渗漏检验等。检测鉴定必须委托政府批准的有资质的法定检测单位进行。

(2)检查验收。工程质量事故处理完成后,监理工程师在施工单位自检合格报验的基础上,应严格按施工验收标准及有关规范的规定进行,结合监理人员的旁站、巡视和平行检验结果,依据质量事故技术处理方案设计要求,通过实际量测,检查各种资料数据,进行验收,并应办理交工验收文件,组织各有关单位会签。

第六节　工程质量控制的统计分析方法

1. 简述质量统计推断工作过程。

质量统计推断工作是运用质量统计方法在生产过程中或一批产品中,随机抽取样本,通过对样品进行检测和整理加工,从中获得样本质量数据信息,并以此为依据,以概率数理统计为理论基础,对总体的质量状况作出分析和判断。质量统计推断工作过程见图3-4。

图3-4　质量统计推断工作过程

2. 简述质量数据的收集方法。

（1）全数检验。全数检验是对总体中的全部个体逐一观察、测量、计数、登记，从而获得对总体质量水平评价结论的方法。

（2）随机抽样检验。抽样检验是按照随机抽样的原则，从总体中抽取部分个体组成样本，根据对样品进行检测的结果，推断总体质量水平的方法。主要有：①简单随机抽样；②分层抽样；③等距抽样；④整群抽样；⑤多阶段抽样。

3. 描述质量数据集中趋势、离散趋势的特征值有哪些？如何计算？

1）描述数据集中趋势的特征值

（1）算术平均数。

①总体算术平均数 μ

$$\mu = \frac{1}{N}(X_1 + X_2 + \cdots + X_N) = \frac{1}{N}\sum_{i=1}^{N} X_i$$

②样本算术平均数 $\bar{x}$

$$\bar{x} = \frac{1}{n}(x_1 + x_2 + \cdots + x_n) = \frac{1}{n}\sum_{i=1}^{n} x_i$$

（2）样本中位数 $\tilde{x}$。

当样本数 n 为奇数时，数列居中的一位数即为中位数；当样本数 n 为偶数时，取居中两个数的平均值作为中位数。

2）描述数据离散趋势的特征值

（1）极差 R。

其计算公式为：

$$R = x_{\max} - x_{\min}$$

（2）标准偏差。

①总体的标准偏差 σ

$$\sigma = \sqrt{\frac{\sum_{i=1}^{N}(x_i - \mu)^2}{N}}$$

②样本的标准偏差 S

$$S = \frac{\sqrt{\sum_{i=1}^{N}(x_i - \bar{x})^2}}{n - 1}$$

（3）变异系数 C_v。

$$C_v = \sigma/\mu（总体）\quad C_v = s\sqrt{x}（样本）$$

4. 质量数据有何特性？

质量数据具有个体数值的波动性和总体（样本）分布的规律性。

在实际质量检测中，我们发现即使在生产过程是稳定正常的情况下，同一总体（样本）的个体产品的质量特性值也是互不相同的。这种个体间表现形式上的差异性，反映在质量数据上即为个体数值的波动性、随机性，然而当运用统计方法对这些大量丰富的个体质量数值进行加工、整理和分析后,我们又会发现这些产品质量特性值(以计量值数据为例)大多都分布在数值变动范围的中部区域,即有向分布中心靠拢的倾向,表现为数值的集中趋势;还有一部分质量特性值在中心的两侧分布,随着逐渐远离中心,数值的个数变少,表现为数值的离中趋势。质量数据的集中趋势和离中趋势反映了总体(样本)质量变化的内在规律性。

5. 试述质量数据波动的原因及分布的统计规律性。

1)质量数据波动的原因

质量特性值的变化在质量标准允许范围内波动称之为正常波动,是由偶然性原因引起的;若是超越了质量标准允许范围的波动则称之为异常波动,是由系统性原因引起的。

(1)偶然性原因。在实际生产中,影响因素的微小变化具有随机发生的特点,是不可避免、难以测量和控制的,或者是在经济上不值得消除。它们大量存在但对质量的影响很小,属于允许偏差、允许位移范畴。引起的是正常波动,一般不会因此造成废品,生产过程正常稳定。通常把4M1E因素的这类微小变化归为影响质量的偶然性原因、不可避免原因或正常原因。

(2)系统性原因。当影响质量的4M1E因素发生了较大变化,如工人未遵守操作规程、机械设备发生故障或过度磨损、原材料质量规格有显著差异等情况发生时,没有及时排除,生产过程则不正常。产品质量数据就会离散过大或与质量标准有较大偏离,表现为异常波动,次品、废品产生。这就是产生质量问题的系统性原因或异常原因。由于异常波动特征明显,容易识别和避免,特别是对质量的负面影响不可忽视,生产中应该随时监控,及时识别和处理。

2)质量数据分布的规律性

对于在正常生产条件下的大量产品,误差接近零的产品数目要多些,具有较大正负误差的产品要相对少,偏离很大的产品就更少了;同时正负误差绝对值相等的产品数目非常接近。于是就形成了一个能反映质量数据规律性的分布,即以质量标准为中心的质量数据分布,它可用一个"中间高、两端低、左右对称"的几何图形表示,即一般服从正态分布。

6. 简述质量控制七种统计分析方法的用途各有哪些?

(1)统计调查表法。是利用专门设计的统计表对质量数据进行收集、整理和粗略分析质量状态的一种方法。

(2)分层法。是将调查收集的原始数据,根据不同的目的和要求,按某一性质进行分组、整理的分析方法。

(3)排列图法。是利用排列图寻找影响质量主次因素的一种有效方法。

(4)因果分析图法。是利用因果分析图来系统整理分析某个质量问题(结果)与其产生原因之间关系的有效工具。

(5)直方图法。它是将收集到的质量数据进行分组整理,绘制成频数分布直方图,用以描述质量分布状态的一种分析方法。

(6)控制图。用途主要有两个:过程分析,即分析生产过程是否稳定;过程控制,即控制生产过程质量状态。

(7)相关图。在质量控制中它是用来显示两种质量数据之间关系的一种图形。

7. 如何绘制排列图？如何利用排列图找出影响质量的主次因素？

1）排列图的绘制

结合实例加以说明。某工地现浇混凝土构件尺寸质量检查结果是：在全部检查的 8 个项目中不合格点（超偏差限值）有 150 个，为改进并保证质量，应对这些不合格点进行分析，以便找出混凝土构件尺寸质量的薄弱环节。

（1）收集整理数据。首先收集混凝土构件尺寸各项目不合格点的数据资料，见表 3-1。以全部不合格点数为总数，计算各项的频率和累计频率，结果见表 3-2。

表 3-1　不合格点统计

序号	检查项目	不合格点数	序号	检查项目	不合格点数
1	轴线位置	1	5	平面水平度	15
2	垂直度	8	6	表面平整度	75
3	标高	4	7	预埋设施中心位置	1
4	截面尺寸	45	8	预留孔洞中心位置	1

表 3-2　不合格点项目频数、频率统计

序号	项目	频数	频率（%）	累计频率（%）
1	表面平整度	75	50.0	50.0
2	截面尺寸	45	30.0	80.0
3	平面水平度	15	10.0	90.0
4	垂直度	8	5.3	95.3
5	标高	4	2.7	98.0
6	其他	3	2.0	100.0
合计		150	100	

（2）排列图的绘制。

①画横坐标。将横坐标按项目数等分，并按项目频数由大到小顺序从左至右排列，该例中横坐标分为六等份。

②画纵坐标。左侧的纵坐标表示项目不合格点数即频数，右侧纵坐标表示累计频率。

③画频数直方形。以频数为高画出各项目的直方形。

④画累计频率曲线。从横坐标左端点开始，依次连接各项目直方形右边线及所对应的累计频率值的交点，所得的曲线即为累计频率曲线。

⑤记录必要的事项。如标题、收集数据的方法和时间等（见图 3-5）。

2）利用排列图，确定主次因素

将累计频率曲线按 0%～80%、80%～90%、90%～100% 分为三部分，各曲线下面所对应的影响因素分别为 A、B、C 三类因素。该例中 A 类即主要因素是表面平整度（2 m 长度）、截面尺寸（梁、柱、墙板、其他构件），B 类即次要因素是平面水平度，C 类即一般因素

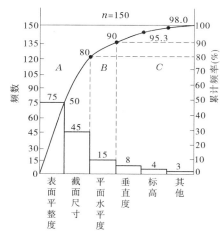

图 3-5　混凝土构件尺寸不合格点排列图

有垂直度、标高和其他项目。综上分析结果,下一步应重点解决 A 类等质量问题。

8. 绘制和使用因果分析图时应注意哪些事项?

(1)集思广益。绘制时要求绘制者熟悉专业施工方法技术,调查、了解施工现场实际条件和操作的具体情况。要以各种形式,广泛收集现场工人、班组长、质量检查员、工程技术人员的意见,集思广益,相互启发,相互补充,使因果分析更符合实际。

(2)制订对策。绘制因果分析图不是目的,而是要根据图中所反映的主要原因,制订改进的措施和对策,限期解决问题,保证产品质量。具体实施时,一般应编制一个对策计划表。

9. 如何绘制直方图并对其观察分析?

1)直方图的绘制方法

(1)收集整理数据。用随机抽样的方法抽取数据,一般要求数据在 50 个以上。

【例】 某建筑施工工地浇筑 C30 混凝土,为对其抗压强度进行质量分析,共收集了 50 份抗压强度试验报告单,经整理见表 3-3。

表 3-3　数据整理表　　　　　　　　　　　　　　　　　　　　　（单位:N/mm²)

序号	抗压强度数据					最大值	最小值
1	39.8	37.7	33.8	31.5	36.1	39.8	31.5
2	37.2	38.0	33.1	39.0	36.0	39.0	33.1
3	35.8	35.2	31.8	37.1	34.0	37.1	31.8
4	39.9	34.3	33.2	40.4	41.2	41.2	33.2
5	39.2	35.4	34.4	38.1	40.3	40.3	34.4
6	42.3	37.5	35.5	39.3	37.3	42.3	35.5
7	35.9	42.4	41.8	36.3	36.2	42.4	35.9
8	46.2	37.6	38.3	39.7	38.0	46.2	37.6
9	36.4	38.3	43.4	38.2	38.0	42.4	36.4
10	44.4	42.0	37.9	38.4	39.5	44.4	37.9

（2）计算极差 R。

$$R = x_{\max} - x_{\min} = 46.2 - 31.5 = 14.7 (\text{N/mm}^2)$$

（3）对数据分组，包括确定组数、组距和组限：

①确定组数 k，本例中取 $k = 8$。

②确定组距 h。

本例中：

$$h = \frac{R}{k} = \frac{14.7}{8} = 1.8 \approx 2 \ (\text{N/mm}^2)$$

③确定组限。

首先确定第一组下限：

$$x_{\min} - \frac{h}{2} = 31.5 - \frac{2.0}{2} = 30.5 (\text{N/mm}^2)$$

第一组上限：$30.5 + h = 30.5 + 2 = 32.5 (\text{N/mm}^2)$

第二组下限 = 第一组上限 = $32.5 \ \text{N/mm}^2$

第二组上限：$32.5 + h = 32.5 + 2 = 34.5 (\text{N/mm}^2)$

以下以此类推，最高组限为 $44.5 \sim 46.5 \ \text{N/mm}^2$，分组结果覆盖了全部数据。

（4）编制数据频数统计表。

统计各组频数，可采用唱票形式进行，频数总和应等于全部数据个数。本例频数统计结果见表3-4。

表3-4　频数统计表

组号	组限（N/mm²）	频数统计	频数	组号	组限（N/mm²）	频数统计	频数
1	30.5～32.5	丁	2	5	38.5～40.5	正丅	9
2	32.5～34.5	正一	6	6	40.5～42.5	正	5
3	34.5～36.5	正正	10	7	42.5～44.5	丁	2
4	36.5～38.5	正正正	15	8	44.5～46.5	一	1
合计							50

（5）绘制频数分布直方图（见图3-6）。

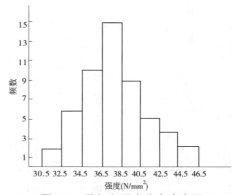

图3-6　混凝土强度分布直方图

2）直方图的观察与分析

（1）观察直方图的形状、判断质量分布状态。作完直方图后,首先要认真观察直方图的整体形状,看其是否属于正常型直方图。正常型直方图就是中间高,两侧低,左右接近对称的图形,如图3-7(a)所示。出现非正常型直方图时,表明生产过程或收集数据作图有问题。这就要求进一步分析判断,找出原因,从而采取措施加以纠正。凡属非正常型直方图,其图形分布有各种不同缺陷,归纳起来一般有五种类型,如图3-7(b)~(f)所示:①折齿型;②左(或右)缓坡型;③孤岛型;④双峰型;⑤绝壁型。

（2）将直方图与质量标准比较,判断实际生产过程能力。作出直方图后,除观察直方图形状,分析质量分布状态外,再将正常型直方图与质量标准比较,从而判断实际生产过程能力。正常型直方图与质量标准相比较,一般有如图3-8所示六种情况。

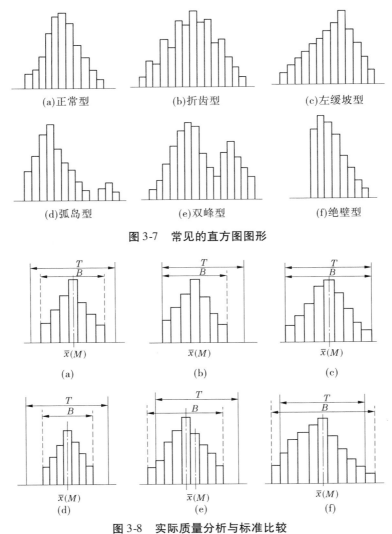

图 3-7　常见的直方图图形

图 3-8　实际质量分析与标准比较

①图3-8(a),B 在 T 中间,质量分布中心 $\bar{x}$ 与质量标准中心 M 重合,实际数据分布与

质量标准相比较两边还有一定余地。这样的生产过程质量是很理想的,说明生产过程处于正常的稳定状态。在这种情况下生产出来的产品可认为全都是合格品。

②图 3-8(b),B 虽然落在 T 内,但质量分布中心 $\bar{x}$ 与 T 的中心 M 不重合,偏向一边。这样如果生产状态一旦发生变化,就可能超出质量标准下限而出现不合格品。出现这样情况时应迅速采取措施,使直方图移到中间来。

③图 3-8(c),B 在 T 中间,且 B 的范围接近 T 的范围,没有余地,生产过程一旦发生小的变化,产品的质量特性值就可能超出质量标准。出现这种情况时,必须立即采取措施,以缩小质量分布范围。

④图 3-8(d),B 在 T 中间,但两边余地太大,说明加工过于精细,不经济。在这种情况下,可以对原材料、设备、工艺、操作等控制要求适当放宽些,有目的地使 B 扩大,从而有利于降低成本。

⑤图 3-8(e),质量分布范围 B 已超出标准下限之外,说明已出现不合格品。此时必须采取措施进行调整,使质量分布位于标准之内。

⑥图 3-8(f),质量分布范围完全超出了质量标准上、下界限,散差太大,产生许多废品,说明过程能力不足,应将其提高,使质量分布范围 B 缩小。

10.试述控制图的原理。

在生产过程中,如果仅仅存在偶然性原因影响,而不存在系统性原因,这时生产过程处于稳定状态,或称为控制状态。其产品质量特性值的波动是有一定规律的,即质量特性值分布服从正态分布。控制图就是利用这个规律来识别生产过程中的异常原因,控制系统性原因造成的质量波动,保证生产过程处于控制状态。

如何衡量生产过程是否处于稳定状态呢?我们知道,一定状态下生产的产品质量是具有一定分布的,过程状态发生变化,产品质量分布也随之改变。观察产品质量分布情况,一是看分布中心位置(μ);二是看分布的离散程度(σ)。这可通过图 3-9 所示的四种情况来说明。

图 3-9(a),反映产品质量分布服从正态分布,其分布中心与质量标准中心 M 重合,散差分布在质量控制界限之内,表明生产过程处于稳定状态,这时生产的产品基本上都是合格品,可继续生产。

图 3-9(b),反映产品质量分布散差没变,而分布中心发生偏移。

图 3-9(c),反映产品质量分布中心虽然没有偏移,但分布的散差变大。

图 3-9(d),反映产品质量分布中心和散差都发生了较大变化,即 $\mu(\bar{x})$ 值偏离标准中心,$\sigma(s)$ 值增大。

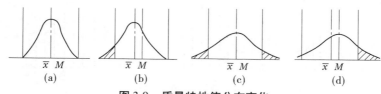

图 3-9 质量特性值分布变化

后三种情况都是由于生产过程中存在异常原因引起的,都出现了不合格品,应及时分析,消除异常原因的影响。

综上所述,我们可依据描述产品质量分布的集中位置和离散程度的统计特征值,随时间(生产进程)的变化情况来分析生产过程是否处于稳定状态。在控制图中,只要样本质量数据的特征值是随机地落在上、下控制界限之内,就表明产品质量分布的参数 μ 和 σ 基本保持不变,生产中只存在偶然原因,生产过程是稳定的。而一旦发生了质量数据点飞出控制界限之外,或排列有缺陷,则说明生产过程中存在系统原因,使 μ 和 σ 发生了改变,生产过程出现异常情况。

11. 利用控制图如何判断施工过程是否正常?

答:当控制图同时满足以下两个条件:一是点子几乎全部落在控制界限之内;二是控制界限内点子的排列没有缺陷。我们就可以认为生产过程基本上处于稳定状态。如果点子的分布不满足其中任何一条,都应判断生产过程为异常。

(1)点子几乎全部落在控制界线内,是指应符合下述三个要求:①连续25点以上处于控制界限内;②连续35点中仅有1点超出控制界限;③连续100点中不多于2点超出控制界限。

(2)点子的排列没有缺陷,是指点子的排列是随机的,而没有出现异常现象。这里的异常现象是指点子的排列出现了"链""多次同侧""趋势或倾向""周期性变动""接近控制界限"等情况。

12. 如何绘制、观察分析相关图?

1)相关图的绘制方法

【例】 分析混凝土抗压强度和水灰比之间的关系。

(1)收集数据。要成对地收集两种质量数据,数据不得过少。本例收集数据如表3-5所示。

表3-5 混凝土抗压强度与水灰比统计资料

	序号	1	2	3	4	5	6	7	8
x	水灰比(W/C)	0.4	0.45	0.5	0.55	0.6	0.65	0.7	0.75
y	强度(N/mm^2)	36.3	35.3	28.2	24.0	23.0	20.6	18.4	15.0

(2)绘制相关图。在直角坐标系中,一般 x 轴用来代表原因的量或较易控制的量,本例中表示水灰比;y 轴用来代表结果的量或不易控制的量,本例中表示强度。然后将数据在相应的坐标位置上描点,便得到散布图,如图3-10所示。

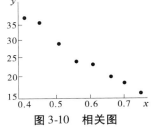

图3-10 相关图

2)相关图的观察与分析

相关图中点的集合,反映了两种数据之间的散布状况,根据散布状况我们可以分析两个变量之间的关系。归纳起来,有以下六种类型(见图3-11):

(1)正相关(见图3-11(a))。散布点基本形成由左至右向上变化的一条直线带,即随 x 增加,y 值也相应增加,说明 x 与 y 有较强的制约关系。此时,可通过对 x 控制而有效控制 y 的变化。

(2)弱正相关(见图3-11(b))。散布点形成向上较分散的直线带。随 x 值的增加,y 值也有增加趋势(但 x、y 的关系不像正相关那么明确。说明 y 除受 x 影响外,还受其他更

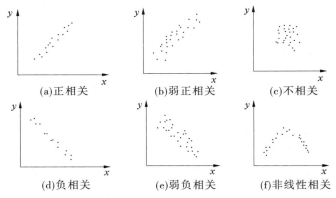

(a)正相关	(b)弱正相关	(c)不相关
(d)负相关	(e)弱负相关	(f)非线性相关

图 3-11　散布图的类型

重要的因素影响,需要进一步利用因果分析图法分析其他的影响因素。

(3)不相关(见图 3-11(c))。散布点形成一团或平行于 x 轴的直线带。说明 x 变化不会引起 y 的变化或其变化无规律,分析质量原因时可排除 x 因素。

(4)负相关(见图 3-11(d))。散布点形成由左向右向下的一条直线带。说明 x 对 y 的影响与正相关恰恰相反。

(5)弱负相关(见图 3-11(e))。散布点形成由左至右向下分布的较分散的直线带。说明 x 与 y 的相关关系较弱,且变化趋势相反,应考虑寻找影响 y 的其他更重要的因素。

(6)非线性相关(见图 3-11(f))。散布点呈一曲线带,即在一定范围内 x 增加,y 也增加;超过这个范围 x 增加,y 则有下降趋势,或改变变动的斜率呈曲线形态。

从图 3-11 可以看出,本例水灰比对强度影响属于负相关。初步结果是,在其他条件不变情况下,混凝土强度随着水灰比增大有逐渐降低的趋势。

13. 什么是抽样检验方案? 简述常用的抽样检验方案。

1)抽样检验方案

抽样检验方案是根据检验项目特性所确定的抽样数量、接受标准和方法。如在简单的计数值抽样检验方案中,主要是确定样本容量 n 和合格判定数,即允许不合格品件数 c,记为方案(n,c)。

2)常用的抽样检验方案

(1)标准型抽样检验方案。①计数值标准型一次抽样检验方案;②计数值标准型二次抽样检验方案;③多次抽样检验方案。

(2)分选型抽样检验方案。

(3)调整型抽样检验方案。

第七节　质量管理体系标准

1. GB/T 19000—2000 族核心标准的构成和特点是什么?

1)GB/T 19000—2000 族核心标准的构成

(1)GB/T 19000—2000 表述质量管理体系并规定质量管理体系术语。

(2)GB/T 19001—2000 规定质量管理体系要求,用于组织证实其具有提供满足顾客要求和适用的法规要求的产品的能力。

（3）GB/T 19004—2000 提供质量管理体系指南,包括持续改进的过程,有助于组织的顾客和其他相关方满意。

（4）ISO/CD 19011 质量和环境审核指南。

2）ISO 9000:2000 族标准的主要特点

（1）标准的结构与内容更好地适应于所有产品类别,不同规模和各种类型的组织。

（2）采用"过程方法"的结构,同时体现了组织管理的一般原理,有助于组织结合自身的生产和经营活动采用标准来建立质量管理体系,并重视有效性的改进与效率的提高。

（3）提出了质量管理八项原则并在标准中得到了充分体现。

（4）对标准要求的适应性进行了更加科学与明确的规定,在满足标准要求的途径与方法方面,提倡组织在确保有效性的前提下,可以根据自身经营管理的特点作出不同的选择,给予组织更多的灵活度。

（5）更加强调管理者的作用,最高管理者通过确定质量目标,制定质量方针,进行质量评审以及确保资源的获得和加强内部沟通等活动,对其建立、实施质量管理体系并持续改进其有效性的承诺提供证据,并确保顾客的要求得到满足,旨在增强顾客满意度。

（6）突出了"持续改进"是提高质量管理体系有效性和效率的重要手段。

（7）强调质量管理体系的有效性和效率,引导组织以顾客为中心并关注相关方的利益,关注产品与过程而不仅仅是程序文件与记录。

（8）对文件的要求更加灵活,强调文件应能够为过程带来增值,记录只是证据的一种形式。

（9）将顾客和其他相关方满意或不满意的信息作为评价质量管理体系运行状况的一种重要手段。

（10）概念明确,语言通俗,易于理解、翻译和使用,术语用概念图形式表达术语间的逻辑关系。

（11）强调了 ISO 9001 作为要求性标准,ISO 9004 作为指南性标准的协调一致性,有利于组织业绩的持续改进。

（12）增强了与环境管理体系标准等其他管理体系标准的相容性,从而为建立一体化的管理体系创造了有利条件。

2.GB/T 19000—2000 族标准质量管理原则是什么?

（1）以顾客为关注焦点。组织依存于其顾客,因此组织应理解顾客当前的和未来的需求,满足顾客要求并争取超越顾客期望。

（2）领导作用。领导者建立组织统一的宗旨及方向。他们应当创造并保持使员工能充分参与实现组织目标的内部环境。

（3）全员参与。各级人员是组织之本,只有他们的充分参与,才能使他们的才干为组织带来收益。

（4）过程方法。将活动和相关的资源作为过程进行管理,可以更高效地得到期望的结果。

（5）管理的系统方法。将相互关联的过程作为系统加以识别、理解和管理,有助于组织提高实现目标的有效性和效率。

（6）持续改进。持续改进整体业绩应当是组织的一个永恒的目标。

（7）基于事实的决策方法。有效决策是建立在数据和信息分析的基础上。

（8）与供方互利的关系。组织与供方是相互依存的，互利的关系可增强双方创造价值的能力。

3. 说明质量管理体系建立程序应包括的内容。

按照 GB/T 19000—2000 族标准建立或更新完善质量管理体系的程序，通常包括组织策划与总体设计、质量管理体系文件的编制、质量管理体系的实施运行等三个阶段。

（1）质量管理体系的策划与总体设计。最高管理者应确保对质量管理体系进行策划，以满足组织确定的质量目标要求及质量管理体系的总体要求，在对质量管理体系的变更进行策划和实施时，应保持管理体系的完整性。通过对质量管理体系的策划，确定建立质量管理体系要采用的过程方法模式，从组织的实际出发进行体系的策划和实施，明确是否有剪裁的需求并确保其合理性。

（2）质量管理体系文件的编制。质量管理体系文件的编制应在满足标准要求、确保控制质量、提高组织全面管理水平的情况下，建立一套高效、简单、实用的质量管理体系文件。质量管理体系文件包括质量手册、质量计划、程序、记录等部分。

（3）质量管理体系的实施。为保证质量管理体系的有效运行，要做到两个到位：一是认识到位；二是管理考核到位。开展纠正与预防活动，充分发挥内审的作用是保证质量管理体系有效运行的重要环节。

4. 说明质量管理体系认证的特征。

（1）由具有第三方公正地位的认证机构进行客观的评价，作出结论，若通过则颁发认证证书。审核人员要具有独立性和公正性，以确保认证工作客观公正地进行。

（2）认证的依据是质量管理体系的要求标准，即 GB/T 19001—2000，而不能依据质量管理体系的业绩改进指南标准即 GB/T 19004—2000 来进行，更不能依据具体的产品质量标准。

（3）认证过程中的审核是围绕企业的质量管理体系要求的符合性和满足质量要求和目标方面的有效性来进行的。

（4）认证的结论不是证明具体的产品是否符合相关的技术标准，而是质量管理体系是否符合 ISO 9001 即质量管理体系要求标准，是否具有按规范要求保证产品质量的能力。

（5）认证合格标志，只能用于宣传，不能将其用于具体的产品上。

5. 说明质量管理体系认证的实施程序。

（1）提出申请。申请单位向认证机构提出书面申请，包括：①申请单位填写申请书及附件；②认证申请的审查与批准。

（2）认证机构进行审核。认证机构对申请单位的质量管理体系审核是质量管理体系认证的关键环节，其基本工作程序是：①文件审核；②现场审核；③提出审核报告。

（3）审批与注册发证。

（4）获准认证后的监督管理。

（5）申诉。

第四章　建设工程投资管理

第一节　建设工程投资管理概述

1. 简述建设工程总投资的概念。

建设工程总投资,一般是指进行某项工程建设花费的全部费用。生产性建设工程总投资包括建设投资和铺底流动资金两部分;非生产性建设工程总投资则只包括建设投资。其中建设投资,由设备工器具购置费、建筑安装工程费、工程建设其他费用、预备费(包括基本预备费和涨价预备费)、建设期利息和固定资产投资方向调节税(目前暂不征收)组成。

2. 简述建设工程投资的特点。

建设工程投资的特点是由建设工程的特点决定的,简述如下:

(1)建设工程投资数额巨大。建设工程投资数额巨大,动辄上千万元甚至数十亿元。建设工程投资数额巨大关系到国家、行业或地区的重大经济利益,对国计民生也会产生重大的影响。

(2)建设工程投资差异明显。每个建设工程都有其特定的用途、功能、规模,每项工程的结构、空间分割、设备配置和内外装饰都有不同的要求,工程内容和实物形态都有其差异性。同样的工程处于不同的地区,在人工、材料、机械消耗上也有差异。所以,建设工程投资的差异十分明显。

(3)建设工程投资需单独计算。每个建设工程都有专门的用途,所以其结构、面积、造型和装饰也不尽相同。同时建设工程的实物形态千差万别。再加上不同地区构成投资费用的各种要素的差异,最终导致建设工程投资的千差万别。因此,建设工程只能通过特殊的程序(编制估算、概算、预算、合同价、结算价及最后确定竣工决算等),就每个项目单独计算其投资。

(4)建设工程投资确定依据复杂。建设工程投资的确定依据繁多,关系复杂。在不同的建设阶段有不同的确定依据,且互为基础,互相影响。

(5)建设工程投资确定层次繁多。凡是按照一个总体设计进行建设的各个单项工程汇集的总体为一个建设项目。在建设项目中,凡是具有独立的设计文件、竣工后可以独立发挥生产能力或工程效益的工程为单项工程。各单项工程又可分解为各个能独立施工的单位工程。又可以把单位工程进一步分解为分部工程,把分部工程更细致地分解为分项工程。需分别计算分部分项工程投资、单位工程投资、单项工程投资,最后才形成建设工程投资。可见建设工程投资的确定层次繁多。

(6)建设工程投资需动态跟踪调整。每个建设工程从立项到竣工都有一个较长的建设期,在这个期间都会出现一些不可预料的变化因素对建设工程投资产生影响,必然要引起建设工程投资的变动。所以,建设工程投资在整个建设期内都属于不确定的,需随时进行动态跟踪、调整,直至竣工决算后才能真正形成建设工程投资。

3. 简述建设工程投资控制原理。

投资控制是项目控制的主要内容之一。投资控制原理如图 4-1 所示,这种控制是动态的,并贯穿于项目建设的始终。

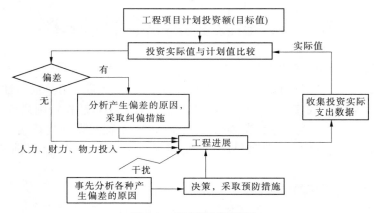

图 4-1　投资控制原理图

这个流程应每两周或一个月循环进行,其表达的含义如下:

(1)项目投入,即把人力、物力、财力投入到项目实施中。

(2)在工程进展过程中,必定存在各种各样的干扰,如恶劣天气、设计交图不及时等。

(3)收集实际数据,即对项目进展情况进行评估。

(4)把投资目标的计划值与实际值进行比较。

(5)检查实际值与计划值有无偏差,如果没有偏差,则项目继续进展,继续投入人力、物力和财力等。

(6)如果有偏差,则需要分析产生偏差的原因,采取控制措施。

4. 我国项目监理机构在投资控制中的主要任务是什么?

建设工程投资控制是我国建设工程监理的一项主要任务,投资控制贯穿于工程建设的各个阶段,也贯穿于监理工作的各个环节。

(1)在建设前期阶段进行建设工程的机会研究、初步可行性研究、编制项目建议书,进行可行性研究,对拟建项目进行市场调查和预测,编制投资估算,进行环境影响评价、财务评价、国民经济评价和社会评价。

(2)在设计阶段,协助业主提出设计要求,组织设计方案竞赛或设计招标,用技术经济方法组织评选设计方案。协助设计单位开展限额设计工作,编制本阶段资金使用计划,并进行付款控制。进行设计挖潜,用价值工程等方法对设计进行技术经济分析、比较、论证,在保证功能的前提下进一步寻找节约投资的可能性。审查设计概预算,尽量使概算不超估算,预算不超概算。

(3)在施工招标阶段,准备与发送招标文件,编制工程量清单和招标工程标底;协助评审投标书,提出评标建议;协助业主与承包单位签订承包合同。

（4）在施工阶段,依据施工合同有关条款、施工图,对工程项目造价目标进行风险分析,并制定防范性对策。从造价、项目的功能要求、质量和工期方面审查工程变更的方案,并在工程变更实施前与建设单位、承包单位协商确定工程变更的价款。按施工合同约定的工程量计算规则和支付条款进行工程量计算和工程款支付。建立月完成工程量和工作量统计表,对实际完成量与计划完成量进行比较、分析,制定调整措施。收集、整理有关的施工和监理资料,为处理费用索赔提供证据。按施工合同的有关规定进行竣工结算,对竣工结算的价款总额与建设单位和承包单位进行协商。

因监理工作过失而造成重大事故的监理企业,要对事故的损失承担一定的经济补偿责任,补偿办法由监理合同事先约定。

第二节　建设工程投资构成

1.简述我国现行建设工程投资构成。

我国现行建设工程投资构成,如图 4-2 所示。

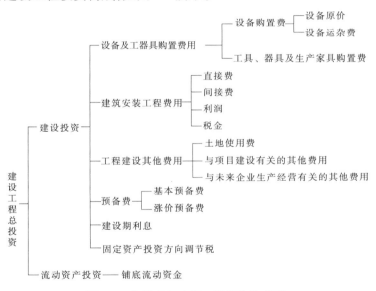

图 4-2　我国现行建设工程投资构成图

2.简述设备及工器具购置费用的构成。

设备及工、器具购置费用是由设备购置费用和工具、器具及生产家具购置费用组成。在工业建设工程中,设备及工器具费用与资本的有机构成相联系,设备及工器具费用占投资费用的比例大小,意味着生产技术的进步和资本有机构成的程度。

（1）设备购置费是指为建设工程购置或自制的达到固定资产标准的设备、工器具的费用。所谓固定资产标准,是指使用年限在一年以上,单位价值在国家或各主管部门规定的限额以上。新建项目和扩建项目的新建车间购置或自制的全部设备、工器具,不论是否达到固定资产标准,均计入设备、工器具购置费中。设备购置费包括设备原价和设备运杂费,即:

设备购置费＝设备原价或进口设备抵岸价＋设备运杂费

上式中,设备原价系指国产标准设备、非标准设备的原价。设备运杂费指设备原价中未包括的包装和包装材料费、运输费、装卸费、采购费及仓库保管费、供销部门手续费等。如果设备是由设备成套公司供应的,成套公司的服务费也应计入设备运杂费之中。

（2）工器具及生产家具购置费是指新建项目或扩建项目初步设计规定所必须购置的不够固定资产标准的设备、仪器、工卡模具、器具、生产家具和备品备件的费用。

3. 简述建筑安装工程费用的构成。

建筑安装工程费由直接费、间接费、利润和税金组成,如图4-3所示。

1）直接费

直接费由直接工程费和措施费组成。

A. 直接工程费:是指施工过程中耗费的构成工程实体的各项费用,包括人工费、材料费、施工机械使用费。

（1）人工费:是指直接从事建筑安装工程施工的生产工人开支的各项费用,内容包括:①基本工资:是指发放给生产工人的基本工资;②工资性补贴:是指按规定标准发放的物价补贴,煤、燃气补贴,交通补贴,住房补贴,流动施工津贴等。③生产工人辅助工资:是指生产工人年有效施工天数以外非作业天数的工资,包括职工学习、培训期间的工资,调动工作、探亲、休假期间的工资,因气候影响的停工工资,女工哺乳时间的工资,病假在六个月以内的工资及产、婚、丧假期的工资;④职工福利费:是指按规定标准计提的职工福利费;⑤生产工人劳动保护费:是指按规定标准发放的劳动保护用品的购置费及修理费,徒工服装补贴,防暑降温费,以及在有碍身体健康环境中施工的保健费用等。

（2）材料费:是指施工过程中耗费的构成工程实体的原材料、辅助材料、构配件、零件、半成品的费用。内容包括:①材料原价（或供应价格）;②材料运杂费:是指材料自来源地运至工地仓库或指定堆放地点所发生的全部费用;③运输损耗费:是指材料在运输装卸过程中不可避免的损耗;④采购及保管费:是指为组织采购、供应和保管材料过程中所需要的各项费用,包括采购费、仓储费、工地保管费、仓储损耗;⑤检验试验费:是指对建筑材料、构件和建筑安装物进行一般鉴定、检查所发生的费用,包括自设试验室进行试验所耗用的材料和化学药品等费用。不包括新结构、新材料的试验费和建设单位对具有出厂合格证明的材料进行检验,对构件做破坏性试验及其他特殊要求检验试验的费用。

（3）施工机械使用费:是指施工机械作业所发生的机械使用费以及机械安拆费和场外运费。

施工机械台班单价应由下列七项费用组成:①折旧费:指施工机械在规定的使用年限内,陆续收回其原值及购置资金的时间价值;②大修理费:指施工机械按规定的大修理间隔台班进行必要的大修理,以恢复其正常功能所需的费用;③经常修理费:指施工机械除大修理以外的各级保养和临时故障排除所需的费用,包括为保障机械正常运转所需替换设备与随机配备工具附具的摊销和维护费用,机械运转中日常保养所需润滑与擦拭的材料费用及机械停滞期间的维护和保养费用等;④安拆费及场外运费:安拆费指施工机械在现场进行安装与拆卸所需的人工、材料、机械和试运转费用,以及机械辅助设施的折旧、搭设、拆除等费用,场外运费指施工机械整体或分体自停放地点运至施工现场或由一施工地

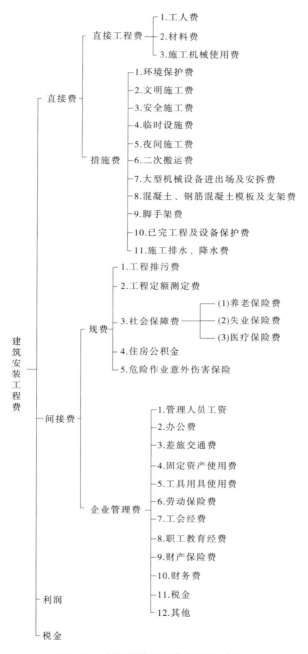

图 4-3 建筑安装工程费项目组成图

点运至另一施工地点的运输、装卸、辅助材料及架线等费用;⑤人工费:指机上司机(司炉)和其他操作人员的工作日人工费及上述人员在施工机械规定的年工作台班以外的人工费;⑥燃料动力费:指施工机械在运转作业中所消耗的固体燃料(煤、木柴)、液体燃料(汽油、柴油)及水、电等;⑦车船使用税:指施工机械按照国家规定和有关部门规定应缴纳的车船使用税、保险费及年检费等。

B. 措施费：是指为完成工程项目施工,发生于该工程施工前和施工过程中非工程实体项目的费用。

内容包括：

(1)环境保护费：是指施工现场为达到环保部门要求所需要的各项费用。

(2)文明施工费：是指施工现场文明施工所需要的各项费用。

(3)安全施工费：是指施工现场安全施工所需要的各项费用。

(4)临时设施费：是指施工企业为进行建筑工程施工所必须搭设的生活和生产用的临时建筑物、构筑物和其他临时设施费用等。临时设施费用还包括临时设施的搭设、维修、拆除费或摊销费。

(5)夜间施工费：是指因夜间施工所发生的夜班补助费、夜间施工降效、夜间施工照明设备摊销及照明用电等费用。

(6)二次搬运费：是指因施工场地狭小等特殊情况而发生的二次搬运费用。

(7)大型机械设备进出场及安拆费：是指机械整体或分体自停放场地运至施工现场或由一个施工地点运至另一个施工地点所发生的机械进出场运输和转移费用,以及机械在施工现场进行安装、拆卸所需的人工费、材料费、机械费、试运转费和安装所需的辅助设施的费用。

(8)混凝土、钢筋混凝土模板及支架费：是指混凝土施工过程中需要的各种钢模板、木模板、支架等的支、拆、运输费用及模板、支架的摊销(或租赁)费用。

(9)脚手架费：是指施工需要的各种脚手架搭、拆、运输费用及脚手架的摊销(或租赁)费用。

(10)已完工程及设备保护费：是指竣工验收前,对已完工程及设备进行保护所需费用。

(11)施工排水、降水费：是指为确保工程在正常条件下施工,采取各种排水、降水措施所发生的各种费用。

2)间接费

间接费由规费、企业管理费组成。

A. 规费

规费是指政府和有关权力部门规定必须缴纳的费用(简称规费)。包括：

(1)工程排污费：是指施工现场按规定缴纳的工程排污费。

(2)工程定额测定费：是指按规定支付工程造价(定额)管理部门的定额测定费。

(3)社会保障费：①养老保险费：是指企业按规定标准为职工缴纳的基本养老保险费；②失业保险费：是指企业按照国家规定标准为职工缴纳的失业保险费；③医疗保险费：是指企业按照规定标准为职工缴纳的基本医疗保险费。

(4)住房公积金：是指企业按规定标准为职工缴纳的住房公积金。

(5)危险作业意外伤害保险：是指按照建筑法规定,企业为从事危险作业的建筑安装施工人员支付的意外伤害保险费。

B. 企业管理费

企业管理费是指建筑安装企业组织施工生产和经营管理所需费用。

内容包括：

（1）管理人员工资：是指管理人员的基本工资、工资性补贴、职工福利费、劳动保护费等。

（2）办公费：是指企业管理办公用的文具、纸张、账表、印刷、邮电、书报、会议、水电、烧水和集体取暖（包括现场临时宿舍取暖）用煤等费用。

（3）差旅交通费：是指职工因公出差、调动工作的差旅费、住勤补助费，市内交通费和误餐补助费，职工探亲路费，劳动力招募费，职工离退休、退职一次性路费，工伤人员就医路费，工地转移费，以及管理部门使用的交通工具的油料、燃料、养路费及牌照费。

（4）固定资产使用费：是指管理和试验部门及附属生产单位使用的属于固定资产的房屋、设备仪器等的折旧、大修、维修或租赁费。

（5）工具用具使用费：是指管理使用的不属于固定资产的生产工具、器具、家具、交通工具和检验、试验、测绘、消防用具等的购置、维修和摊销费。

（6）劳动保险费：是指由企业支付离退休职工的易地安家补助费、职工退职金、六个月以上的病假人员工资、职工死亡丧葬补助费、抚恤费、按规定支付给离休干部的各项经费。

（7）工会经费：是指企业按职工工资总额计提的工会经费。

（8）职工教育经费：是指企业为职工学习先进技术和提高文化水平，按职工工资总额计提的费用。

（9）财产保险费：是指施工管理用财产、车辆保险。

（10）财务费：是指企业为筹集资金而发生的各种费用。

（11）税金：是指企业按规定缴纳的房产税、车船使用税、土地使用税、印花税等。

（12）其他：包括技术转让费、技术开发费、业务招待费、绿化费、广告费、公证费、法律顾问费、审计费、咨询费等。

3）利润

利润是指施工企业完成所承包工程获得的盈利。

4）税金

税金是指国家税法规定的应计入建筑安装工程造价内的营业税、城市维护建设税及教育附加费等。

4. 简述工程建设其他费用的构成。

工程建设其他费用是指从工程筹建到工程竣工验收交付使用止的整个建设期间，除建筑安装工程费用和设备、工器具购置费以外的，为保证工程建设顺利完成和交付使用后能够正常发挥效用而发生的一些费用。

工程建设其他费用，按其内容大体可分为三类：

（1）第一类为土地使用费，包括农用土地征用费和取得国有土地使用费。农用土地征用费由土地补偿费、安置补助费、土地投资补偿费、土地管理费、耕地占用税等组成，并按被征用土地的原用途给予补偿。取得国有土地使用费由土地使用权出让金、城市建设配套费、拆迁补偿与临时安置补助费等组成。

（2）第二类是与项目建设有关的费用。包括建设单位管理费、勘察设计费、研究试验费、临时设施费、工程监理费、工程保险费、供电贴费、施工机构迁移费、引进技术和进口设备其他费。

（3）第三类是与未来企业生产和经营活动有关的费用，包括联合试运转费、生产准备费、办公和生活家具购置费。

第三节　建设工程投资确定的依据

1. 简述建设工程投资确定的依据。

（1）建设工程投资确定的依据是指进行建设工程投资确定所必需的基础数据和资料，主要包括工程定额、工程量清单、要素市场价格信息、工程技术文件、环境条件与工程建设实施组织和技术方案等。

（2）建设工程定额，即额定的消耗量标准，是指按照国家有关的产品标准、设计规范和施工验收规范、质量评定标准，并参考行业、地方标准以及有代表性的工程设计、施工资料确定的工程建设过程中完成规定计量单位产品所消耗的人工、材料、机械等消耗量的标准。这种规定的额度所反映的是在一定的社会生产力发展水平下，完成某项工程建设产品与各种生产消耗之间特定的数量关系，考虑的是正常的施工条件目前大多数施工企业的技术装备程度，合理的施工工期、施工工艺和劳动组织，反映的是一种社会平均消耗水平。

（3）工程量清单是建设工程招标文件的重要组成部分，是指由建设工程招标人发出的，对招标工程的全部项目，按统一的工程量计算规则、项目划分和计量单位计算出的工程数量列出的表格。工程量清单是一份由招标人提供的文件，可以由招标人自行编制，也可以由其委托的有资质的招标代理机构或工程价格咨询单位编制。

（4）工程技术文件是反映建设工程项目的规模、内容、标准、功能等的文件。根据工程技术文件，才能对工程的分部组合即工程结构作出分解，得到计算的基本子项。依据工程技术文件及其反映的工程内容和尺寸，才能测算或计算出工程实物量，得到分部分项工程的实物数量。因此，工程技术文件是建设工程投资确定的重要依据。

（5）构成建设工程投资的要素包括人工、材料、施工机械等，要素价格是影响建设工程投资的关键因素，要素价格是由市场形成的。建设工程投资采用的基本子项所需资源的价格来自市场，随着市场的变化，要素价格亦随之发生变化。因此，要素价格是建设工程投资确定的重要依据。

（6）建设工程所处的环境和条件，也是影响建设工程投资的重要因素。环境和条件的差异或变化，会导致建设工程投资大小的变化。工程的环境和条件，包括工程地质条件、气象条件、现场环境与周边条件，也包括工程建设的实施方案、建设组织方案、建设技术方案等。

（7）另外，国家对建设工程费用计算的有关规定，按国家税法规定须计取的相关税费等，都构成了建设工程投资确定的依据。

2. 简述工程定额的分类。

建设工程定额是工程建设活动中各类计价依据的总称，可以按照不同的原则和方法对其进行科学分类。

（1）按照反映的物质消耗的内容，可将定额分为人工消耗定额、材料消耗定额和机械消耗定额。

（2）按照建设程序，可将定额分为基础定额或预算定额、概算定额（指标）、估算指标。

（3）按照建设工程的特点，可将定额分为建筑工程定额、安装工程定额、铁路工程定额、公路工程定额、水利工程定额等。

（4）按照定额的适用范围分为国家定额、行业定额、地区定额和企业定额。

（5）按照构成工程的成本和费用，可将定额分为构成直接工程成本的定额、构成间接费的定额以及构成工程建设其他费用的定额。

3. 简述工程量清单的编制。

1）一般规定

（1）工程量清单应由具有编制招标文件能力的招标人，或委托具有相应资质的中介机构进行编制。

（2）工程量清单应作为招标文件的组成部分。

（3）工程量清单应由分部分项工程量清单、措施项目清单、其他项目清单组成。

2）分部分项工程量清单

（1）分部分项工程量清单应包括项目编码、项目名称、计量单位和工程数量。

（2）分部分项工程量清单应根据《建设工程工程量清单计价规范》（GB 50500—2013）附录 A、附录 B、附录 C、附录 D、附录 E、附录 F 规定的统一项目编码、项目名称、计量单位和工程量计算规则进行编制。

（3）分部分项工程量清单的项目编码，一至九位应按《建设工程工程量清单计价规范》GB 50500—2003）附录 A、附录 B、附录 C、附录 D、附录 E、附录 F 的规定设置；十至十二位应根据拟建工程的工程量清单项目名称由其编制人设置，并应自 001 起顺序编制。

（4）分部分项工程量清单的项目名称应按下列规定确定。

项目名称应按《建设工程工程量清单计价规范》（GB 50500—2003）附录 A、附录 B、附录 C、附录 D、附录 E、附录 F 中规定的项目名称与项目特征并结合拟建工程的实际确定。

编制工程量清单，出现《建设工程工程量清单计价规范》（GB 50500—2013）附录 A、附录 B、附录 C、附录 D、附录 E、附录 F 中未包括的项目，编制可作相应补充，并应报省、自治区、直辖市工程造价管理机构备案。

（5）分部分项工程量清单的计量单位应按《建设工程工程量清单计价规范》（GB 50500—2013）附录 A、附录 B、附录 C、附录 D、附录 E 中规定的计量单位确定。

（6）工程数量应按下列规定进行计算：①工程数量应按《建设工程工程量清单计价规范》（GB 50500—2013）附录 A、附录 B、附录 C、附录 D、附录 E、附录 F 中中规定的工程量清单计算规则计算。②工程数量的有效位数应遵守下列规定：以"吨"为单位，保留小数点后三位数字，第四位四舍五入；以"立方米""平方米""米"为单位，应保留小数点后两位数字，第三位四舍五入；以"个""项"等为单位，应取整数。

3）措施项目清单

（1）措施项目清单应根据拟建工程的具体情况，参照表列项（见《建设工程工程量清单计价规范》（GB 50500—2013））。其中通用项目包括环境保护、文明施工、安全施工、临时设施、夜间施工、二次搬运、大型机械设备进出场及安拆、混凝土、钢筋混凝土模板及支架、脚手架、已完工程及设备保护、施工排水、降水。

（2）编制措施项目清单，出现未列的项目，编制人可作补充。

4）其他项目清单

（1）其他项目清单应根据拟建工程的具体情况，参照下列内容列项，包括预留金、材料购置费、总承包服务费、零星工作项目费等。

（2）零星工作项目应根据拟建工程的具体情况，详细列出人工、材料、机械的名称、计量单位和相应数量，并随工程量清单发至投标人。

（3）编制其他项目清单，出现未列的项目，编制人可作补充（具体内容见《建设工程工程量清单计价规范》（GB 50500—2013）。

4. 简述企业定额的作用。

随着我国社会主义市场经济体制的不断完善、工程价格管理制度改革的不断深入，企业定额将日益成为施工企业进行管理的重要工具。

（1）企业定额是施工企业计算和确定工程施工成本的依据，是施工企业进行成本管理、经济核算的基础。企业定额是根据本企业的人员技能、施工机械装备程度、现场管理和企业管理水平制定的，按企业定额计算得到的工程费用是企业进行施工生产所需的成本。在施工过程中，对实际施工成本的控制和管理，就应以企业定额作为控制的计划目标数，开展相应的工作。

（2）企业定额是施工企业进行工程投标、编制工程投标报价的基础和主要依据。企业定额的定额水平反映出企业施工生产的技术水平和管理水平，在确定工程投标报价时，首先是依据企业定额计算出施工企业拟完成投标工程需发生的计划成本。在掌握工程成本的基础上，再根据所处的环境和条件，确定在该工程上拟获得的利润、预计的工程风险费用和其他应考虑的因素，从而确定投标报价。因此，企业定额是施工企业编制计算投标报价的根基。

（3）企业定额是施工企业编制施工组织设计、制订施工计划和作业计划的依据。企业定额可以应用于工程的施工管理，用于签发施工任务单、签发限额领料单以及结算计件工资或计量奖励工资等。企业定额直接反映本企业的施工生产力水平，运用企业定额，可以更合理地组织施工生产，有效确定和控制施工中人力、物力消耗，节约成本开支。

第四节　建设工程投资决策

1. 投资估算编制依据主要有哪些？

投资估算编制依据主要有：

（1）主要工程项目、辅助工程项目及其他各单项工程的建设内容及工程量。

（2）专门机构发布的建设工程造价及费用构成、估算指标、计算方法，以及其他有关估算工程造价的文件。

（3）专门机构发布的建设工程其他费用计算办法和费用标准，以及政府部门发布的物价指数。

（4）已建同类建设工程的投资档案资料。

（5）影响建设工程投资的动态因素，如利率、汇率、税率等。

2. 建设投资估算有哪些方法？其适用条件各是什么？

建设投资的估算采用何种方法应取决于要求达到的精确度，而精确度又由项目前期研究阶段的不同以及资料数据的可靠性决定。因此，在投资项目的不同前期研究阶段，允许采用详简不同、深度不同的估算方法。常用的估算方法有生产能力指数法、资金周转率法、比例估算法、综合指标投资估算法。

（1）生产能力指数法起源于国外对化工厂投资的统计分析，多用于估算生产装置投资。

（2）资金周转率法是从资金周转率的定义推算出投资额的一种方法。该法概念简单明了，方便易行，但误差较大。不同性质的工厂或生产不同产品的车间，资金周转率都不同，要提高投资估算的精确度，必须做好相关的基础工作。

（3）比例估算法，适用于设备投资占比例较大的项目。

（4）综合指标投资估算法又称概算指标法，是依据国家有关规定，国家或行业、地方的定额、指标和取费标准，以及设备和主材价格等，从工程费用中的单项工程入手来估算初始投资。采用这种方法，还需要相关专业提供较为详细的资料，有一定的估算深度，精确度相对较高。

3. 怎样审查投资估算？

项目投资估算的审查部门和单位，在审查项目投资估算时，应注意审查以下几点：

1）投资估算编制依据的时效性、准确性

估算项目投资所需的数据资料很多，如已建同类型项目的投资、设备和材料价格、运杂费率，有关的定额、指标、标准，以及有关规定等，这些资料既可能随时间而发生不同程度的变化，又因工程项目内容和标准的不同而有所差异。因此，必须注意其时效性。同时，对工艺水平、规模大小、自然条件、环境因素等对已建项目与拟建项目在投资方面形成的差异进行调整。

2）审查选用的投资估算方法的科学性、适用性

投资估算方法有许多种，每种估算方法都有各自的适用条件和范围，并具有不同的精确度。如果使用的投资估算方法与项目的客观条件和情况不相适应，或者超出了该方法的适用范围，那就不能保证投资估算的质量。

3）审查投资估算的编制内容与拟建项目规划要求的一致性

（1）审查投资估算包括的工程内容与规定要求是否一致，是否漏掉了某些辅助工程、室外工程等的建设费用。

（2）审查项目投资估算中生产装置的技术水平和自动化程度是否符合规划要求的先进程度。

4）审查投资估算的费用项目、费用数额的真实性

（1）审查费用项目与规定要求、实际情况是否相符，有无漏项或重项，估算的费用项目是否符合国家规定，是否针对具体情况作了适当的增减。

（2）审查"三废"处理所需投资是否进行了估算，其估算数额是否符合实际。

（3）审查是否考虑了物价上涨和汇率变动对投资额的影响,考虑的波动变化幅度是否合适。

（4）审查项目投资主体自有的稀缺资源是否考虑了机会成本,沉没成本是否剔除。

（5）审查是否考虑了采用新技术、新材料及现行标准和规范,比已运行项目的要求提高所需增加的投资额,考虑的额度是否合适。

4. 何谓不确定分析？ 主要包括哪些方法？

所谓建设工程的不确定性分析,就是考查建设投资、经营成本、产品售价、销售量、项目寿命计算期等因素变化时,对项目经济评价指标所产生的影响。这种影响越强烈,表明所评价的项目方案对某个或某些因素越敏感。对于这些敏感因素,要求项目决策者和投资者予以充分的重视和考虑。

不确定性分析主要包括盈亏平衡分析、敏感性分析及概率分析。盈亏平衡分析只适用于财务评价,敏感性分析和概率分析可同时用于财务评价和国民经济评价。

5. 何谓项目财务评价与国民经济评价？ 两者有何异同？

财务评价是在国家现行财税制度和市场价格体系下,分析预测项目的财务效益与费用,计算财务评价指标,考察拟建项目的盈利能力、偿债能力,据以判断项目的财务可行性。国民经济评价是按照经济资源合理配置的原则,用影子价格和社会折现率等国民经济评价参数,从国民经济整体角度考察项目所耗费的社会资源和对社会的贡献,评价投资项目的经济合理性。

其相同点主要包括：

（1）两者的评价目的相同。它们都是要求以最小的投入获得最大的产出。

（2）两者的评价基础相同。它们都是在完成市场需求预测、工程技术方案、资金筹措等的基础上进行评价。

（3）两者的计算期相同。它们都要通过计算包括项目的建设期、生产期全过程的费用和效益来评价项目方案的优劣,从而得出项目方案是否可行的结论。

其不同点主要包括：

（1）评价角度不同。财务评价从企业角度分析评价项目对企业的财务盈利水平和利润额。国民经济评价从国家和社会角度评价项目对国家经济发展和社会福利的贡献。

（2）费用和收益的范围不同。财务评价根据企业直接发生的财务收支、计算项目的费用和收益,即只考虑项目的直接货币收益。国民经济评价考虑项目的直接经济效果和间接效果,项目对全社会的全面的费用和收益状况。

（3）费用和收益的划分不同。财务评价根据项目的收支来确定。国民经济评价的税金、国内借款利息视为国民经济内部转移支付,不列入项目的费用或收益。

（4）采用的价格不同。财务评价采用现行的市场实际价格。国民经济评价采用根据机会成本和供求关系确定的影子价格。

（5）采用的贴现率不同。财务评价采用因行业而异的基准收益率。国民经济评价采用国家统一的社会贴现率。

（6）采用的汇率不同。财务评价采用官方汇率。国民经济评价采用国家统一测定的影子汇率。

（7）采用的工资不同。财务评价采用当地通常的工资水平。国民经济评价采用影子工资。

6. 财务评价的主要指标有哪些？各指标如何进行计算与分析评价？

建设工程财务评价指标体系根据不同的标准，可作不同的分类。根据计算建设工程财务评价指标时是否考虑资金的时间价值，可将常用的财务评价指标分为静态指标和动态指标两类。静态评价指标包括投资利润率、静态投资回收期、借款偿还期、利息备付率、偿债备付率；动态评价指标包括财务净现值、财务净现值指数、财务内部收益率、动态投资回收期。

（1）投资利润率。指项目达到设计生产能力后的一个正常生产年份的年利润总额与项目总投资的比率，它是考察项目盈利能力的静态指标。

$$投资利润率 = 年利润总额或年平均利润总额项目总投资 \times 100$$

式中　年利润总额 = 年产品销售收入 - 年产品销售税金及附加 - 年总成本费用

年销售税金及附加 = 年增值税 + 年营业税 + 年特别消费税 + 年资源税 +

年城乡维护建设税 + 年教育费附加项目总投资

= 建设投资 + 流动资金

在财务评价中，将投资利润率与行业平均投资利润率对比，以判别项目单位投资盈利能力是否达到本行业的平均水平。

（2）静态投资回收期就是从项目建设期初起，用各年的净收入将全部投资收回所需的期限。其表达式为：

$$\sum_{t=1}^{P_t} (CI - CO)_t = 0$$

式中　$(CI - CO)_t$——第 t 年的净现金流量；

P_t——静态投资回收期。

静态投资回收期公式的更为实用的表达式为：

$$P_t = T - 1 + \frac{第(T-1)年的累计净现金流量的绝对值}{第 T 年的净现金流量}$$

式中　T——项目各年累计净现金流量首次为正值的年份数。

判别准则：设基准投资回收期为 P_c，若 $P_t \leqslant P_c$，则方案可行；若 $P_t > P_c$，则项目应予拒绝。

（3）借款偿还期。指在国家财税制度规定及项目具体财务条件下，以项目投产后可用于还款的资金偿还借款本金和建设期利息所需的时间，其表达式为：

$$I_d = \sum_{t=1}^{P_d} R_t$$

式中　I_d——借款本金和利息之和；

P_d——投资借款偿还期，从项目建设期初起算；

R_t——第 t 年可用于还款的资金，包括可以用于还款的利润、折旧、摊销及其他还款资金。

在实际工作中，借款偿还期可由借款偿还计划表推算。不足整年的部分可用内插法计算。

判别准则:当借款偿还期满足贷款机构的要求期限时,即认为方案具有清偿能力。

(4)利息备付率是指项目在借款偿还期内,各年可用于支付利息的税息前利润与当期应付利息费用的比值,其表达式为:

$$利息备付率 = \frac{税息前利润}{当期应付利息费用}$$

式中   税息前利润 = 利润总额 + 计入总成本费用的利息费用;

当期应付利息是指计入总成本费用的全部利息。

利息备付率可以按年计算,也可以按整个借款期计算。利息备付率表示项目的利润偿付利息的保证倍率。对于正常运营的企业,利息备付率应当大于2;否则,表示付息能力保障程度不足。

(5)偿债备付率是指项目在借款偿还期内,各年可用于还本付息资金与当期应还本付息金额的比值,其表达式为:

$$偿债备付率 = \frac{可用于还本付息资金}{当期应还本付息金额}$$

偿债备付率在正常情况应当大于1。当指标小于1时,表示当年资金来源不足以偿付当期债务,需要通过短期借款偿付已到期债务。

(6)财务净现值是指按行业的基准收益率或投资主体设定的折现率,将方案计算期内各年发生的净现金流量折现到建设期初的现值之和。它是考察项目盈利能力的绝对指标。其表达式为:

$$FNPV = \sum_{t=1}^{n} (CI - CO)_t (1 + i_c)^{-t}$$

式中 i_c——基准收益率或投资主体设定的折现率;

n——项目计算期。

财务净现值大于零,表明项目的盈利能力超过了基准收益率或折现率;财务净现值小于零,表明项目盈利能力达不到基准收益率或设定的折现率的水平;财务净现值为零,表明项目盈利能力水平正好等于基准收益率或设定的折现率。因此,财务净现值指标的判别准则是:若 $FNPV \geq 0$,则方案可行;若 $FNPV < 0$,则方案应予拒绝。

财务净现值全面考虑了项目计算期内所有的现金流量大小及分布,同时考虑了资金的时间价值,因而可作为项目经济效果评价的主要指标。

(7)净现值指数是对多方案比较,如果几个方案的 $FNPV$ 值都大于零而投资规模相差又较大时,作为财务净现值的辅助指标进行评价。净现值指数是财务净现值与总投资现值之比,其经济涵义是单位投资现值所带来的净现值。其计算公式为:

$$FNPVR = \frac{FNPV}{I_p} = \frac{\sum_{t=1}^{n} (CI - CO)_t (1 + i_c)^{-t}}{\sum_{t=1}^{n} I_t (1 + i_c)^{-t}}$$

式中 I_p——方案总投资现值;

I_t——方案第 t 年的投资额。

（8）财务内部收益率本身是一个折现率,它是指项目在整个计算期内各年净现金流量现值累计等于零时的折现率,是评价项目盈利能力的相对指标。

$$\sum_{t=1}^{n} (CI - CO)_t (1 + FIRR)^{-t} = 0$$

式中　　$FIRR$——内部收益率。

财务内部收益率是反映项目盈利能力常用的动态评价指标,可通过财务现金流量表计算。

财务内部收益率计算方程是一元 n 次方程,不容易直接求解,一般是采用"试差法"。

判别准则:设基准收益率为 i_c,若 $FIRR \geq i_c$,则 $FNPV \geq 0$,方案财务效果可行;若 $FIRR < i_c$,则 $FNPV < 0$,方案财务效果不可行。

（9）动态投资回收期是在计算回收期时考虑资金的时间价值。其表达式为:

$$\sum_{t=1}^{P'_t} (CI - CO)_t (1 + i_c)^{-t} = 0$$

判别准则:设基准动态投资回收期为 T_0,若 $P'_t < T_0$,项目可行;否则应予拒绝。

动态投资回收期更为实用的计算公式是:

$$P'_t = 累计折现值出现正值的年数 - 1 + \frac{上年累计折现值的绝对值}{当年净现金流量的折现值}$$

第五节　建设工程设计阶段的投资管理

1. 如何对设计方案进行经济性比较?

（1）根据两个方案建立对比条件,进行技术经济分析与比较。例如,对于建筑物的经济性比较,在平面布局、使用功能一致的前提下,考虑建筑物的使用面积、单位使用面积的造价,以及使用面积和造价的关系等平面技术经济指标。

（2）将其他有关费用计入后进行比较。

（3）比较经济效益。承上例,结合使用面积对建筑物的售价进行比较。

（4）综合评价。综合上述三项分析,在同等级、同标准的情况下比较各种设计方案的经济效益。

2. 什么是价值工程?

价值工程是通过各相关领域的协作,对所研究对象的功能与成本进行系统分析、不断创新,旨在提高所研究对象价值的思想方法和管理技术。这里"价值"定义可以用公式表示:$V = F/C$。式中,V 为价值(Value);F 为功能(Function);C 为成本或费用(Cost)。

价值工程的定义包括以下几方面的含义:①价值工程的性质属于一种"思想方法和管理技术";②价值工程的核心内容是对"功能与成本进行系统分析"和"不断创新";③价值工程的目的旨在提高产品的"价值"。若把价值的定义结合起来,便应理解为旨在提高功能对成本的比值;④价值工程通常是由多个领域协作而开展的活动。

3. 价值工程的特点是什么? 工作步骤有哪些?

（1）价值工程的特点有:①以使用者的功能需求为出发点。价值工程出发点的选择要适应现代市场经济形式,应满足使用者对功能的需求。②对所研究对象进行功能分析,并系统研究功能与成本之间的关系。其技术内容包括:辨别必要功能或不必要功能、过剩功能或不足功能;计算出不同方案的功能量化值;考虑功能与其载体的有分有合问题;通过功能与成本进行比较,形成比较价值的概念和量值。由于功能与成本关系的复杂性,必须用系统的观点和方法对其进行深入研究。③致力于提高价值的创造性活动。提高功能与成本的比值是一项创造性活动,要有技术创新。提高功能或降低成本,都必须创造出新的功能载体或者创造新的载体加工制造方法。④有组织、有计划、有步骤地开展工作。开展价值工程活动的过程涉及各个部门的各方面人员。在他们之间要沟通思想、交换意见、统一认识、协调行动,要步调一致地开展工作。

(2)工作步骤在准备阶段有:①对象选择;②组成价值工程小组;③制订工作计划;④搜集整理信息资料;⑤功能系统分析;⑥功能评价;⑦方案创新;⑧方案评价;⑨提案编写;⑩审批;⑪实施与检查;⑫成果鉴定。

4. 在设计阶段如何开展价值工程活动?

(1)进行对象选择。原则上要选择结构复杂、体大量重、技术性能差、能源消耗高、原材料消耗大或是稀有、贵重的奇缺产品。选择对象的方法通常有:①经验分析法;②百分比法;③ABC 分析法;④强制确定法。

(2)信息资料的搜集。明确搜集资料的目的,确定资料的内容和调查范围,有针对性地搜集信息。搜集信息资料的方法通常有:①面谈法;②观察法;③书面调查法。

(3)功能系统分析。功能系统分析是价值工程活动的中心环节,具有明确用户的功能要求、转向对功能的研究、可靠实现必要的功能三个方面的作用。功能系统分析中的功能定义、功能整理、功能计量紧密衔接、有机地结合一体运行。

(4)功能评价包括研究对象的价值评价和成本评价两方面的内容。价值评价着重计算、分析、研究对象的成本与功能间的关系是否协调、平衡,评价功能价值的高低,评定需要改进的具体对象。功能价值的一般计算公式与对象选择时价值的基本计算公式相同,所不同的是功能价值计算所用的成本按功能统计,而不是按部件统计。

(5)方案创新的技术方法。方案创新的方法很多,都强调发挥人的聪明才智,积极地进行思考,设想出技术经济效果更好的新方案。常用的有:①头脑风暴法;②哥顿法。

(6)方案评价与提案编写。方案评价就是从众多的备选方案中选出价值最高的可行方案,可分为概略评价和详细评价,均包括技术评价、经济评价和社会评价等方面的内容。将这三个方面联系起来进行权衡,则称为综合评价。提案编写应扼要阐明提案内容,如改善对象的名称及现状、改善的原因及效果、改善后方案将达到的功能水平与成本水平、功能的满足程度、试验途径和办法,以及必要的测试数据等。提案应具有说服力,使决策者理解并采纳提案。

5. 设计概算包括哪些类别和内容?

设计概算分为单位工程概算、单项工程综合概算、建设工程总概算三级。

单位工程概算分为建筑单位工程概算、设备及安装单位工程概算两大类,是确定单项工程中各单位工程建设费用的文件,也是编制单项工程综合概算的依据。其中,建筑工程概算分为一般土建工程概算、给排水工程概算、采暖工程概算、通风工程概算、电器照明工程概算、特殊构筑物工程概算。设备及安装工程概算分为机械设备及安装工程概算、电气设备及安装工程概算。

单项工程综合概算是确定一个单项工程所需建设费用的文件,是根据单项工程内各专业单位工程概算汇总编制而成的。单项工程综合概算的组成内容参见图4-4。

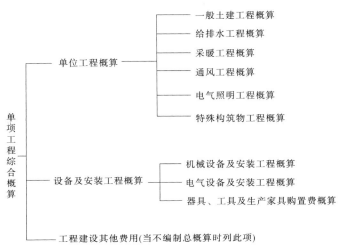

图4-4 单项工程综合概算组成内容

建设工程总概算是确定整个建设工程从立项到竣工验收全过程所需费用的文件。它由各单项工程综合概算和工程建设其他费用,以及预备费用概算等汇总编制而成。建设工程总概算的组成内容参见图4-5。

6. 建筑工程概算的编制方法有哪些?

建筑工程概算的编制方法一般有扩大单价法和概算指标法两种。

(1)扩大单价法。首先根据概算定额编制成扩大单位估价表(概算定额基础价)。扩大单位估价表是确定单位工程中各扩大分部分项工程或完整的结构构件所需全部材料费、人工费、施工机械使用费之和的文件。再将扩大分部分项工程的工程量乘以扩大单位估价进行计算。当初步设计达到一定深度、建筑结构比较明确时,可采用这种方法编制建筑工程概算。

(2)概算指标法。由于设计深度不够等原因,对一般附属、辅助和服务工程项目,住宅和文化福利工程项目,以及投资比较小、比较简单的工程项目等可采用概算指标编制概算。用概算指标编制概算的方法有如下两种:①直接用概算指标编制单位工程概算,当设计对象的结构特征符合概算指标的结构特征时,可直接用概算指标编制概算;②用修正概算指标编制单位工程概算,当设计对象结构特征与概算指标的结构特征局部有差别时可用修正概算指标计算,再根据已计算的建筑面积或建筑体积乘以修正后的概算指标及单位价值,算出工程概算价值。

7. 设备及安装工程概算的编制方法有哪些?

设备及安装工程的概算由设备购置费和安装工程费两部分组成。设备购置费由设备原价和设备运杂费组成。

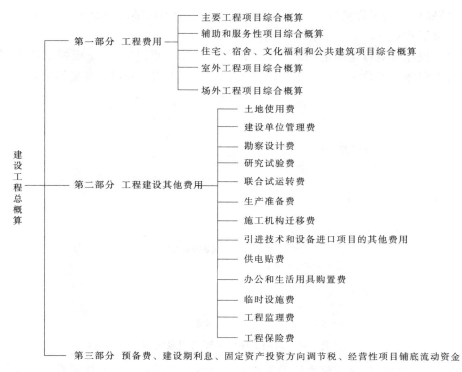

图 4-5 建设工程总概算组成内容

设备安装工程概算的编制：

（1）预算单价法。当初步设计有详细设备清单时，可直接按预算单价（预算定额单价）编制设备安装工程概算。根据计算的设备安装工程量乘以安装工程预算单价，经汇总求得。用预算单价法编制概算，计算比较具体，精确性较高。

（2）扩大单价法。当初步设计的设备清单不完备，或仅有成套设备的重量时，可采用主体设备、成套设备或工艺线的综合扩大安装单价编制概算。

（3）概算指标法。当初步设计的设备清单不完备，或安装预算单价及扩大综合单价不全，无法采用预算单价法和扩大单价法时，可采用概算指标编制概算。

总概算是以整个建设工程为对象，确定项目从立项开始，到竣工交用整个过程的全部建设费用的文件。它由各单项工程综合概算及其他工程和费用概算综合汇编而成。

8. 单位工程设计概算、综合概算、总概算的审查内容有哪些？

单位工程设计概算的审查内容有：

（1）建筑工程概算的审查：①工程量审查；②采用的定额或指标的审查；③材料预算价格的审查；④各项费用的审查。

（2）设备及安装工程概算的审查（其重点是设备清单与安装费用的计算）：①标准设备原价；②非标准设备原价；③设备运杂费审查；④进口设备费用的审查；⑤设备安装工程概算的审查。

综合概算和总概算的审查内容有：

（1）审查概算的编制是否符合国家经济建设方针、政策的要求，根据当地自然条件、施工条件和影响造价的各种因素,实事求是地确定项目总投资。

（2）审查概算文件的组成。

（3）审查总图设计和工艺流程。

（4）审查经济效果。

（5）审查项目的环保。

（6）审查其他具体项目。

9. 设计概算审查的步骤有哪些?

设计概算审查是一项复杂而细致的技术经济工作,审查人员既应懂得有关专业技术知识,又应具有熟练编制概算的能力,一般情况下可按如下步骤进行:

（1）概算审查的准备。包括了解设计概算的内容组成、编制依据和方法;了解建设规模、设计能力和工艺流程;熟悉设计图纸和说明书、掌握概算费用的构成和有关技术经济指标;明确概算各种表格的内涵;收集概算定额、概算指标、取费标准等有关规定的文件资料等。

（2）进行概算审查。根据审查的主要内容,分别对设计概算的编制依据、单位工程设计概算、综合概算、建设工程总概算进行逐级审查。

（3）进行技术经济对比分析。利用规定的概算定额或指标以及有关的技术经济指标与设计概算进行分析对比,根据设计和概算列明的工程性质、结构类型、建设条件、费用构成、投资比例、占地面积、生产规模、建筑面积、设备数量、造价指标、劳动定员等与国内外同类型工程规模进行对比分析,找出与同类型工程的主要差距。

（4）调查研究。对概算审查中出现的问题要在对比分析、找出差距的基础上深入现场进行实际调查研究。了解设计是否经济合理,概算编制依据是否符合现行规定和施工现场实际,有无扩大规模、多估投资或预留缺口等情况,并及时核实概算投资。对于当地没有同类型的项目而不能进行对比分析时,可向国内同类型企业进行调查,收集资料,作为审查的参考。经过会审决定的定案问题应及时调整概算,并经原批准单位下发文件。

（5）积累资料。对审查过程中发现的问题要逐一理清,对建成项目的实际成本和有关数据资料等进行收集并整理成册,为今后审查同类工程概算和国家修订概算定额提供依据。

10. 施工图预算的作用及其编制的内容和依据是什么?

施工图预算是拟建工程设计概算的具体化文件,也是单项工程综合预算的基础文件。施工图预算的编制对象为单位工程,因此也称单位工程预算。

施工图预算是根据批准的施工图设计、预算定额和单位估价表、施工组织设计文件以及各种费用定额等有关资料进行计算和编制的单位工程预算造价的文件,通常分为建筑工程预算和设备安装工程预算两大类。根据单位工程和设备的性质、用途的不同,建筑工程预算可分为一般土建工程预算、卫生工程预算、特殊构筑物工程预算和电气照明工程预算;设备安装工程预算又可分为机械设备安装工程预算、电气设备安装工程预算。

施工图预算的编制依据有:①经批准和会审的施工图设计文件及有关标准图集;②施工组织设计;③建筑工程预算定额;④经批准的设计概算文件;⑤地区单位估价表;⑥建筑工程费用定额;⑦材料预算价格;⑧工程承包合同或协议书;⑨预算工作手册。

11. 为什么对施工图预算进行审查？审查的具体内容有哪些？

对施工图预算进行审查以确定施工图预算的工程量计算是否准确、定额或单价套用是否合理、各项取费标准是否符合现行规定等。

审查的具体内容有：

（1）审查工程量。

（2）审查定额或单价的套用：①预算中所列各分项工程单价是否与预算定额的预算单价相符；其名称、规格、计量单位和所包括的工程内容是否与预算定额一致；②有单价换算时应审查换算的分项工程是否符合定额规定，换算是否正确；③对补充定额和单位估价表的使用应审查补充定额是否符合编制原则，单位估价表计算是否正确。

（3）审查其他有关费用：①是否按本项目的工程性质计取费用，有无高套取费标准；②间接费的计取基础是否符合规定；③预算外调增的材料差价是否计取间接费；直接费或人工费增减后，有关费用是否作了相应调整；④有无将不需安装的设备计取在安装工程的间接费中；⑤有无巧立名目、乱摊费用的情况。

12. 施工图预算审查的步骤是什么？方法有哪些？

审查的步骤如下：

（1）审查前准备工作：①熟悉施工图纸；②根据预算编制说明，了解预算包括的工程范围；③弄清所用单位工程估价表的适用范围，搜集并熟悉相应的单价、定额资料。

（2）选择审查方法、审查相应内容：工程规模、繁简程度不同，编制工程预算繁简和质量就不同，应选择适当的审查方法进行审查。

（3）整理审查资料并调整定案：综合整理审查资料，同编制单位交换意见，定案后编制调整预算。

审查的方法有：①逐项审查法：又称全面审查法，即按定额顺序或施工顺序，对各分项工程中的工程细目逐项全面详细审查的一种方法。②标准预算审查法：就是对利用标准图纸或通用图纸施工的工程，先集中力量编制标准预算，以此为准来审查工程预算的一种方法。③分组计算审查法：就是把预算中有关项目按类别划分若干组，利用同组中的一组数据审查分项工程量的一种方法。④对比审查法：是当工程条件相同时，用已完工程的预算或未完但已经过审查修正的工程预算对比审查拟建工程的同类工程预算的一种方法。⑤"筛选"审查法：建筑工程虽面积和高度不同，但其各分部分项工程的单位建筑面积指标变化却不大。将这样的分部分项工程加以汇集、优选，找出其单位建筑面积工程量、单价、用工的基本数值，归纳为工程量、价格、用工三个单方基本指标，并注明基本指标的适用范围。⑥重点审查法：抓住工程预算中的重点进行审核，审查的重点一般是工程量大或者造价较高的各种工程、补充定额、计取的各项费用（计取基础、取费标准）等。

第六节　建设工程施工招标阶段的投资管理

1. 简述建设工程承包合同价格的分类。

建设工程承包合同的计价方式按国际通行做法，可分为总价合同、单价合同和成本加酬金合同。《建筑工程施工发包与承包计价管理办法》规定，合同价可以采用三种方式：

固定价、可调价和成本加酬金。

总价合同是指支付给承包方的工程款项在承包合同中是一个规定的金额，即总价。

单价合同是指承包方按发包方提供的工程量清单内的分部分项工程内容填报单价，并据此签订承包合同，而实际总价则是按实际完成的工程量与合同单价计算确定，合同履行过程中无特殊情况，一般不得变更单价。

成本加酬金合同是将工程项目的实际投资划分成直接成本费和承包方完成工作后应得酬金两部分。工程实施过程中发生的直接成本费由发包方实报实销，再按合同约定的方式另外支付给承包商相应报酬。成本加酬金合同又分为成本加固定百分比酬金、成本加固定金额酬金、成本加奖罚、最高限额成本加固定最大酬金。

固定价是指合同总价或者单价，在合同约定的风险范围内不可调整，即在合同的实施期间不因资源价格等因素的变化而调整的价格，包含固定总价和固定单价，其中单价又分为估算工程量单价和纯单价。

可调价是指合同总价或者单价，在合同实施期内根据合同约定的办法调整，即在合同的实施过程中可以按照约定，随资源价格等因素的变化而调整的价格，包含可调总价和合同单价的可调。

2. 简述编制招标工程标底价格的原则和依据。

1）标底价格编制原则

（1）根据国家统一工程项目划分、计量单位、工程量计算规则，以及设计图纸和招标文件，并参照国家、行业或地方批准发布的定额和国家、行业、地方规定的技术标准规范及要素市场价格确定工程量和编制标底。

（2）标底作为招标人的期望价格，应力求与市场的实际变化相吻合，要有利于竞争和保证工程质量。

（3）标底应由直接费、间接费、利润、税金等组成，一般应控制在批准的建设工程投资估算或总概算（修正概算）价格以内。

（4）标底应考虑人工、材料、设备、机械台班等价格变化因素，还应包括管理费、利润、税金、不可预见费、预算包干费、措施费（赶工措施费、施工技术措施费）、现场因素费用、保险，以及其他费用等。采用固定价格的还应考虑工程的风险金等。

（5）一个工程只能编制一个标底。

（6）招标人不得以各种原因任意压低标底价格。

（7）工程标底价格完成后应及时封存，在开标前应严格保密，所有接触过工程标底价格的人员都负有保密责任，不得泄露。

2）工程标底价格编制的主要依据

（1）国家的有关法律、法规以及国务院和省、自治区、直辖市人民政府建设行政主管部门制定的有关工程造价的文件和规定。

（2）工程招标文件中确定的计价依据和计价办法，招标文件的商务条款，包括合同条件中规定由工程承包方应承担义务而可能发生的费用，以及招标文件的澄清、答疑等补充文件和资料。在标底价格计算时，计算口径和取费内容必须与招标文件中有关取费等的要求一致。

（3）工程设计文件、图纸、技术说明及招标时的设计交底，按设计图纸确定的或招标人提供的工程量清单等相关基础资料。

（4）国家、行业、地方的工程建设标准，包括建设工程施工必须执行的建设技术标准、规范和规程。

（5）采用的施工组织设计、施工方案、施工技术措施等。

（6）工程施工现场地质、水文勘探资料，现场环境和条件，以及反映相应情况的有关资料。

（7）招标时的人工、材料、设备及施工机械台班等的市场要素价格信息，以及国家或地方有关政策性调价文件的规定。

3. 简述编制标底价格的步骤。

（1）准备工作：①熟悉施工图设计及说明；②勘察现场；③了解招标文件规定；④进行市场调查。

（2）收集编制资料：包括招标文件相关条款、设计文件、工程定额、施工方案、现场环境和条件、市场价格信息等。

（3）计算标底价格：①计算整个工程的人工、材料、机械台班需用量；②确定人工、材料、设备、机械台班的市场价格，分别编制人工工日及单价表、材料价格清单表、机械台班及单价表等标底价格表格；③确定工程施工中的措施费用和特殊费用，编制工程现场因素、施工技术措施、赶工措施费用表以及其他特殊费用表；④采用固定合同价格的，预测和测算工程施工周期内的人工、材料、设备、机械台班价格波动的风险系数；⑤编制工程标底价格计算书和标底价格汇总表。

（4）审核标底价格。

4. 简述投标报价工作的主要内容。

（1）复核或计算工程量。工程招标文件中若提供有工程量清单，要对工程量进行校核。若招标文件中没有提供工程量清单，则须根据设计图纸计算全部工程量。

（2）确定单价，计算合价。确定每一个分部分项工程的单价，并按招标文件中工程量表的格式填写报价。计算单价时，应将构成分部分项工程的所有费用项目都归入其中。人工、材料、机械费用应是根据分部分项工程的人工、材料、机械消耗量及其相应的市场价格计算而得。在投标价格编制的各个阶段，投标价格一般均以表格的形式进行计算。

（3）确定分包工程费。在编制投标价格时需有一个合适的价格来衡量分包人的报价，需熟悉分包工程的范围，对分包人的能力进行评估。

（4）确定利润。利润是指承包人的预期利润，确定利润取值的目标是考虑既可以获得最大的可能利润，又要保证投标价格具有一定的竞争性。

（5）确定风险费。根据该工程规模及工程所在地的实际情况，由有经验的专业人员对可能的风险因素进行逐项分析后确定一个比较合理的费用比率。

（6）确定投标价格。调整投标价格应当建立在对工程盈亏分析的基础上，分析可以通过采取哪些措施降低成本、增加盈利，确定最后的投标报价。

5. 简述投标报价的策略。

（1）不平衡报价。所谓不平衡报价，就是在不影响投标总报价的前提下，将某些分部分项工程的单价定得比正常水平高一些，某些分部分项工程的单价定得比正常水平低一些。①对能早期得到结算付款的分部分项工程(如土方工程、基础工程等)的单价定得较高,对后期的施工分项(如粉刷、油漆、电气设备安装等)单价适当降低。②估计施工中工程量可能会增加的项目,单价提高;工程量会减少的项目单价降低。③设计图纸不明确或有错误的,估计今后修改后工程量会增加的项目,单价提高;工程内容说明不清的,单价降低。④没有工程量只填单价的项目(如土方工程中的挖淤泥、岩石等),其单价提高些。⑤对于暂列数额(或工程),预计会做的可能性较大,价格定高些;估计不一定发生的则单价报低些。⑥零星用工(计日工)的报价高于一般分部分项工程中的工资单价,因它不属于承包总价的范围,发生时实报实销,价高些会多获利。

(2)多方案报价法。在充分估计投标风险的基础上,在投标文件中报两个价,按原工程说明书和合同条款报一个价;然后再提出如果工程说明书或合同条款可作某些改变时的另一个较低的报价(需加以注释)。

(3)突然降价法。在整个报价过程中投标人先按一般态度对待招标工程,但等快到投标截止时,再突然降价,使竞争对手措手不及。

(4)先亏后盈法。如想占领某一市场或想在某一地区打开局面,可能会采用这种不惜代价、降低投标价格的手段,目的是以低价甚至亏本进行投标,只求中标。

第七节　建设工程施工阶段的投资管理

1.简述施工阶段投资控制的工作流程。

施工阶段投资控制的工作流程见图4-6。

2.工程计量的依据和方法有哪些?

1)工程计量的依据

(1)质量合格证书。工程计量必须与质量监理紧密配合,经过专业工程师检验,工程质量达到合同规定的标准后,由专业工程师签署报验申请表(质量合格证书),只有质量合格的工程才予以计量。

(2)工程量清单前言和技术规范。工程量清单前言和技术规范的"计量支付"条款规定了清单中每一项工程的计量方法,同时还规定了按规定的计量方法确定的单价所包括的工作内容和范围。

(3)设计图纸。计量的几何尺寸要以设计图纸为依据,工程师对承包商超出设计图纸要求增加的工程量和自身原因造成返工的工程量,不予计量。

2)工程计量的方法

(1)均摊法。即对清单中某些项目的合同价款,按合同工期平均计量。如为监理工程师提供宿舍、保养测量设备、维护工地清洁和整洁等,这些项目的共同特点是每月均有发生。

(2)凭据法。即按照承包商提供的凭据进行计量支付。如建筑工程险保险费、第三方责任险保险费、履约保证金等项目,一般按凭据法进行计量支付。

(3)估价法。即按合同文件的规定,根据工程师估算的已完成的工程价值支付。如为工程师提供办公设施和生活设施,当承包商不能一次购进时,则需采用估价法进行计量支付。

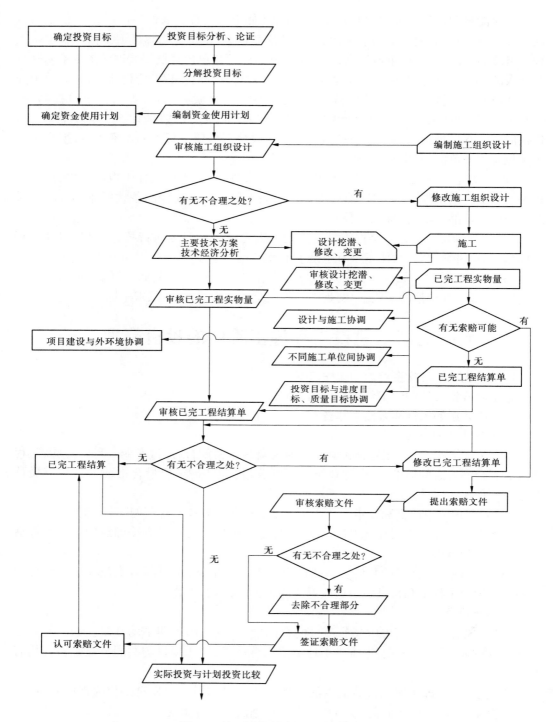

图4-6 施工阶段投资控制的工作流程

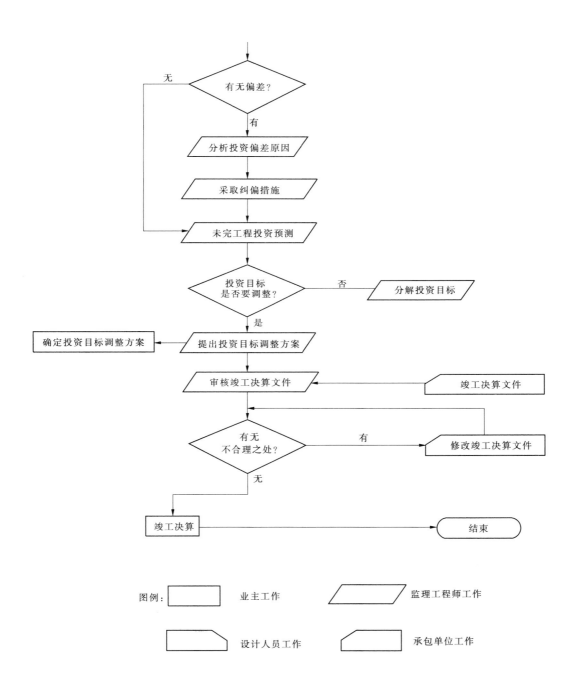

图例：

图形	说明	图形	说明
矩形	业主工作	平行四边形	监理工程师工作
五边形	设计人员工作	旗形	承包单位工作

续表 4-6

(4)断面法。断面法主要用于取土坑或填筑路堤土方的计量。采用这种方法计量，在开工前承包商需测绘出原地形的断面，并需经工程师检查，作为计量的依据。

(5)图纸法。在工程量清单中，许多项目都采取按照设计图纸所示的尺寸进行计量。如混凝土构筑物的体积、钻孔桩的桩长等。

(6)分解计量法。即将一个项目根据工序或部位分解为若干子项，对完成的各子项进行计量支付。这种计量方法主要是为了解决一些包干项目或较大的工程项目的支付时间过长，影响承包商的资金流动等问题。

3. 工程价款现行结算办法和动态结算办法有哪些？

1）工程价款现行结算办法

(1)按月结算。即先预付工程备料款，在施工过程中按月结算工程进度款，竣工后进行竣工结算。

(2)竣工后一次结算。建设项目或单项工程全部建筑安装工程建设期在 12 个月以内，或者工程承包合同价值在 100 万元以下的，可以实行工程价款每月月中预支，竣工后一次结算。

(3)分段结算。即当年开工、当年不能竣工的单项工程或单位工程按照工程形象进度划分不同阶段进行结算。分段结算可以按月预支工程款。

(4)结算双方约定的其他结算方式。

2）工程价款常用的动态结算办法

(1)按实际价格结算法。在我国，由于建筑材料需市场采购的范围越来越大，有些地区规定对钢材、木材、水泥等三大材的价格采取按实际价格结算的办法，工程承包商可凭发票按实报销。

(2)按主材计算价差。发包人在招标文件中列出需要调整价差的主要材料表及其基期价格（一般采用当时当地工程价格管理机构公布的信息价或结算价），工程竣工结算时按竣工当时当地工程价格管理机构公布的材料信息价或结算价，与招标文件中列出的基期价比较计算材料差价。

(3)主料按抽料计算价差，其他材料按系数计算价差。主要材料按施工图预算计算的用量和竣工当月当地工程价格管理机构公布的材料结算价或信息价与基价对比计算差价。其他材料按当地工程价格管理机构公布的竣工调价系数计算方法计算差价。

(4)竣工调价系数法。按工程价格管理机构施工阶段投资控制的工作流程公布的竣工调价系数及调价计算方法计算差价。

(5)调值公式法（又称动态结算公式法）。绝大多数情况是发包方和承包方在签订的合同中就明确规定了调值公式。

4. 简述工程变更价款的确定办法。

《建设工程施工合同（示范文本）》约定的工程变更价款的确定方法如下：①合同中已有适用于变更工程的价格，按合同已有的价格变更合同价款；②合同中只有类似于变更工程的价格，可以参照类似价格变更合同价款；③合同中没有适用或类似于变更工程的价格，由承包人提出适当的变更价格，经工程师确认后执行。

(1)采用合同中工程量清单的单价和价格。合同中工程量清单的单价和价格由承包商投标时提供,用于变更工程,容易被业主、承包商及监理工程师所接受,从合同意义上讲也是比较公平的。采用合同中工程量清单的单价或价格有几种情况:①直接套用,即从工程量清单上直接拿来使用;②间接套用,即依据工程量清单,通过换算后采用;③部分套用,即依据工程量清单,取其价格中的某一部分使用。

（2）协商单价和价格。协商单价和价格是基于合同中没有,或者有但不合适的情况而采取的一种方法。

5. 简述索赔费用的一般构成和计算方法。

1）索赔费用的构成

（1）人工费。索赔费用中的人工费部分是指完成合同之外的额外工作所花费的人工费用,由于非承包商责任的工效降低所增加的人工费用,超过法定工作时间加班劳动,法定人工费增长以及非承包商责任工程延误导致的人员窝工费和工资上涨费等。

（2）材料费。材料费的索赔包括:由于索赔事项材料实际用量超过计划用量而增加的材料费,由于客观原因材料价格大幅度上涨,由于非承包商责任工程延误导致的材料价格上涨和超期储存费用。

（3）施工机械使用费。施工机械使用费的索赔包括:由于完成额外工作增加的机械使用费,非承包商责任工效降低增加的机械使用费,由于业主或监理工程师原因导致机械停工的窝工费。

（4）分包费用。分包费用索赔指的是分包商的索赔费,一般也包括人工、材料、机械使用费的索赔。分包商的索赔应如数列入总承包商的索赔款总额以内。

（5）工地管理费。索赔款中的工地管理费是指承包商完成额外工程、索赔事项工作以及工期延长期间的工地管理费,包括管理人员工资,办公、通信、交通费等。

（6）利息。利息的索赔通常发生于下列情况:拖期付款的利息、由于工程变更和工程延期增加投资的利息、索赔款的利息以及错误扣款的利息等。

（7）总部管理费。索赔款中的总部管理费主要指的是工程延误期间所增加的管理费。

（8）利润。一般来说,由于工程范围的变更、文件有缺陷或技术性错误、业主未能提供现场等引起的索赔,承包商可以列入利润。但对于工程暂停的索赔,一般监理工程师很难同意在此项索赔中加进利润损失。

2）索赔费用的计算方法

（1）实际费用法。这种方法的计算原则是,以承包商为某项索赔工作所支付的实际开支为根据,向业主要求费用补偿。用实际费用法计算时,在直接费的额外费用部分的基础上,再加上应得的间接费和利润,即是承包商应得的索赔金额。实际费用法所依据的是实际发生的成本记录或单据。

（2）总费用法,即总成本法。就是当发生多次索赔事件以后,重新计算该工程的实际总费用,实际总费用减去投标报价时的估算总费用,即为索赔金额。由于实际发生的总费用中可能包括了承包商的原因,如施工组织不善而增加的费用,同时投标报价估算的总费用因为想中标而报得过低等,所以这种方法只有在难以采用实际费用法时才应用。

（3）修正的总费用法。修正的总费用法是对总费用法的改进,修正的内容如下:将计算索赔款的时段局限于受到外界影响的时间,而不是整个施工期;只计算受影响时段内的某项工作所受影响的损失;与该项工作无关的费用不列入总费用中;按受影响时段内该项工作的实际单价进行核算,乘以实际完成的该项工作的工程量,得出调整后的报价费用。

6. 投资偏差分析的方法有哪些?

(1)横道图法。用横道图法进行投资偏差分析,是用不同的横道标识已完工程计划投资、拟完工程计划投资和已完工程实际投资,横道的长度与其金额成正比。横道图法有形象、直观、一目了然等优点,但反映的信息量少。

(2)表格法。表格法是进行偏差分析最常用的一种方法,它将项目编号、名称、各投资参数以及投资偏差数综合归纳入一张表格中,并且直接在表格中进行比较。由于各偏差参数都在表中列出,使得投资管理者能够综合地了解并处理这些数据。有灵活、适用性强、信息量大、便捷的优点。

(3)曲线法(赢值法)。曲线法是用投资累计曲线(S形曲线)来进行投资偏差分析的一种方法,其中一条曲线表示投资实际值曲线,另一条表示投资计划值曲线,两条曲线之间的竖向距离表示投资偏差。用曲线法进行偏差分析同样具有形象、直观的特点,但这种方法很难直接用于定量分析。

7. 投资偏差的原因有哪些?

答:一般来说,产生投资偏差的原因有以下几种,见图4-7。

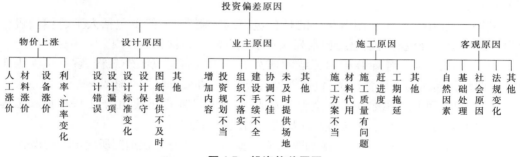

图4-7 投资偏差原因

第八节 建设工程竣工决算

1. 简述建设工程竣工决算的内容。

竣工决算是建设工程从筹建到竣工投产全过程中发生的所有实际支出,包括设备工器具购置费、建筑安装工程费和其他费用等。竣工决算由竣工财务决算报表、竣工财务决算说明书、竣工工程平面示意图、工程造价比较分析四部分组成。其中竣工财务决算报表和竣工财务决算说明书属于竣工财务决算的内容。竣工财务决算是竣工决算的组成部分,是正确核定新增资产价值、反映竣工项目建设成果的文件,是办理固定资产交付使用手续的依据。

2. 新增固定资产价值由哪几部分构成?

新增固定资产价值由以下四项构成:(1)第一部分工程费用,包括设备及工器具费用、建筑工程费、安装工程费。(2)固定资产其他费用,主要有建设单位管理费、勘察设计费、研究试验费、工程监理费、工程保险费、联合试运转费、办公和生活家具购置费及引进技术和进口设备的其他费用等。(3)预备费。(4)融资费用,包括建设期利息及其他融资费用。

3. 新增固定资产、新增流动资产、无形资产价值应如何确定?

(1)新增固定资产价值的计算是以独立发挥生产能力的单项工程为对象的,当单项工程建成,经有关部门验收鉴定合格正式移交生产或使用后,即应计算新增固定资产价值。一次交付生产或使用的工程,一次计算新增固定资产价值,分期分批交付生产或使用的工程,应分期分批计算新增固定资产价值。

(2)新增流动资产依据投资概算核拨的项目铺底流动资金,由建设单位直接移交使用单位。

(3)无形资产包括专利权、商标权、专有技术、著作权、土地使用权、商誉等。新增无形资产的计价原则如下:①投资者将无形资产作为资本金或者合作条件投入的,按照评估确认或合同协议约定的金额计价;②购入的无形资产,按照实际支付的价款计价;③企业自创并依法确认的无形资产,按开发过程中的实际支出计价;④企业接受捐赠的无形资产,按照发票凭证所载金额或者同类无形资产市场价作价。

第五章 建设工程进度管理

第一节 建设工程进度控制概述

1. 何谓建设工程进度控制？影响建设工程进度的因素有哪些？

建设工程进度控制是指对工程项目建设各阶段的工作内容、工作程序、持续时间和衔接关系根据进度总目标及资源优化配置的原则编制计划并付诸实施,然后在进度计划的实施过程中经常检查实际进度是否按计划要求进行,对出现的偏差情况进行分析,采取补救措施或调整、修改原计划后再付诸实施,如此循环,直到建设工程竣工验收交付使用。建设工程进度控制的最终目的是确保建设项目按预定的时间动用或提前交付使用,建设工程进度控制的总目标是建设工期。

影响建设工程进度的不利因素有很多,如人为因素,技术因素,设备、材料及构配件因素,机具因素,资金因素,水文、地质与气象因素,以及其他自然与社会环境等方面的因素。其中,人为因素是最大的干扰因素。从产生的根源看,有的来源于建设单位及其上级主管部门,有的来源于勘察设计、施工及材料、设备供应单位,有的来源于政府、建设主管部门、有关协作单位和社会,有的来源于各种自然条件,也有的来源于建设监理单位本身。在工程建设过程中,常见的影响因素如下:

(1)业主因素。如业主使用要求改变而进行设计变更;应提供的施工场地条件不能及时提供或所提供的场地不能满足工程正常需要;不能及时向施工承包单位或材料供应商付款等。

(2)勘察设计因素。如勘察资料不准确,特别是地质资料错误或遗漏;设计内容不完善,规范应用不恰当,设计有缺陷或错误;设计对施工的可能性未考虑或考虑不周;施工图纸供应不及时、不配套,或出现重大差错等。

(3)施工技术因素。如施工工艺错误、不合理的施工方案、施工安全措施不当、不可靠技术的应用等。

(4)自然环境因素。如复杂的工程地质条件,不明的水文气象条件,地下埋藏文物的保护、处理,洪水、地震、台风等不可抗力等。

(5)社会环境因素。如外单位临近工程施工干扰,节假日交通、市容整顿的限制,临时停水、停电、断路,以及在国外常见的法律及制度变化,经济制裁、战争、骚乱、罢工、企业倒闭等。

(6)组织管理因素。如向有关部门提出各种申请审批手续的延误;合同签订时遗漏条款、表达失当;计划安排不周密,组织协调不力,导致停工待料、相关作业脱节;领导不力,指挥失当,使参加工程建设的各个单位、各个专业、各个施工过程之间交接、配合上发生矛盾等。

（7）材料、设备因素。如材料、构配件、机具、设备供应环节的差错，品种、规格、质量、数量、时间不能满足工程的需要；特殊材料及新材料的不合理使用；施工设备不配套，选型失当，安装失误，有故障等。

（8）资金因素。如有关方拖欠资金、资金不到位、资金短缺、汇率浮动和通货膨胀等。

2. 建设工程进度控制的措施有哪些？

建设工程进度控制的措施应包括组织措施、技术措施、经济措施及合同措施。

（1）组织措施。进度控制的组织措施主要包括：①建立进度控制目标体系，明确建设工程现场监理组织机构中进度控制人员及其职责分工；②建立工程进度报告制度及进度信息沟通网络；③建立进度计划审核制度和进度计划实施中的检查分析制度；④建立进度协调会议制度，包括协调会议举行的时间、地点，协调会议的参加人员等；⑤建立图纸审查、工程变更和设计变更管理制度。

（2）技术措施。进度控制的技术措施主要包括：①审查承包商提交的进度计划，使承包商能在合理的状态下施工；②编制进度控制工作细则，指导监理人员实施进度控制；③采用网络计划技术及其他科学适用的计划方法，并结合电子计算机的应用，对建设工程进度实施动态控制。

（3）经济措施。进度控制的经济措施主要包括：①及时办理工程预付款及工程进度款支付手续；②对应急赶工给予优厚的赶工费用；③对工期提前给予奖励；④对工程延误收取误期损失赔偿金。

（4）合同措施。进度控制的合同措施主要包括：①推行 CM 承发包模式，对建设工程实行分段设计、分段发包和分段施工；②加强合同管理，协调合同工期与进度计划之间的关系，保证合同中进度目标的实现；③严格控制合同变更，对各方提出的工程变更和设计变更，监理工程师应严格审查后再补入合同文件之中；④加强风险管理，在合同中应充分考虑风险因素及其对进度的影响，以及相应的处理方法；⑤加强索赔管理，公正地处理索赔。

3. 建设工程实施阶段进度控制的主要任务有哪些？

建设工程实施阶段进度控制的主要任务包括：

（1）设计准备阶段进度控制的任务：①收集有关工期的信息，进行工期目标和进度控制决策；②编制工程项目总进度计划；③编制设计准备阶段详细工作计划，并控制其执行；④进行环境及施工现场条件的调查和分析。

（2）设计阶段进度控制的任务：①编制设计阶段工作计划，并控制其执行；②编制详细的出图计划，并控制其执行。

（3）施工阶段进度控制的任务：①编制施工总进度计划，并控制其执行；②编制单位工程施工进度计划，并控制其执行；③编制工程年、季、月实施计划，并控制其执行。

为了有效地控制建设工程进度，监理工程师要在设计准备阶段向建设单位提供有关工期的信息，协助建设单位确定工期总目标，并进行环境及施工现场条件的调查和分析。

在设计阶段和施工阶段,监理工程师不仅要审查设计单位和施工单位提交的进度计划,更要编制监理进度计划,以确保进度控制目标的实现。

4. 建设工程进度控制计划体系包括哪些内容?

建设工程进度控制计划体系主要包括建设单位的计划系统、监理单位的计划系统、设计单位的计划系统和施工单位的计划系统。

(1)建设单位编制(也可委托监理单位编制)的进度计划包括工程项目前期工作计划、工程项目建设总进度计划和工程项目年度计划。

(2)监理单位编制的进度计划包括监理总进度计划及按工程进展阶段、按时间分解的进度计划。

(3)设计单位编制的进度计划包括设计总进度计划、阶段性设计进度计划和设计作业进度计划。

(4)施工单位编制的进度计划包括施工准备工作计划、施工总进度计划、单位工程施工进度计划及分部分项工程进度计划。

5. 建设工程进度计划的常用表示方法有哪些? 各自的特点是什么?

建设工程进度计划的表示方法有多种,常用的有横道图和网络图两种表示方法。

(1)横道图也称甘特图,是美国人甘特(Gantt)在 20 世纪 20 年代提出的。由于其形象、直观,且易于编制和理解,因而长期以来被广泛应用于建设工程进度控制之中。利用横道图表示工程进度计划,存在下列缺点:①不能明确地反映出各项工作之间错综复杂的相互关系,因而在计划执行过程中,当某些工作的进度由于某种原因提前或拖延时,不便于分析其对其他工作及总工期的影响程度,不利于建设工程进度的动态控制;②不能明确地反映出影响工期的关键工作和关键线路,也就无法反映出整个工程项目的关键所在,因而不便于进度控制人员抓住主要矛盾;③不能反映出工作所具有的机动时间,看不到计划的潜力所在,无法进行最合理的组织和指挥;④不能反映工程费用与工期之间的关系,因而不便于缩短工期和降低工程成本。

(2)建设工程进度计划用网络图来表示,可以使建设工程进度得到有效控制。国内外实践证明,网络计划技术是用于控制建设工程进度的最有效工具。与横道计划相比,网络计划具有以下主要特点:①网络计划能够明确表达各项工作之间的逻辑关系;②通过网络计划时间参数的计算,可以找出关键线路和关键工作;③通过网络计划时间参数的计算,可以明确各项工作的机动时间;④网络计划可以利用电子计算机进行计算、优化和调整。

6. 建设工程进度计划的编制程序有哪些?

当应用网络计划技术编制建设工程进度计划时,其编制程序一般包括四个阶段 10 个步骤,见表 5-1。

表 5-1　建设工程进度计划编制程序

编制阶段	编制步骤
Ⅰ. 计划准备阶段	1. 调查研究
	2. 确定网络计划目标
Ⅱ. 绘制网络图阶段	3. 进行项目分解
	4. 分析逻辑关系
	5. 绘制网络图
Ⅲ. 计算时间参数及确定关键线路和关键工作阶段	6. 计算工作持续时间
	7. 计算网络计划时间参数
	8. 确定关键线路和关键工作
Ⅳ. 优化网络计划阶段	9. 优化网络计划
	10. 编制优化后的网络计划

第二节　流水施工原理

1. 工程项目组织施工的方式有哪些？各有何特点？

考虑工程项目的施工特点、工艺流程、资源利用、平面或空间布置等要求，其施工可以采用依次、平行、流水等组织方式。

（1）依次施工方式特点：①没有充分地利用工作面进行施工，工期长；②如果按专业成立工作队，则各专业队不能连续作业，有时间间歇，劳动力及施工机具等资源无法均衡使用；③如果由一个工作队完成全部施工任务，则不能实现专业化施工，不利于提高劳动生产率和工程质量；④单位时间内投入的劳动力、施工机具、材料等资源量较少，有利于资源供应的组织；⑤施工现场的组织、管理比较简单。

（2）平行施工方式特点：①充分地利用工作面进行施工，工期短；②如果每一个施工对象均按专业成立工作队，则各专业队不能连续作业，劳动力及施工机具等资源无法均衡使用；③如果由一个工作队完成一个施工对象的全部施工任务，则不能实现专业化施工，不利于提高劳动生产率和工程质量；④单位时间内投入的劳动力、施工机具、材料等资源量成倍地增加，不利于资源供应的组织；⑤施工现场的组织、管理比较复杂。

（3）流水施工方式特点：①尽可能地利用工作面进行施工，工期比较短；②各工作队实现了专业化施工，有利于提高技术水平和劳动生产率，也有利于提高工程质量；③专业工作队能够连续施工，同时使相邻专业队的开工时间能够最大限度地搭接；④单位时间内投入的劳动力、施工机具、材料等资源量较为均衡，有利于资源供应的组织；⑤为施工现场的文明施工和科学管理创造了有利条件。

2. 流水施工的技术经济效果有哪些？

流水施工的技术经济效果体现在以下方面：

（1）施工工期较短可以尽早发挥投资效益。由于流水施工的节奏性、连续性，可以加快各专业队的施工进度，减少时间间隔。特别是相邻专业队在开工时间上可以最大限度地进行搭接，充分地利用工作面，做到尽可能早地开始工作，从而达到缩短工期的目的，使工程尽快交付使用或投产，尽早获得经济效益和社会效益。

（2）实现专业化生产可以提高施工技术水平和劳动生产率。由于流水施工方式建立了合理的劳动组织，使各工作队实现了专业化生产，工人连续作业，操作熟练，便于不断改进操作方法和施工机具，可以不断地提高施工技术水平和劳动生产率。

（3）连续施工可以充分发挥施工机械和劳动力的生产效率。由于流水施工组织合理，工人连续作业，没有窝工现象，机械闲置时间少，增加了有效劳动时间，从而使施工机械和劳动力的生产效率得以充分发挥。

（4）提高工程质量可以增加建设工程的使用寿命和节约使用过程中的维修费用。流水施工实现了专业化生产，且工人技术水平高，各专业队之间紧密地搭接作业、互相监督，使得工程质量得到提高。因而可以延长建设工程的使用寿命，同时减少建设工程使用过程中的维修费用。

（5）降低工程成本可以提高承包单位的经济效益。流水施工资源消耗均衡，便于组织资源供应，使得资源储存合理、利用充分，可以减少各种不必要的损失，节约材料费；流水施工生产效率高，可以节约人工费和机械使用费；流水施工降低了施工高峰人数，使材料、设备得到合理供应，可以减少临时设施工程费；流水施工工期较短，可以减少企业管理费。此外，工程成本的降低，可以提高承包单位的经济效益。

3. 流水施工参数包括哪些内容？

流水施工参数包括工艺参数、空间参数和时间参数。

（1）工艺参数主要是指在组织流水施工时，用以表达流水施工在施工工艺方面进展状态的参数，通常包括施工过程和流水强度两个参数。①施工过程：组织建设工程流水施工时，根据施工组织及计划安排需要而将计划任务划分成的子项称为施工过程；②流水强度：是指流水施工的某施工过程（队）在单位时间内所完成的工程量，也称为流水能力或生产能力。

（2）空间参数是指在组织流水施工时，用以表达流水施工在空间布置上开展状态的参数。通常包括工作面和施工段。①工作面：是指供某专业工种的工人或某种施工机械进行施工的活动空间；②施工段：将施工对象在平面或空间上划分成若干个劳动量大致相等的施工段落，称为施工段或流水段。

（3）时间参数是指在组织流水施工时，用以表达流水施工在时间安排上所处状态的参数，主要包括流水节拍、流水步距和流水施工工期等。①流水节拍：是指在组织流水施工时，某个专业工作队在一个施工段上的施工时间；②流水步距：是指组织流水施工时，相邻两个施工过程（或专业工作队）相继开始施工的最小间隔时间；③流水施工工期：是指从第一个专业工作队投入流水施工开始，到最后一个专业工作队完成流水施工为止的整个持续时间。

4. 流水施工的基本方式有哪些？

流水施工的基本方式包括固定节拍流水施工、一般的成倍节拍流水施工、加快的成倍节拍流水施工、非节奏流水施工等。

5. 固定节拍流水施工、加快的成倍节拍流水施工、非节奏流水施工各具哪些特点？

（1）固定节拍流水施工是一种最理想的流水施工方式，其特点为：①所有施工过程在各个施工段上的流水节拍均相等；②相邻施工过程的流水步距相等，且等于流水节拍；③专业工作队数等于施工过程数，即每一个施工过程成立一个专业工作队，由该队完成相应施工过程所有施工段上的任务；④各个专业工作队在各施工段上能够连续作业，施工段之间没有空闲时间。

（2）加快的成倍节拍流水施工的特点：①同一施工过程在其各个施工段上的流水节拍均相等；不同施工过程的流水节拍不等，但其值为倍数关系；②相邻施工过程的流水步距相等，且等于流水节拍的最大公约数（K）；③专业工作队数大于施工过程数，即有的施工过程只成立一个专业工作队，而对于流水节拍大的施工过程，可按其倍数增加相应专业工作队数目；④各个专业工作队在施工段上能够连续作业，施工段之间没有空闲时间。

（3）非节奏流水施工的特点：①各施工过程在各施工段的流水节拍不全相等；②相邻施工过程的流水步距不尽相等；③专业工作队数等于施工过程数；④各专业工作队能够在施工段上连续作业，但有的施工段之间可能有空闲时间。

第三节　网络计划技术

1. 何谓网络图？何谓工作？工作和虚工作有何不同？

网络图是由箭线和节点组成，用来表示工作流程的有向、有序网状图形。一个网络图表示一项计划任务。网络图中的工作是计划任务按需要粗细程度划分而成的消耗时间或时间、资源同时消耗的一个子项目或子任务。

工作可以是单位工程，也可以是分部工程、分项工程，一个施工过程也可以作为一项工作。在一般情况下，完成一项工作既需要消耗时间，也需要消耗劳动力、原材料、施工机具等资源。但也有一些工作只消耗时间而不消耗资源，如混凝土浇筑后的养护过程和墙面抹灰后的干燥过程等。

在双代号网络图中，有时存在虚箭线，虚箭线不代表实际工作，我们称之为虚工作。虚工作既不消耗时间，也不消耗资源。虚工作主要用来表示相邻两项工作之间的逻辑关系。有时为了避免两项同时开始、同时进行的工作具有相同的开始节点和完成节点，也需要用虚工作加以区分。在单代号网络图中，虚工作只能出现在网络图的起点节点或终点节点处。

2. 何谓工艺关系和组织关系？试举例说明。

生产性工作之间由工艺过程决定的、非生产性工作之间由工作程序决定的先后顺序关系称为工艺关系。例如，在基础工程施工中挖基础和做垫层之间的先后顺序关系就属于工艺关系。

工作之间由于组织安排需要或资源（劳动力、原材料、施工机具等）调配需要而规定的先后顺序关系称为组织关系。例如，在基础工程施工中第一段基础的施工与第二段基础的施工的先后顺序关系就属于组织关系。

3. 简述网络图的绘制规则。

在绘制双代号网络图时,一般应遵循以下基本规则:

(1)网络图必须按照已定的逻辑关系绘制。由于网络图是有向、有序网状图形,所以其必须严格按照工作之间的逻辑关系绘制,这同时也是为保证工程质量和资源优化配置及合理使用所必需的。

(2)网络图中严禁出现从一个节点出发,顺箭头方向又回到原出发点的循环回路。

(3)网络图中的箭线(包括虚箭线,以下同)应保持自左向右的方向,不应出现箭头指向左方的水平箭线和箭头偏向左方的斜向箭线。

(4)网络图中严禁出现双向箭头和无箭头的连线。

(5)网络图中严禁出现没有箭尾节点的箭线和没有箭头节点的箭线。

(6)严禁在箭线上引入或引出箭线。但当网络图的起点节点有多条箭线引出(外向箭线)或终点节点有多条箭线引入(内向箭线)时,为使图形简洁,可用母线法绘图。

(7)应尽量避免网络图中工作箭线的交叉。当交叉不可避免时,可以采用过桥法或指向法处理。

(8)网络图中应只有一个起点节点和一个终点节点(任务中部分工作需要分期完成的网络计划除外)。除网络图的起点节点和终点节点外,不允许出现没有外向箭线的节点和没有内向箭线的节点。

单代号网络图的绘图规则与双代号网络图的绘图规则基本相同,主要区别在于:当网络图中有多项开始工作时,应增设一项虚拟的工作(S),作为该网络图的起点节点;当网络图中有多项结束工作时,应增设一项虚拟的工作(F),作为该网络图的终点节点。

4. 何谓工作的总时差和自由时差? 关键线路和关键工作的确定方法有哪些?

工作的总时差是指在不影响总工期的前提下,本工作可以利用的机动时间。工作的自由时差是指在不影响其紧后工作最早开始时间的前提下,本工作可以利用的机动时间。

从总时差和自由时差的定义可知,对于同一项工作而言,自由时差不会超过总时差。当工作的总时差为零时,其自由时差必然为零。

关键线路和关键工作的确定方法有以下几种:

(1)在关键线路法中,总时差最小的工作为关键工作。特别地,当网络计划的计划工期等于计算工期时,总时差为零的工作就是关键工作。找出关键工作之后,将这些关键工作首尾相连,便构成从起点节点到终点节点的通路,位于该通路上各项工作的持续时间总和最大(等于计算工期),这条通路就是关键线路。

(2)在双代号网络计划中,关键线路上的节点称为关键节点。关键工作两端的节点必为关键节点,但两端为关键节点的工作不一定是关键工作。关键节点的最迟时间与最早时间的差值最小。特别地,当网络计划的计划工期等于计算工期时,关键节点的最早时间与最迟时间必然相等。找出关键节点之后,将这些关键节点相连,便构成从起点节点到终点节点的通路,位于该通路上各项工作的持续时间总和最大(等于计算工期),这条通路就是关键线路。

(3)在双代号网络计划中,利用标号法可以确定关键线路。

（4）在单代号网络计划（包括单代号搭接网络计划）中，从网络计划的终点节点开始，逆着箭线方向依次找出相邻两项工作之间时间间隔为零的线路就是关键线路。

（5）时标网络计划中的关键线路可从网络计划的终点节点开始，逆着箭线方向进行判定。凡自始至终不出现波形线的线路即为关键线路。

5. 双代号时标网络计划有哪些特点？

在双代号时标网络计划中，以实箭线表示工作，实箭线的水平投影长度表示该工作的持续时间；以虚箭线表示虚工作，由于虚工作的持续时间为零，故虚箭线只能垂直画；以波形线表示工作与其紧后工作之间的时间间隔（以终点节点为完成节点的工作除外，当计划工期等于计算工期时，这些工作箭线中波形线的水平投影长度表示其自由时差）。

双代号时标网络计划具有网络计划的优点，又具有横道计划直观易懂的优点，它将网络计划的时间参数直观地表达出来。时标网络计划宜按各项工作的最早开始时间编制。为此，在编制时标网络计划时应使每一个节点和每一项工作（包括虚工作）尽量向左靠，直至不出现从右向左的逆向箭线为止。

6. 工期优化和费用优化的区别是什么？

所谓工期优化，是指网络计划的计算工期不满足要求工期时，通过压缩关键工作的持续时间以满足要求工期目标的过程。费用优化又称工期成本优化，是指寻求工程总成本最低时的工期安排，或按要求工期寻求最低成本计划安排的过程。

7. 何谓资源优化？

资源是指为完成一项计划任务所需投入的人力、材料、机械设备和资金等。完成一项工程任务所需要的资源量基本上是不变的，不可能通过资源优化将其减少。资源优化的目的是通过改变工作的开始时间和完成时间，使资源按照时间的分布符合优化目标。

在通常情况下，网络计划的资源优化分为两种，即"资源有限，工期最短"的优化和"工期固定，资源均衡"的优化。前者是通过调整计划安排，在满足资源限制条件下使工期延长最少的过程；而后者是通过调整计划安排，在工期保持不变的条件下使资源需用量尽可能均衡的过程。

8. 何谓搭接网络计划？试举例说明工作之间的各种搭接关系。

在传统的双代号和单代号网络计划中，所表达的工作之间的逻辑关系是一种衔接关系，即只有当其紧前工作全部完成之后，本工作才能开始。紧前工作的完成为本工作的开始创造条件。但是在工程建设实践中，有许多工作的开始并不是以其紧前工作的完成为条件，只要其紧前工作开始一段时间后即可进行本工作，而不需要等其紧前工作全部完成之后再开始。工作之间的这种关系我们称之为搭接关系。用来表示工作之间搭接关系的网络计划为搭接网络计划。工作之间的搭接关系有：

（1）从结束到开始的搭接关系。例如，在修堤坝时一定要等土堤自然沉降后才能修护坡，筑土堤与修护坡之间的关系就属于这种搭接关系。

（2）从开始到开始的搭接关系。例如，在道路工程中当路基铺设工作开始一段时间为路面浇筑工作创造一定条件之后，路面浇筑工作即可开始，路基铺设工作的开始时间与路面浇筑工作的开始时间之间的关系就属于这种搭接关系。

（3）从结束到结束的搭接关系。例如，在前述道路工程中，如果路基铺设工作的进展速度小于路面浇筑工作的进展速度时，须考虑为路面浇筑工作留有充分的工作面；否则，路面浇筑工作就将因没有工作面而无法进行。路基铺设工作的完成时间与路面浇筑工作的完成时间之间的关系就属于这种搭接关系。

（4）从开始到结束的搭接关系。

（5）混合搭接关系。在搭接网络计划中，除上述四种基本搭接关系外，相邻两项工作之间有时还会同时出现两种以上的基本搭接关系。

9. 多级网络计划系统的特点和编制原则有哪些?

1）多级网络计划系统的特点

（1）多级网络计划系统应分阶段逐步深化，其编制过程是一个由浅入深、从顶层到底层、由粗到细的过程，并且贯穿在该实施计划系统的始终。例如：如果多级网络计划系统是针对工程项目建设总进度计划而言的，由于工程设计及施工尚未开始，许多子项目还未形成，这时不可能编制出某个子项目在施工阶段的实施性进度计划。即使是针对施工总进度计划的多级网络计划系统，在编制施工总进度计划时，也不可能同时编制单位工程或分部分项工程详细的实施计划。

（2）多级网络计划系统中的层级与建设工程规模、复杂程度及进度控制的需要有关。对于一个规模巨大、工艺技术复杂的建设工程，不可能仅用一个总进度计划来实施进度控制，需要进度控制人员根据建设工程的组成分级编制进度计划，并经综合后形成多级网络计划系统。一般地，建设工程规模越大，其分解的层次越多，需要编制的进度计划（子网络）也就越多。

（3）在多级网络计划系统中，不同层级的网络计划，应该由不同层级的进度控制人员编制。总体网络计划由决策层人员编制，局部网络计划由管理层人员编制，而细部网络计划则由作业层管理人员编制。局部网络计划需要在总体网络计划的基础上编制，而细部网络计划需要在局部网络计划的基础上编制。反过来，又以细部保局部，以局部保全局。

（4）多级网络计划系统可以随时进行分解和综合。既可以将其分解成若干个独立的网络计划，又可在需要时将这些相互有关联的独立网络计划综合成一个多级网络计划系统。

2）多级网络计划系统的编制原则

（1）整体优化原则。编制多级网络计划系统，必须从建设工程整体角度出发，进行全面分析，统筹安排。有些计划安排从局部看是合理的，但在整体上并不一定合理。因此，必须先编制总体进度计划后编制局部进度计划，以局部计划来保证总体优化目标的实现。

（2）连续均衡原则。编制多级网络计划系统，要保证实施建设工程所需资源的连续性和资源需用量的均衡性。事实上，这也是一种优化。资源能够连续均衡地使用，可以降低工程建设成本。

（3）简明适用原则。过分庞大的网络计划不利于识图，也不便于使用。应根据建设工程实际情况，按不同的管理层级和管理范围分别编制简明适用的网络计划。

第四节　建设工程进度计划实施中的监测与调整方法

1.简述建设工程进度监测的系统过程。

进度监测的系统过程如图5-1所示。

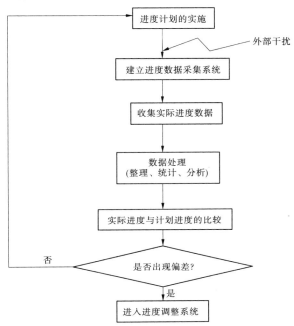

图5-1　进度监测的系统过程图

2.简述建设工程进度调整的系统过程。

进度调整的系统过程如图5-2所示。

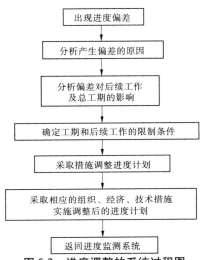

图5-2　进度调整的系统过程图

3. 监理工程师如何掌握建设工程实际进展状态？

为了全面、准确地掌握进度计划的执行情况，监理工程师应认真做好以下三方面的工作：

（1）定期收集进度报表资料。进度报表是反映工程实际进度的主要方式之一。进度计划执行单位应按照进度监理制度规定的时间和报表内容，定期填写进度报表。监理工程师通过收集进度报表资料掌握工程实际进展情况。

（2）现场实地检查工程进展情况。派监理人员常驻现场，随时检查进度计划的实际执行情况，这样可以加强进度监测工作，掌握工程实际进度的第一手资料，使获取的数据更加及时、准确。

（3）定期召开现场会议。监理工程师通过与进度计划执行单位的有关人员面对面的交谈，既可以了解工程实际进度状况，同时也可以协调有关方面的进度关系。

4. 建设工程实际进度与计划进度的比较方法有哪些？ 各有何特点？

常用的进度比较方法有横道图、S曲线、香蕉曲线、前锋线和列表比较法。其中，横道图比较法主要用于比较工程进度计划中工作的实际进度与计划进度；S曲线和香蕉曲线比较法可以从整体角度比较工程项目的实际进度与计划进度；前锋线和列表比较法既可以比较工程网络计划中工作的实际进度与计划进度，还可以预测工作实际进度对后续工作及总工期的影响程度。

5. 匀速进展与非匀速进展横道图比较法的区别是什么？

当工作的进展速度为匀速时，可以采用匀速进展横道图比较法；如果工作的进展速度为非匀速，则只能采用非匀速进展横道图比较法。

6. 利用S曲线比较法可以获得哪些信息？

通过比较实际进度S曲线和计划进度S曲线，可以获得如下信息：

（1）工程项目实际进展状况。如果工程实际进展点落在计划S曲线左侧，表明此时实际进度比计划进度超前；如果工程实际进展点落在计划S曲线右侧，表明此时实际进度拖后；如果工程实际进展点正好落在计划S曲线上，则表示此时实际进度与计划进度一致。

（2）工程项目实际进度超前或拖后的时间。在S曲线比较图中可以直接读出实际进度比计划进度超前或拖后的时间。

（3）工程项目实际超额或拖欠的任务量。在S曲线比较图中也可直接读出实际进度比计划进度超额或拖欠的任务量。

（4）后期工程进度预测。如果后期工程按原计划速度进行，则可作出后期工程计划S曲线，从而可以确定工期超前或拖延预测值。

7. 香蕉曲线是如何形成的？ 其作用有哪些？

香蕉曲线是由两条S曲线组合而成的闭合曲线。由S曲线比较法可知，工程项目累计完成的任务量与计划时间的关系可以用一条S曲线表示。对于一个工程项目的网络计划来说，如果以其中各项工作的最早开始时间安排进度而绘制S曲线，称为ES曲线；如果以其中各项工作的最迟开始时间安排进度而绘制S曲线，称为LS曲线。两条S曲线因具有相同的起点和终点，因而两条曲线是闭合的。在一般情况下，ES曲线上的其余各点均落在 LS 曲线的相应点的左侧。由于该闭合曲线形似"香蕉"，故称为香蕉曲线。

香蕉曲线比较法能直观地反映工程项目的实际进展情况，并可以获得比 S 曲线更多的信息。其主要作用有：

（1）合理安排工程项目进度计划。如果工程项目中的各项工作均按其最早开始时间安排进度，将导致项目的投资加大；而如果各项工作都按其最迟开始时间安排进度，则一旦受到进度影响因素的干扰，又将导致工期拖延，使工程进度风险加大。因此，一个科学合理的进度计划优化曲线应处于香蕉曲线所包络的区域之内。

（2）定期比较工程项目的实际进度与计划进度。在工程项目的实施过程中，根据每次检查收集到的实际完成任务量，绘制出实际进度 S 曲线，便可以与计划进度进行比较。工程项目实施进度的理想状态是任一时刻工程实际进展点应落在香蕉曲线图的范围之内。如果工程实际进展点落在 ES 曲线的左侧，表明此刻实际进度比各项工作按其最早开始时间安排的计划进度超前；如果工程实际进展点落在 LS 曲线的右侧，则表明此刻实际进度比各项工作按其最迟开始时间安排的计划进度拖后。

（3）预测后期工程进展趋势。利用香蕉曲线可以对后期工程的进展情况进行预测。

8. 实际进度前锋线如何绘制？

前锋线比较法是通过绘制某检查时刻工程项目实际进度前锋线进行工程实际进度与计划进度比较的方法，它主要适用于时标网络计划。所谓前锋线，是指在原时标网络计划上，从检查时刻的时标点出发，用点画线依次将各项工作实际进展位置点连接而成的折线。前锋线比较法就是通过实际进度前锋线与原进度计划中各工作箭线交点的位置来判断工作实际进度与计划进度的偏差，进而判定该偏差对后续工作及总工期影响程度的一种方法。

9. 如何分析进度偏差对后续工作及总工期的影响？

在工程项目实施过程中，当通过实际进度与计划进度的比较发现有进度偏差时，需要分析该偏差对后续工作及总工期的影响，从而采取相应的调整措施对原进度计划进行调整，以确保工期目标的顺利实现。进度偏差的大小及其所处的位置不同，对后续工作和总工期的影响程度是不同的，分析时需要利用网络计划中工作总时差和自由时差的概念进行判断。分析步骤如下：

（1）分析出现进度偏差的工作是否为关键工作。如果出现进度偏差的工作位于关键线路上，即该工作为关键工作，则无论其偏差有多大，都将对后续工作和总工期产生影响，必须采取相应的调整措施；如果出现偏差的工作是非关键工作，则需要根据进度偏差值与总时差和自由时差的关系作进一步分析。

（2）分析进度偏差是否超过总时差。如果工作的进度偏差大于该工作的总时差，则此进度偏差必将影响其后续工作和总工期，必须采取相应的调整措施；如果工作的进度偏差未超过该工作的总时差，则此进度偏差不影响总工期。至于对后续工作的影响程度，还需要根据偏差值与其自由时差的关系作进一步分析。

（3）分析进度偏差是否超过自由时差。如果工作的进度偏差大于该工作的自由时差，则此进度偏差将对其后续工作产生影响，此时应根据后续工作的限制条件确定调整方法；如果工作的进度偏差未超过该工作的自由时差，则此进度偏差不影响后续工作，因此原进度计划可以不作调整。

10. 进度计划的调整方法有哪些？如何进行调整？

（1）改变某些工作间的逻辑关系。当工程项目实施中产生的进度偏差影响到总工期，且有关工作的逻辑关系允许改变时，可以改变关键线路和超过计划工期的非关键线路上的有关工作之间的逻辑关系，达到缩短工期的目的。例如，将顺序进行的工作改为平行作业、搭接作业以及分段组织流水作业等，都可以有效地缩短工期。

（2）缩短某些工作的持续时间。这种方法是不改变工程项目中各项工作之间的逻辑关系，而通过采取增加资源投入、提高劳动效率等措施来缩短某些工作的持续时间，使工程进度加快，以保证按计划工期完成该工程项目。这些被压缩持续时间的工作是位于关键线路和超过计划工期的非关键线路上的工作。同时，这些工作又是其持续时间可被压缩的工作。这种调整方法通常可以在网络图上直接进行。

第五节　建设工程施工阶段的进度管理

1. 确定建设工程施工进度控制目标的依据有哪些？

确定施工进度控制目标的主要依据有：建设工程总进度目标对施工工期的要求，工期定额、类似工程项目的实际进度，工程难易程度和工程条件的落实情况等。

2. 监理工程师施工进度控制工作包括哪些内容？

建设工程施工进度控制工作从审核承包单位提交的施工进度计划开始，直至建设工程保修期满为止，其工作内容主要有：

（1）编制施工进度控制工作细则。

（2）编制或审核施工进度计划。

（3）按年、季、月编制工程综合计划。

（4）下达工程开工令。

（5）协助承包单位实施进度计划。

（6）监督施工进度计划的实施。

（7）组织现场协调会。

（8）签发工程进度款支付凭证。

（9）审批工程延期。

（10）向业主提供进度报告。

（11）督促承包单位整理技术资料。

（12）签署工程竣工报验单、提交质量评估报告。

（13）整理工程进度资料。

（14）工程移交。

3. 单位工程施工进度计划的编制程序和方法有哪些？

单位工程施工进度计划是在既定施工方案的基础上，根据规定的工期和各种资源供应条件，对单位工程中的各分部分项工程的施工顺序、施工起止时间及衔接关系进行合理安排的计划。其编制程序和方法如下：

（1）划分工作项目。工作项目是包括一定工作内容的施工过程，它是施工进度计划的基本组成单元。工作项目内容的多少，划分的粗细程度，应该根据计划的需要来决定。

（2）确定施工顺序。确定施工顺序是为了按照施工的技术规律和合理的组织关系，解决各工作项目之间在时间上的先后和搭接问题，以达到保证质量、安全施工、充分利用空间、争取时间、实现合理安排工期的目的。

一般说来，施工顺序受施工工艺和施工组织两方面的制约。当施工方案确定之后，工作项目之间的工艺关系也就随之确定。如果违背这种关系，将不可能施工，或者导致工程质量事故和安全事故的出现，或者造成返工浪费。

工作项目之间的组织关系是由于劳动力、施工机械、材料和构配件等资源的组织和安排需要而形成的。它不是由工程本身决定的，而是一种人为的关系。组织方式不同，组织关系也就不同。不同的组织关系会产生不同的经济效果，应通过调整组织关系，并将工艺关系和组织关系有机地结合起来，形成工作项目之间的合理顺序关系。

（3）计算工程量。工程量的计算应根据施工图和工程量计算规则，针对所划分的每一个工作项目进行。当编制施工进度计划时已有预算文件，且工作项目的划分与施工进度计划一致时，可以直接套用施工预算的工程量，不必重新计算。若某些项目有出入，但出入不大时，应结合工程的实际情况进行某些必要的调整。

（4）计算劳动量和机械台班数。

（5）确定工作项目的持续时间。

（6）绘制施工进度计划图。绘制施工进度计划图，首先应选择施工进度计划的表达形式。目前，常用来表达建设工程施工进度计划的方法有横道图和网络图两种形式。横道图比较简单，而且非常直观，多年来被人们广泛地用于表达施工进度计划，并以此作为控制工程进度的主要依据。但是，采用横道图控制工程进度具有一定的局限性。随着电子计算机的广泛应用，网络计划技术日益受到人们的青睐。

（7）施工进度计划的检查与调整。当施工进度计划初始方案编制好后，需要对其进行检查与调整，以便使进度计划更加合理，进度计划检查的主要内容包括：①各工作项目的施工顺序、平行搭接和技术间歇是否合理；②总工期是否满足合同规定；③主要工种的工人是否能满足连续、均衡施工的要求；④主要机具、材料等的利用是否均衡和充分。

在上述四个方面中，首要的是前两方面的检查，如果不满足要求，必须进行调整。只有在前两个方面均达到要求的前提下，才能进行后两个方面的检查与调整。前者是解决可行与否的问题，而后者则是优化的问题。

4. 影响建设工程施工进度的因素有哪些？

影响建设工程施工进度的因素有很多，归纳起来，主要有以下几个方面：

（1）建设工程相关单位的影响。影响建设工程施工进度的单位不只是施工承包单位。事实上，只要是与建设工程有关的单位（如政府部门、业主、设计单位、物资供应单位、资金贷款单位，以及运输、通信、供电部门等），其工作进度的拖后必将对施工进度产生影响。因此，控制施工进度仅仅考虑施工承包单位是不够的，必须充分发挥监理的作用，协调各相关单位之间的进度关系。而对于那些无法进行协调控制的进度关系，在进度计划的安排中应留有足够的机动时间。

（2）物资供应进度的影响。施工过程中需要的材料、构配件、机具和设备等如果不能按期运抵施工现场，或者是运抵施工现场后发现其质量不符合有关标准的要求，都会对施工进度产生影响。因此，监理工程师应严格把关，采取有效的措施控制好物资供应进度。

（3）资金的影响。工程施工的顺利进行必须有足够的资金作保障。一般来说，资金的影响主要来自业主，或者是由于没有及时给足工程预付款，或者是由于拖欠了工程进度款，这些都会影响到承包单位流动资金的周转，进而殃及施工进度。监理工程师应根据业主的资金供应能力安排好施工进度计划，并督促业主及时拨付工程预付款和工程进度款，以免因资金供应不足拖延进度，导致工期索赔。

（4）设计变更的影响。在施工过程中出现设计变更是难免的，或者是由于原设计有问题需要修改，或者是由于业主提出了新的要求。监理工程师应加强图纸的审查，严格控制随意变更，特别应对业主的变更要求进行制约。

（5）施工条件的影响。在施工过程中一旦遇到气候、水文、地质及周围环境等方面的不利因素，必然会影响到施工进度。此时，承包单位应利用自身的技术组织能力予以克服。监理工程师应积极疏通关系，协助承包单位解决那些自身不能解决的问题。

（6）各种风险因素的影响。风险因素包括政治、经济、技术及自然等方面的各种可预见或不可预见的因素。政治方面的有战争、内乱、罢工、拒付债务、制裁等；经济方面的有延迟付款、汇率浮动、换汇控制、通货膨胀、分包单位违约等；技术方面的有工程事故、试验失败、标准变化等；自然方面的有地震、洪水等。监理工程师必须对各种风险因素进行分析，提出控制风险、减少风险损失及降低对施工进度影响的措施，并对发生的风险事件给予恰当的处理。

（7）承包单位自身管理水平的影响。施工现场的情况千变万化，如果承包单位的施工方案不当、计划不周、管理不善、解决问题不及时等，都会影响建设工程的施工进度。承包单位应通过分析、总结，吸取教训，及时改进；而监理工程师应提供服务，协助承包单位解决问题，以确保施工进度控制目标的实现。

5. 监理工程师检查实际施工进度的方式有哪些？

在建设工程施工过程中，监理工程师可以通过以下方式获得其实际进展情况：①定期地、经常地收集由承包单位提交的有关进度报表资料；②由驻地监理人员现场跟踪检查建设工程的实际进展情况。除上述两种方式外，由监理工程师定期组织现场施工负责人召开现场会议，也是获得建设工程实际进展情况的一种方式。

6. 施工进度计划的调整方法有哪些？

施工进度计划的调整方法主要有两种：一是通过缩短某些工作的持续时间来缩短工期；二是通过改变某些工作间的逻辑关系来缩短工期。在实际工作中应根据具体情况选用上述方法进行进度计划的调整。

7. 承包商申报工程延期的条件是什么？

由于以下原因导致工程拖期，承包单位有权提出延长工期的申请，监理工程师应按合同规定批准工程延期时间：①监理工程师发出工程变更指令而导致工程量增加；②合同所涉及的任何可能造成工程延期的原因，如延期交图、工程暂停、对合格工程的剥离检查及不利的外界条件等；③异常恶劣的气候条件；④由业主造成的任何延误、干扰或障碍，如未及时提供施工场地、未及时付款等;⑤除承包单位自身以外的其他任何原因。

8. 监理工程师审批工程延期时应遵循什么原则?

监理工程师在审批工程延期时应遵循下列原则:

(1)合同条件。监理工程师批准的工程延期必须符合合同条件。

(2)影响工期。发生延期事件的工程部位,无论其是否处在施工进度计划的关键线路上,只有当所延长的时间超过其相应的总时差时,才能批准工程延期。

(3)实际情况。批准的工程延期必须符合实际情况。

9. 监理工程师如何减少或避免工程延期事件的发生?

监理工程师应做好以下工作,以减少或避免工程延期事件的发生:①选择合适的时机下达工程开工令;②提醒业主履行施工承包合同中所规定的职责;③妥善处理工程延期事件。

10. 如何处理工程延误?

如果由于承包单位自身的原因造成工期拖延,而承包单位又未按照监理工程师的指令改变延期状态时,通常可以采用下列手段进行处理:①拒绝签署付款凭证;②误期损失赔偿;③取消承包资格。

11. 确定物资供应进度目标时应考虑哪些问题?

在确定目标和编制计划时,应着重考虑以下因素:①能否按施工进度计划的需要及时供应材料,这是保证建设工程顺利实施的物质基础;②资金能否得到保证;③物资的需求是否超出市场供应能力;④物资可能的供应渠道和供应方式;⑤物资的供应有无特殊要求;⑥已建成的同类或相似建设工程的物资供应目标和计划实施情况;⑦其他,如市场条件、气候条件、运输条件等。

12. 物资供应计划按其内容和用途,可划分为哪几种?

物资供应计划按其内容和用途分类,主要包括:物资需求计划、物资供应计划、物资储备计划、申请与订货计划、采购与加工计划和国外进口物资计划。

13. 物资供应出现拖延时,应采取哪些处理措施?

在物资供应计划的执行过程中,当发现物资供应过程的某一环节出现拖延现象时,其调整方法与进度计划的调整方法类似,一般采取以下措施进行处理:

(1)如果这种拖延不致影响施工进度计划的执行,则可采取措施加快供货过程的有关环节,以减少此拖延对供货过程本身的影响;如果这种拖延对供货过程本身产生的影响不大,则可直接将实际数据代入,并对供应计划作相应的调整,不必采取加快供货进度的措施。

(2)如果这种拖延将影响施工进度计划的执行,则应首先分析这种拖延是否允许(通常的判别条件是受影响的施工活动是否处在施工进度计划的关键线路上或是否影响到分包合同的执行)。若允许,则可采用(1)所述调整方法进行调整;若不允许,则必须采取措施加快供应速度,尽可能避免此拖延对执行施工进度计划产生的影响。如果采取加快供货速度的措施后,仍不能避免对施工速度的影响,则可考虑同时加快其他工作施工进度的措施,并尽可能将此拖延对整个施工进度的影响降低到最低程度。

14. 监理工程师控制物资供应进度的工作内容包括哪些?

监理工程师受业主的委托,对建设工程投资、进度和质量三大目标进行控制的同时,需要对物资供应进行控制和管理。根据物资供应的方式不同,监理工程师的主要工作内容也有所不同,其基本内容包括:①协助业主进行物资供应的决策;②组织物资供应招标工作;③编制、审核和控制物资供应计划。

第六章 建设工程安全管理

第一节 安全生产基础知识

1. 什么是安全生产？

安全生产是指采取一系列措施使生产过程在符合规定的物质条件和工作秩序下进行，有效消除或控制危险和有害因素，避免人身伤亡和财产损失等生产事故，以保障人员安全与健康、设备和设施免受损坏、环境免遭破坏，使生产经营活动得以顺利进行而开展的相关活动。

2. 什么是安全生产管理？安全生产管理的主要内容有哪些？

安全生产管理通常是指管理者对安全生产工作进行的决策、计划、组织、指挥、协调和控制等一系列活动，实现生产过程中人与机器设备、物料、环境的和谐，达到安全生产的目标。

安全生产管理包括安全生产法制管理、行政管理、监督检查、工艺技术管理、设备设施管理、作业环境和条件管理。其中，企业安全生产的主要内容有安全生产责任制、安全技术措施计划、安全生产教育培训、安全生产检查、伤亡事故报告处理与事故防范等。在建筑施工企业，安全生产管理内容都要落实在建筑施工项目经理部。

3. 安全生产管理工作方针是什么？应坚持哪些基本原则？

安全生产管理基本方针是"安全第一、预防为主、综合治理"。

安全生产工作应坚持以下基本原则：

（1）"以人为本"的原则。要求在生产过程中，必须坚持"以人为本"的原则。在生产与安全的关系中，一切以安全为重，安全必须排在第一位。必须预先分析危险源，预测和评价危险、有害因素，掌握危险出现的规律和变化，采取相应的预防措施，将危险和安全隐患消灭在萌芽状态。

（2）"谁主管、谁负责"的原则。安全生产的重要性要求主管者也必须是责任人，要全面履行安全生产责任。

（3）"管生产必须管安全"的原则。指工程项目各级领导和全体员工在生产过程中，必须坚持在抓生产的同时抓好安全工作，实现安全与生产的统一。生产和安全是一个有机的整体，两者不能分割，更不能对立起来，应将安全寓于生产之中。

（4）"安全具有否决权"的原则。指安全生产工作是衡量工程项目管理的一项基本内容，它要求对各项指标考核、评优创先时，首先必须考虑安全指标的完成情况。安全指标没有实现，即使其他指标顺利完成，仍无法实现项目的最优化，安全具有一票否决的作用。

（5）"三同时"原则。"三同时"是基本建设项目中的职业安全、卫生技术和环境保护等措施与设施，必须与主体工程同时设计、同时施工、同时投产使用的法律制度的简称。

（6）"五同时"原则。企业的生产组织领导者在计划、布置、检查、总结、评比生产工作的同时，同时计划、布置、检查、总结、评比安全工作。

（7）"四不放过"原则。事故原因未查清不放过，当事人和群众没有受到教育不放过，事故责任人未受到处理不放过，没有制定切实可行的预防措施不放过。

4. 安全生产管理的目标是什么？

安全生产管理的目标是减少和控制危害，减少和控制事故，尽量避免生产过程中由于事故所造成的人身伤害、财产损伤、环境污染以及其他损失。安全生产管理的基本对象是企业的员工，涉及企业中所有人员、设备设施、物料、环境、财务、信息等各个方面。

5. 我国安全生产监督管理的体制、特征和基本原则是什么？

目前，我国安全生产监督管理的体制是：综合监管与行业监管相结合、国家监察与地方监管相结合、政府监督与其他监督相结合的格局。

监督管理的基本特征：权威性、强制性、普遍约束性。

监督管理的基本原则：坚持"有法必依、执法必严、违法必究"的原则，坚持以事实为依据、以法律为准绳的原则，坚持预防为主的原则，坚持行为监察与技术监察相结合的原则，坚持监察与服务相结合的原则，坚持教育与惩罚相结合的原则。

6. 黄河防洪工程安全生产法律法规有哪些？

《中华人民共和国安全生产法》（2014 年中华人民共和国主席令第 13 号）、《中华人民共和国消防法》（2008 年中华人民共和国主席令第 6 号）、《生产安全事故报告和调查处理条例》（2007 年中华人民共和国国务院令第 493 号）、《建设工程安全生产管理条例》（2003 年中华人民共和国国务院令第 393 号）、《安全生产许可证条例》（2014 年中华人民共和国国务院令第 653 号）、《国务院关于特大安全生产事故行政责任追究的规定》（2001 年中华人民共和国国务院令第 302 号）、《水利工程建设安全生产管理规定》（2005 年中华人民共和国水利部令第 26 号）等。

第二节　黄河防洪工程建设安全生产

1. 工程建设安全生产有哪些基本制度？

（1）建筑企业资质管理制度。从事建筑活动的建筑施工企业、勘察单位、设计单位和工程监理单位，应当具有符合国家规定的注册资本、有与其从事的建筑活动相适应的具有法定执业资格的专业技术人员、有从事相关建筑活动所应有的技术装备等条件，并按照其拥有的注册资本、专业技术人员、技术装备和已完成的建筑工程业绩等资质条件，划分为不同的资质等级，经资质审查合格，取得相应等级的资质证书后，方可在其资质等级许可的范围内从事建筑活动。这一制度为保证建筑企业的安全生产规定了必要的条件。

（2）安全生产许可证制度。根据 2004 年 1 月 13 日施行的《安全生产许可证条例》，国家对建筑施工企业等生产企业实行安全生产许可证制度。建设部根据《安全生产许可证条例》制定颁布了《建筑施工企业安全生产许可证管理规定》，对建筑施工企业安全生产许可证制度作出具体规定。这一制度规定，建筑施工企业必须具备保证安全生产的条件，取得建设行政主管部门颁发的安全生产许可证，方可从事建筑施工活动。该《安全生产许可证条例》施行前已经从事建筑施工活动的建筑施工企业,应当自该条例施行之日起1年内,依照该条例的规定,向建筑行政主管部门申请办理安全生产许可证。

（3）施工许可和开工报告备案制度。建筑工程开工前,建设单位应当按照国家有关规定向工程所在地县级以上人民政府建设行政主管部门申请领取施工许可证;申请领取施工许可证,应当有保证工程质量和安全的具体措施等条件。按照国务院规定的权限和程序批准开工报告的建筑工程,不需要领取施工许可证的,应当自开工报告批准之日起15日内,将保证安全施工的措施报送建设工程所在的县级以上的地方人民政府建设行政主管部门或者其他有关部门备案。

（4）从业人员资格管理制度。包括:①从事建筑活动的专业人员,应当依法取得相应的职业资格证书,并在职业资格证书许可的范围内从事建筑活动;②施工单位的主要负责人、项目负责人、专职安全生产管理人员应当经建设行政主管部门或者其他有关部门考核合格后方可任职,考核内容主要是安全生产知识和安全管理能力;③垂直运输机械作业人员、安装拆卸工、爆破作业人员、起重信号工、登高架设作业人员等特种作业人员,必须按照国家有关规定经过专门的安全作业培训,并取得特种作业操作资格证书后,方可上岗作业。

（5）施工起重机械使用前的验收和登记制度。施工单位在使用施工起重机械和整体提升脚手架、模板等自升式架设设施前,应当组织有关单位或者委托有相应资质的检验机构进行验收;使用承租的机械设备和施工机具及配件的,由施工总承包单位、分包单位、出租单位和安装单位共同进行验收。验收合格后方可使用。施工单位应当自施工起重机械和整体提升机、模板等自升式架设设施验收合格之日起30日内,向项目所在地县级以上建设主管部门登记。登记标志应当置于或者附着于该设备的显著位置。

（6）安全生产责任制度。《建设工程安全生产管理条例》根据《建筑法》和《安全生产法》,进一步明确了安全生产责任制度,规定了各方主体应当承担的安全生产责任。《建设工程安全生产管理条例》对施工单位的安全责任作了全面、具体的规定,包括施工单位主要负责人和项目经理的安全责任,施工总承包和分包单位的安全生产责任等。同时,《建设工程安全生产管理条例》规定施工单位必须建立企业安全生产管理机构和配备专职安全管理人员,应当在施工前向作业班组和人员作出安全施工技术要求的详细说明,应当对因施工可能造成损害的毗邻建筑物、构筑物和地下管线采取专项防护措施,应当向作业人员提供安全防护用具和安全防护服装并书面告知危险岗位操作规程。《建设工程安全生产管理条例》还对施工现场安全警示标志使用、作业和生产环境标准作了明确规定。

（7）安全生产教育培训制度。施工单位应当建立安全生产教育培训制度。施工单位应当对管理人员和作业人员每年至少进行一次安全生产教育培训,其教育培训情况记入个人工作档案。安全生产教育培训考核不合格的人员,不得上岗。作业人员进入新的岗位或者新的施工现场前,应当接受安全生产教育培训。教育培训考核不合格的人员,不得上岗作业。施工单位在采用新技术、新工艺、新设备、新材料时,应当对作业人员进行相应的安全生产教育培训。

（8）专项施工方案专家论证审查制度。施工单位应在施工组织设计中编制安全技术措施和施工临时用电方案,对基坑支护与降水工程、土方开挖工程、模板工程、起重吊装工程、脚手架工程、拆除、爆破工程等达到一定规模的危险性较大的分部分项工程编制专项施工方案，并附具体的安全验算结果，经施工单位技术负责人、总监理工程师签字后实施，由专职安全生产管理人员进行现场监督。对上述工程中涉及深基坑、地下暗挖工程、高大模板工程的专项施工方案，施工单位还应组织专家进行论证、审查。

（9）施工现场消防安全责任制度。施工单位应当在施工现场建立消防安全责任制度，确定消防安全责任人，制定用火、用电、使用易燃易爆材料等各项消防安全管理制度和操作规程，设置消防通道、消防水源，配备消防设施和灭火器材，并在施工现场入口处设置明显标志。

（10）意外伤害保险制度。施工单位应当为施工现场从事危险作业的人员办理意外伤害保险。意外伤害保险费用由施工单位支付。实行施工总承包的，由总承包单位支付。意外伤害保险期限由建设工程开工之日起至竣工验收合格止。

（11）生产安全事故应急救援制度。施工单位应当根据工程施工的特点、范围，对施工现场易发生重大事故的部位、环节进行监控，制订施工现场生产安全事故应急救援预案。实行施工总承包的，由总承包单位统一组织编制建设工程生产安全事故应急救援预案，工程总承包单位和分包单位按照应急救援预案各自建立应急救援组织或者配备应急救援人员，配备救援器材、设备，并定期组织演练。

（12）生产安全事故报告制度。施工单位发生生产安全事故，应当按照国家有关伤亡事故报告和调查处理的规定，及时、如实地向负责安全生产监督管理部门、建设行政主管或者其他有关部门报告；起重机械等特种设备发生事故的，还应当同时向特种设备安全监督管理部门报告。接到报告的部门应当按照国家有关规定如实上报。实行施工总承包的建设工程，由总承包单位负责上报事故。

（13）危及施工安全的工艺、设备、材料淘汰制度。国家对严重危及施工安全的工艺、设备、材料实行淘汰制度。具体目录由国务院建设行政主管部门会同国务院其他有关部门制定并公布。

（14）政府安全监督检查制度。县级以上人民政府负有检查工程安全生产监督管理职责的部门在各自的职责范围内履行安全监督检查职责时，有权纠正施工中违反安全生产要求的行为，责令立即排除检查中发现的安全事故隐患，对重大隐患可以责令暂时停止施工。建设行政主管部门或者其他有关部门可以将施工现场的安全监督检查委托给建设工程安全监督机构具体实施。

2. 什么是安全生产责任制？企业单位安全生产责任制的主要内容有哪些？

安全生产责任制主要指企业的各级领导、职能部门和在一定岗位上的劳动者个人对安全生产工作应负责任的一种制度，是企业的一项基本管理制度，是企业安全生产、劳动保护管理制度的核心，也是根据我国的安全生产方针和安全生产法规建立的各级领导、职能部门、工程技术人员、岗位操作人员在劳动生产过程中对安全生产层层负责的制度。

其主要作用为：

（1）企业单位的各级领导人员在管理生产的同时，必须负责管理安全工作，认真贯彻执行国家有关劳动保护的法令和制度，在计划、布置、检查、总结、评比生产的时候，同时计划、布置、检查、总结、评比安全工作。

（2）企业单位中的生产、技术、设计、供销、运输、财务等各有关专职机构，都应该在各自业务范围内对实现安全生产的要求负责。

（3）企业单位都应该根据实际情况加强劳动保护工作机构或专职人员的工作职责。劳动保护工作机构或专职人员的职责有：①协助领导组织推动生产中的安全工作，贯彻执行劳动保护的法令、制度；②汇总和审查安全技术措施计划，并且督促有关部门切实按期执行；③组织和协助有关部门制定或修订安全生产制度和安全技术操作规程，对这些制度、规程的贯彻执行进行监督检查；④经常进行现场检查，协助解决问题，遇有特别紧急的不安全情况时，有权指令先行停止生产，并且立即报告领导研究处理；⑤总结和推广安全生产的先进经验；⑥对职工进行安全生产的宣传教育；⑦指导生产小组安全工作；⑧督促有关部门按规定及时分发和合理使用个人防护用品、保健食品和清凉饮料；⑨参加审查新建、改建、大修工程的设计计划，并且参加工程验收和试运转工作；⑩参加伤亡事故的调查和处理，进行伤亡事故的统计、分析和报告，协助有关部门提出防止事故的措施，并且督促他们按期实现；⑪组织有关部门研究执行防止职业中毒和职业病的措施；⑫督促有关部门做好劳逸结合和女工保护工作。

（4）企业单位各生产小组都应该设有不脱产的安全员。小组安全员在生产小组长的领导和劳动保护干部的指导下，首先应当在安全生产方面以身作则，起模范带头作用，并协助小组长做好下列工作：①经常对本组工人进行安全生产教育；②督促他们遵守安全操作规程和各种安全生产制度；③正确地使用个人防护用品；④检查和维护本组的安全设备；⑤发现生产中有不安全情况的时候，及时报告；⑥参加事故的分析和研究，协助领导实施防止事故的措施。

（5）企业单位的职工应该自觉地遵守安全生产规章制度，不进行违章作业，并且要随时制止他人违章作业，积极参加安全生产的各种活动，主动提出改进安全工作的意见，爱护和正确使用机器设备、工具及个人防护用品。

3. 为什么说安全生产教育培训对安全生产工作非常重要？

答：安全生产教育培训是安全管理的一项最基本的工作，也是确保安全生产的前提条件。安全教育培训工作可以提高各级负责人的安全意识、可以有效地遏止事故、可以大大提高队伍安全素质。只有加强安全教育培训，不断强化全员安全意识，增强全员防范意识，才能筑起牢固的安全生产思想防线，才能从根本上解决安全生产中存在的隐患。安全与生产是辩证的统一，相辅相成，安全教育既能提高经济效益，又能保障安全生产。

《安全生产法》"第二十四条　生产经营单位的主要负责人和安全生产管理人员必须具备与本单位所从事的生产经营活动相应的安全生产知识和管理能力。""第二十五条　生产经营单位应当对从业人员进行安全生产教育和培训，保证从业人员具备必要的安全生产知识，熟悉有关的安全生产规章制度和安全操作规程，掌握本岗位的安全操作技能，了解事故应急处理措施，知悉自身在安全生产方面的权利和义务。未经安全生产教育和培训合格的从业人员，不得上岗作业。生产经营单位使用被派遣劳动者的，应当将被派遣劳动者纳入本单位从业人员统一管理，对被派遣劳动者进行岗位安全操作规程和安全操作技能的教育和培训。生产经营单位接收中等职业学校、高等学校学生实习的，应当对实习学生进行相应的安全生产教育和培训，提供必要的劳动防护用品。""第二十六条　生产经营单位采用新工艺、新技术、新材料或者使用新设备,必须了解、掌握其安全技术特性,采取有效的安全防护措施,并对从业人员进行专门的安全生产教育和培训。""第二十七条　生产经营单位的特种作业人员必须按照国家有关规定经专门的安全作业培训,取得相应资格,方可上岗作业。""第五十五条　从业人员应当接受安全生产教育和培训,掌握本职工作所需的安全生产知识,提高安全生产技能,增强事故预防和应急处理能力。"

4. 建筑施工企业为什么要取得安全生产许可证?取得安全生产许可证应具备什么条件?

《安全生产法》对安全生产许可有作如下规定:"第十条　国务院有关部门应当按照保障安全生产的要求,依法及时制定有关的国家标准或者行业标准,并根据科技进步和经济发展适时修订。生产经营单位必须执行依法制定的保障安全生产的国家标准或者行业标准。""第十七条　生产经营单位应当具备本法和有关法律、行政法规和国家标准或者行业标准规定的安全生产条件;不具备安全生产条件的,不得从事生产经营活动。"《安全生产许可证条例》"第二条　国家对矿山企业、建筑施工企业和危险化学品、烟花爆竹、民用爆破器材生产企业(以下统称企业)实行安全生产许可制度。企业未取得安全生产许可证的,不得从事生产活动。"

企业取得安全生产许可证,应当具备下列安全生产条件:

(1)建立、健全安全生产责任制,制定完备的安全生产规章制度和操作规程。

(2)安全投入符合安全生产要求。

(3)设置安全生产管理机构,配备专职安全生产管理人员。

(4)主要负责人和安全生产管理人员经考核合格。

(5)特种作业人员经有关业务主管部门考核合格,取得特种作业操作资格证书。

(6)从业人员经安全生产教育和培训合格。

(7)依法参加工伤保险,为从业人员缴纳保险费。

(8)厂房、作业场所和安全设施、设备、工艺符合有关安全生产法律、法规、标准和规程的要求。

(9)有职业危害防治措施,并为从业人员配备符合国家标准或者行业标准的劳动防护用品。

(10)依法进行安全评价。

(11)有重大危险源检测、评估、监控措施和应急预案。

(12)有生产安全事故应急救援预案、应急救援组织或者应急救援人员,配备必要的应急救援器材、设备。

(13)法律、法规规定的其他条件。

第三节　建设工程各方的安全责任

1. 项目法人的安全责任有哪些?

(1)项目法人在对施工投标单位进行资格审查时,应当对投标单位的主要负责人、项目负责人及专职安全生产管理人员是否经水行政主管部门安全生产考核合格进行审查。

有关人员未经考核合格的,不得认定投标单位的投标资格。

（2）项目法人应当向施工单位提供施工现场及施工可能影响的毗邻区域内供水、排水、供电、供气、供热、通信、广播电视等地下管线资料,气象和水文观测资料,拟建工程可能影响的相邻建筑物和构筑物、地下工程的有关资料,并保证有关资料的真实、准确、完整,满足有关技术规范的要求。对可能影响施工报价的资料,应当在招标时提供。

（3）项目法人不得调减或挪用批准概算中所确定的水利工程建设有关安全作业环境及安全施工措施等所需费用。工程承包合同中应当明确安全作业环境及安全施工措施所需费用。

（4）项目法人应当组织编制保证安全生产的措施方案,并自开工报告批准之日起 15 日内报有管辖权的水行政主管部门、流域管理机构或者其委托的水利工程建设安全生产监督机构(以下简称安全生产监督机构)备案。建设过程中安全生产的情况发生变化时,应当及时对保证安全生产的措施方案进行调整,并报原备案机关。保证安全生产的措施方案应当根据有关法律法规、强制性标准和技术规范的要求并结合工程的具体情况编制,应当包括以下内容:①项目概况;②编制依据;③安全生产管理机构及相关负责人;④安全生产的有关规章制度制定情况;⑤安全生产管理人员及特种作业人员持证上岗情况等;⑥生产安全事故的应急救援预案;⑦工程度汛方案、措施;⑧其他有关事项。

（5）项目法人在水利工程开工前,应当就落实保证安全生产的措施进行全面系统的布置,明确施工单位的安全生产责任。

（6）项目法人应当将水利工程中的拆除工程和爆破工程发包给具有相应水利水电工程施工资质等级的施工单位。

项目法人应当在拆除工程或者爆破工程施工 15 日前,将下列资料报送水行政主管部门、流域管理机构或者其委托的安全生产监督机构备案:①施工单位资质等级证明;②拟拆除或拟爆破的工程及可能危及毗邻建筑物的说明;③施工组织方案;④堆放、清除废弃物的措施;⑤生产安全事故的应急救援预案。

2. 施工单位的安全责任有哪些?

（1）施工单位从事水利工程的新建、扩建、改建、加固和拆除等活动,应当具备国家规定的注册资本、专业技术人员、技术装备和安全生产等条件,依法取得相应等级的资质证书,并在其资质等级许可的范围内承揽工程。

（2）施工单位应当依法取得安全生产许可证后,方可从事水利工程施工活动。

（3）施工单位主要负责人依法对本单位的安全生产工作全面负责。施工单位应当建立健全安全生产责任制度和安全生产教育培训制度,制定安全生产规章制度和操作规程,保证本单位建立和完善安全生产条件所需资金的投入,对所承担的水利工程进行定期和专项安全检查,并做好安全检查记录。

（4）施工单位的项目负责人应当由取得相应执业资格的人员担任,对水利工程建设项目的安全施工负责,落实安全生产责任制度、安全生产规章制度和操作规程,确保安全生产费用的有效使用,并根据工程的特点组织制订安全施工措施,消除安全事故隐患,及时、如实报告生产安全事故。

（5）施工单位在工程报价中应当包含工程施工的安全作业环境及安全施工措施所需

费用。对列入建设工程概算的上述费用,应当用于施工安全防护用具及设施的采购和更新、安全施工措施的落实、安全生产条件的改善,不得挪作他用。

（6）施工单位应当设立安全生产管理机构,按照国家有关规定配备专职安全生产管理人员。施工现场必须有专职安全生产管理人员。

专职安全生产管理人员负责对安全生产进行现场监督检查。发现生产安全事故隐患,应当及时向项目负责人和安全生产管理机构报告;对违章指挥、违章操作的,应当立即制止。

（7）施工单位在建设有度汛要求的水利工程时,应当根据项目法人编制的工程度汛方案、措施制定相订的度汛方案,报项目法人批准;涉及防汛调度或者影响其他工程、设施度汛安全的,由项目法人报有管辖权的防汛指挥机构批准。

（8）垂直运输机械作业人员、安装拆卸工、爆破作业人员、起重信号工、登高架设作业人员等特种作业人员,必须按照国家有关规定经过专门的安全作业培训,并取得特种作业操作资格证书后,方可上岗作业。

（9）施工单位应当在施工组织设计中编制安全技术措施和施工现场临时用电方案,对下列达到一定规模的危险性较大的工程应当编制专项施工方案,并附具安全验算结果,经施工单位技术负责人签字及总监理工程师核签后实施,由专职安全生产管理人员进行现场监督:①基坑支护与降水工程。②土方和石方开挖工程。③模板工程。④起重吊装工程。⑤脚手架工程。⑥拆除、爆破工程。⑦围堰工程。⑧其他危险性较大的工程。⑨施工单位在使用施工起重机械和整体提升脚手架、模板等自升式架设设施前,应当组织有关单位进行验收,也可以委托具有相应资质的检验检测机构进行验收;使用承租的机械设备和施工机具及配件的,由施工总承包单位、分包单位、出租单位和安装单位共同进行验收。验收合格的方可使用。⑩施工单位的主要负责人、项目负责人、专职安全生产管理人员应当经水行政主管部门安全生产考核合格后方可任职。

对前款所列工程中涉及高边坡、深基坑、地下暗挖工程、高大模板工程的专项施工方案,施工单位还应当组织专家进行论证、审查。

施工单位应当对管理人员和作业人员每年至少进行一次安全生产教育培训,其教育培训情况记入个人工作档案。安全生产教育培训考核不合格的人员,不得上岗。

施工单位在采用新技术、新工艺、新设备、新材料时,应当对作业人员进行相应的安全生产教育培训。

3. 勘察（测）、设计、建设监理及其他有关单位的安全责任有哪些?

1）勘察（测）单位

（1）应当按照法律、法规和工程建设强制性标准进行勘察（测）,提供的勘察（测）文件必须真实、准确,满足水利工程建设安全生产的需要。

（2）勘察（测）单位在勘察（测）作业时,应当严格执行操作规程,采取措施保证各类管线、设施和周边建筑物、构筑物的安全。

（3）勘察（测）单位和有关勘察（测）人员应当对其勘察（测）成果负责。

2）设计单位

（1）应当按照法律、法规和工程建设强制性标准进行设计,并考虑项目周边环境对施工安全的影响,防止因设计不合理导致生产安全事故的发生。

(2)设计单位应当考虑施工安全操作和防护的需要,对涉及施工安全的重点部位和环节在设计文件中注明,并对防范生产安全事故提出指导意见。

(3)采用新结构、新材料、新工艺及特殊结构的水利工程,设计单位应当在设计中提出保障施工作业人员安全和预防生产安全事故的措施建议。

(4)设计单位和有关设计人员应当对其设计成果负责。

(5)设计单位应当参与与设计有关的生产安全事故分析,并承担相应的责任。

3)建设监理单位

(1)建设监理单位和监理人员应当按照法律、法规和工程建设强制性标准实施监理,并对水利工程建设安全生产承担监理责任。

(2)建设监理单位应当审查施工组织设计中的安全技术措施或者专项施工方案是否符合工程建设强制性标准。

(3)建设监理单位在实施监理过程中,发现存在生产安全事故隐患的,应当要求施工单位整改;对情况严重的,应当要求施工单位暂时停止施工,并及时向水行政主管部门、流域管理机构或者其委托的安全生产监督机构以及项目法人报告。

4)其他有关单位

为水利工程提供机械设备和配件的单位,应当按照安全施工的要求提供机械设备和配件,配备齐全有效的保险、限位等安全设施和装置,提供有关安全操作的说明,保证其提供的机械设备和配件等产品的质量与安全性能达到国家有关技术标准。

第四节　生产安全事故预防及报告处理

1. 安全事故发生的原因有哪些?

答:安全事故发生的原因概括起来有:

(1)人的不安全行为:施工人员缺乏安全意识,违反规程,操作失误等。

(2)物的不安全状态:安全防护、保险、信号等装置缺乏或有缺陷;机械设备、设施、工具、附件等有缺陷;个人防护用品用具(包括安全帽、安全带、安全鞋、手套、护目镜及面罩、防护服等)缺乏或有缺陷。

(3)环境的不利因素:施工现场照明光线不足,视线不畅;通风不良、粉尘飞扬;作业场所狭窄、杂乱,沟渠纵横;施工现场道路不通畅;材料、工器具乱堆乱放,杂乱无序;噪声刺耳。

(4)管理上的缺陷:对职工没有进行三级安全教育就上岗作业;没有对各工种进行各项安全技术交底;没有落实各项安全生产责任制;安全技术措施经费投入少;安全生产检查流于形式,对检查出的事故隐患没有按"定人、定措施、定时间"进行整改,对已发生事故没有按"四不放过"原则进行处理等。

2. 常用的安全事故预防措施有哪些?

(1)依法建设:严格贯彻执行相关法律法规,控制安全事故的发生。

(2)以制度管人:建筑施工现场安全管理体制的设置,要结合建筑安全的特点,按建筑工程项目的大小配备必要的安全管理人员,以满足安全管理的需要。

（3）加强对职工的安全教育培训工作:建筑工地上农民工必须先进行公司、项目部、班组三级安全教育方可上岗作业。对变换工种的工人要进行新岗位的操作规程、安全操作方法、安全技术知识等为一体的教育培训,实行"一条龙"管理,未经培训的人员不得上岗,切实解决"安全意识淡薄、安全知识缺乏、安全行为欠规范、安全措施乏力"等问题。

（4）预防事故的技术措施:为了达到预防事故和减少事故损失的效果,应采取以下安全技术措施:

①规范脚手架搭设。纠正架体与建筑结构固定的做法,设置首步固定;纠正和补全横向扫地杆;对架体进行内封闭和立面全封闭;规范立杆基础的设置;禁止违规劣质管材和劣质脚手板的使用;杜绝卸料平台未独立设置;正确引导新门型脚手架按国家建筑安全规范搭设使用;严禁钢管、毛竹混搭;淘汰毛竹脚手架。

②规范模板支撑系统的搭设和拆除。高度重视支撑系统搭设的稳定性,严控立柱对接、严控支撑选材和立柱垂直度、严控主柱违规垫砖、严控纵横向水平支撑的规范设置和材质,严惩钢木混支,严惩违规拆除模板支撑系统,高度重视和严管高支模的规范搭设和拆除。

③高度重视基坑支护。规范基坑的开挖和临边洞口的防护,加强对基坑及基坑周边的监测,并按规定建档;重视机械、气瓶、潜水泵用电等的安全规范操作。

④规范临边洞口及出入口的防护。落实使用工具化、定型化防护产品,重点抓电梯井口按规定使用工具化、定型化防护门;重视戴安全帽和高处作业系安全带;督促按规定使用合格的安全密目立网、水平网、安全帽和安全带。

⑤规范现场施工用电。重视采用 TN-S 系统,确保专用保护零线被用电设备使用;重视"三级配电二级保护"和落实"一机一闸一漏一箱";重视总配电房的规范设置;重视漏电保护装置参数的匹配;规范使用合格的标准配电箱,正确出入配线;抓现场配电线路的规范布设;高度重视外电防护和懂行持证电工的配备。

⑥规范现场施工机具的防护。如塔吊、井架、物料提升机、圆盘锯、电焊机、搅拌机、水磨机、潜水泵等的安全防护。要保持设备的良好状态,提高它们的使用期限和效率。

⑦规范井字架的搭设。规范架体与建筑结构的刚性连结;重视限位保险装置的设置;重视吊篮的防护;重视架体的稳定;抓卸料平台的独立搭设和稳固严密;抓首层落实设一单向门,避免兼作通道;严管架体违规一次到位超高搭设。

⑧设置安全警示装置。在醒目位置设置安全警示标牌等装置,重视现场防火和施工现场标牌的设置。

⑨加强和规范现场文明施工。重视文明施工意识宣传,抓现场场容场貌、硬地化、通道、材料堆放、工完场清,排水系统封闭治理,高度重视和规范生活设施。

⑩合理使用劳动保护用品。统一采购合格防护用品,妥善保管,正确使用防护用品也是预防事故、减轻伤害程度的不可缺少的措施之一。

⑪季节性安全技术措施。由于季节性施工造成事故的突发性较强,应从防护、技术、管理等方面采取综合措施。

⑫应急求援。应急求援措施是指事故发生后为抢救遇险施工人员、消除现场危险源

所采取的一系列措施,包括现场指挥、组织救援队、配备抢救物资等。这一阶段要达到应急救援的目的,对工程可能出现的危险作详细的分析,按照制订的生产安全事故应急预案,随时做好处理各种事故的准备。这不仅有利于减少安全事故发生,还有利于施工项目减少财物损失,使经济损失降到最低。

3. 什么是个体防护用品? 常用个体防护用品的种类和品种有哪些?

个体防护用品的作用是在研究了有害因素在生产过程中不同的存在形式、性质、环境及劳动者本身的种种因素后,借用一定的屏蔽体或系带、浮体,采用过滤、吸收、阻隔等手段,保护肌体的局部或全身免受外来的伤害,从而达到保护的目的。

(1)头部防护类:包括用各种材料制作的安全帽。

(2)呼吸器官防护类:包括过滤式防毒面具、滤毒罐(盒)、简易式防尘口罩(不包括纱布口罩)、复式防尘口罩、过滤式防微粒口罩、长管面具等。

(3)眼、面部防护类:包括电焊面罩、焊接镜片及护目镜、炉窑面具、炉窑目镜、防冲击眼护具等。

(4)听觉器官防护类:包括用各种材料制作的防噪声护具。

(5)防护服装类:包括防静电工作服、防酸碱工作服(除丝、毛面料外,材质必须经过特殊处理)、涉水工作服、防水工作服、阻燃防护服等。

(6)手足防护类:包括绝缘、耐油、耐酸三种手套,绝缘、耐油、耐酸三种靴,盐滩靴,水产靴,用各种材料制作的低电压绝缘鞋,耐油鞋,防静电、导电鞋,安全鞋(靴)和各种劳动防护专用护肤用品。

(7)防坠落类防护用品:包括安全带(含速差式自控器与缓冲器)、安全网、安全绳等。

4. 生产安全事故的等级怎么划分?

根据《生产安全事故报告和调查处理条例》,将事故划分为特别重大事故、重大事故、较大事故和一般事故 4 个等级:

(1)特别重大事故,是指造成 30 人以上死亡,或者 100 人以上重伤(包括急性工业中毒,下同),或者 1 亿元以上直接经济损失的事故。

(2)重大事故,是指造成 10 人以上 30 人以下死亡,或者 50 人以上 100 人以下重伤,或者 5 000 万元以上 1 亿元以下直接经济损失的事故。

(3)较大事故,是指造成 3 人以上 10 人以下死亡,或者 10 人以上 50 人以下重伤,或者 1 000 万元以上 5 000 万元以下直接经济损失的事故。

(4)一般事故,是指造成 3 人以下死亡,或者 10 人以下重伤,或者 1 000 万元以下直接经济损失的事故。

注:"以上"包括本数,"以下"不包括本数。

5. 安全事故报告时限及内容是什么?

《生产安全事故报告和调查处理条例》规定:

(1)事故发生后,事故现场有关人员应当立即向本单位负责人报告;单位负责人接到报告后,应当于 1 小时内向事故发生地县级以上人民政府安全生产监督管理部门和负有安全生产监督管理职责的有关部门报告。情况紧急时,事故现场有关人员可以直接向事故发生地县级以上人民政府安全生产监督管理部门和负有安全生产监督管理职责的有关部门报告。

（2）安全生产监督管理部门和负有安全生产监督管理职责的有关部门接到事故报告后，应当依照下列规定上报事故情况，并通知公安机关、劳动保障行政部门、工会和人民检察院：①特别重大事故、重大事故逐级上报至国务院安全生产监督管理部门和负有安全生产监督管理职责的有关部门；②较大事故逐级上报至省、自治区、直辖市人民政府安全生产监督管理部门和负有安全生产监督管理职责的有关部门；③一般事故上报至设区的市级人民政府安全生产监督管理部门和负有安全生产监督管理职责的有关部门。

安全生产监督管理部门和负有安全生产监督管理职责的有关部门依照前款规定上报事故情况，应当同时报告本级人民政府。国务院安全生产监督管理部门和负有安全生产监督管理职责的有关部门以及省级人民政府接到发生特别重大事故、重大事故的报告后，应当立即报告国务院。

必要时，安全生产监督管理部门和负有安全生产监督管理职责的有关部门可以越级上报事故情况。

（3）安全生产监督管理部门和负有安全生产监督管理职责的有关部门逐级上报事故情况，每级上报的时间不得超过 2 小时。

（4）报告事故应当包括下列内容：①事故发生单位概况；②事故发生的时间、地点以及事故现场情况；③事故的简要经过；④事故已经造成或者可能造成的伤亡人数（包括下落不明的人数）和初步估计的直接经济损失；⑤已经采取的措施；⑥其他应当报告的情况。

（5）事故报告后出现新情况的，应当及时补报。自事故发生之日起 30 日内，事故造成的伤亡人数发生变化的，应当及时补报。道路交通事故、火灾事故自发生之日起 7 日内，事故造成的伤亡人数发生变化的，应当及时补报。

（6）事故发生单位负责人接到事故报告后，应当立即启动事故相应应急预案，或者采取有效措施，组织抢救，防止事故扩大，减少人员伤亡和财产损失。

6. 安全事故处理时限和权限有哪些?

1）安全事故处理时限

（1）重大事故、较大事故、一般事故，负责事故调查的人民政府应当自收到事故调查报告之日起 15 日内作出批复。

（2）特别重大事故，30 日内做出批复，特殊情况下，批复时间可以适当延长，但延长的时间最长不超过 30 日。

2）安全事故处理权限

（1）有关机关应当按照人民政府的批复，依照法律、行政法规规定的权限和程序，对事故发生单位和有关人员进行行政处罚，对负有事故责任的国家工作人员进行处分。

（2）事故发生单位应当按照负责事故调查的人民政府的批复，对本单位负有事故责任的人员进行处理。负有事故责任的人员涉嫌犯罪的，依法追究刑事责任。事故发生单位应当认真吸取事故教训，落实防范和整改措施，防止事故再次发生。防范和整改措施的落实情况应当接受工会和职工的监督。

（3）安全生产监督管理部门和负有安全生产监督管理职责的有关部门应当对事故发

生单位落实防范和整改措施的情况进行监督检查。

（4）事故处理的情况由负责事故调查的人民政府或者其授权的有关部门、机构向社会公布，依法应当保密的除外。

第五节　施工企业安全生产管理法律责任

1.《中华人民共和国安全生产法》中有关施工企业安全生产管理的法律责任有哪些？

《中华人民共和国安全生产法》中对施工企业安全生产管理的法律责任有：

（1）生产经营单位的决策机构、主要负责人或者个人经营的投资人不依照本法规定保证安全生产所必需的资金投入，致使生产经营单位不具备安全生产条件的，责令限期改正，提供必需的资金；逾期未改正的，责令生产经营单位停产停业整顿。有以上违法行为，导致发生生产安全事故的，对生产经营单位的主要负责人给予撤职处分，对个人经营的投资人处二万元以上二十万元以下的罚款；构成犯罪的，依照刑法有关规定追究刑事责任。

（2）生产经营单位的主要负责人未履行本法规定的安全生产管理职责的，责令限期改正；逾期未改正的，处二万元以上五万元以下的罚款，责令生产经营单位停产停业整顿。

生产经营单位的主要负责人有前款违法行为，导致发生生产安全事故的，给予撤职处分；构成犯罪的，依照刑法有关规定追究刑事责任。

生产经营单位的主要负责人依照前款规定受刑事处罚或者撤职处分的，自刑罚执行完毕或者受处分之日起，五年内不得担任任何生产经营单位的主要负责人；对重大、特别重大生产安全事故负有责任的，终身不得担任本行业生产经营单位的主要负责人。

（3）生产经营单位的主要负责人未履行本法规定的安全生产管理职责，导致发生生产安全事故的，由安全生产监督管理部门依照下列规定处以罚款：①发生一般事故的，处上一年年收入百分之三十的罚款；②发生较大事故的，处上一年年收入百分之四十的罚款；③发生重大事故的，处上一年年收入百分之六十的罚款；④发生特别重大事故的，处上一年年收入百分之八十的罚款。

（4）生产经营单位的安全生产管理人员未履行本法规定的安全生产管理职责的，责令限期改正；导致发生生产安全事故的，暂停或者撤销其与安全生产有关的资格；构成犯罪的，依照刑法有关规定追究刑事责任。

（5）生产经营单位有下列行为之一的，责令限期改正，可以处五万元以下的罚款；逾期未改正的，责令停产停业整顿，并处五万元以上十万元以下的罚款，对其直接负责的主管人员和其他直接责任人员处一万元以上二万元以下的罚款：①未按照规定设置安全生产管理机构或者配备安全生产管理人员的；②危险物品的生产、经营、储存单位以及矿山、金属冶炼、建筑施工、道路运输单位的主要负责人和安全生产管理人员未按照规定经考核合格的；③未按照规定对从业人员、被派遣劳动者、实习学生进行安全生产教育和培训，或者未按照规定如实告知有关的安全生产事项的；④未如实记录安全生产教育和培训情况的；⑤未将事故隐患排查治理情况如实记录或者未向从业人员通报的；⑥未按照规定制订生产安全事故应急救援预案或者未定期组织演练的；⑦特种作业人员未按照规定经专门的安全作业培训并取得相应资格，上岗作业的。

（6）生产经营单位未采取措施消除事故隐患的，责令立即消除或者限期消除；生产经营单位拒不执行的，责令停产停业整顿，并处十万元以上五十万元以下的罚款，对其直接负责的主管人员和其他直接责任人员处二万元以上五万元以下的罚款。

（7）生产经营单位与从业人员订立协议，免除或者减轻其对从业人员因生产安全事故伤亡依法应承担的责任的，该协议无效；对生产经营单位的主要负责人、个人经营的投资人处二万元以上十万元以下的罚款。

（8）生产经营单位的从业人员不服从管理，违反安全生产规章制度或者操作规程的，由生产经营单位给予批评教育，依照有关规章制度给予处分；构成犯罪的，依照刑法有关规定追究刑事责任。

（9）违反本法规定，生产经营单位拒绝、阻碍负有安全生产监督管理职责的部门依法实施监督检查的，责令改正；拒不改正的，处二万元以上二十万元以下的罚款；对其直接负责的主管人员和其他直接责任人员处一万元以上二万元以下的罚款；构成犯罪的，依照刑法有关规定追究刑事责任。

（10）生产经营单位的主要负责人在本单位发生生产安全事故时，不立即组织抢救或者在事故调查处理期间擅离职守或者逃匿的，给予降级、撤职的处分，并由安全生产监督管理部门处上一年年收入百分之六十至百分之一百的罚款；对逃匿的处十五日以下拘留；构成犯罪的，依照刑法有关规定追究刑事责任。

生产经营单位的主要负责人对生产安全事故隐瞒不报、谎报或者迟报的，依照前条规定处罚。

2.《建设工程安全生产管理条例》中有关施工企业安全生产管理的法律责任有哪些？

（1）违反本条例的规定，施工单位有下列行为之一的，责令限期改正；逾期未改正的，责令停业整顿，依照《中华人民共和国安全生产法》的有关规定追究刑事责任：①未设立安全生产管理机构、配备专职安全生产管理人员或者分部分项施工时无专职安全生产管理人员现场监督的；②施工单位的主要负责人、项目负责人、专职安全生产管理人员、作业人员或者特种作业人员，未经安全教育培训或者经考核不合格即从事相关工作的；③未在施工现场的危险部位设置明显的安全警示标志，或者未按照国际有关规定在施工现场设置消防通道、消防水源，配备消防设施和灭火器材的；④未向作业人员提供安全防护用具和安全防护服装的；⑤未按照规定在施工起重机械和整体提升脚手架、模板等自升式架设设施验收合格后登记的；⑥使用国际明令淘汰、禁止使用的危及施工安全的工艺、设备、材料的。

（2）违反本条例的规定，施工单位挪用列入建设工程概算的安全生产作业环境及安全施工措施所需的费用的，责令限期改正，处挪用费用20%以上50%以下的罚款；造成损伤的，依法承担赔偿责任。

（3）违反本条例的规定，施工单位有下列行为之一的，责令限期改正；逾期未改正的，责令停业整顿，并处5万元以上10万元以下的罚款；造成重大安全事故，构成犯罪的，对直接责任人员，依照刑法有关规定追究刑事责任：①施工前未对有关安全施工的技术要求作出详细说明的；②未根据不同施工阶段和周围环境及季节、气候的变化，在施工现场采取相应的安全措施，或者在城市市区的建设工程的施工现场未实行封闭围挡的；③在尚未竣工的建筑物内设置员工集体宿舍的;④施工现场临时搭建的建筑物不符合安全使用要求的;⑤未对因建设工程施工可能造成损害的毗邻建筑物、构筑物和地下管线等采取专项防护措施的。施工单位有前款规定第④项、第⑤项行为,造成损失的,依法承担赔偿责任。

（4）违反本条例规定,施工单位有下列行为之一的,责令限期改正;逾期未改正的,责令停业整顿,并处 10 万元以上 30 万元以下的罚款;情节严重的,降低资质等级,直至吊销资质证书;造成重大安全事故,构成犯罪的,对直接责任人员,依照刑法有关规定追究刑事责任;造成损失的,依法承担赔偿责任:①安全防护用具、机械设备、施工机具及配件在进入施工现场前未经查验或者检查不合格即投入使用的;②使用未经验收或者不合格的施工起重机械和整体提升脚手架、模板等自升式架设设施的;③委托不具有相应资质的单位承担施工现场安装,拆卸施工起重机械和整体提升脚手架、模板等自升式架设设施的;④在施工组织设计中未编制安全技术措施、施工现场临时用电方案或者专项施工方案的。

（5）违反本条例的规定,施工单位的主要负责人、项目负责人未履行安全生产管理职责的,责令限期改正;逾期未改正的,责令施工单位停业整顿;造成重大安全事故、重大伤亡事故或者其他严重后果,构成犯罪的,依照刑法有关规定追究刑事责任。作业人员不服管理、违反规章制度和操作规程冒险作业造成重大伤亡事故或者其他严重后果,构成犯罪的,依照刑法有关规定追究刑事责任。

施工单位的主要负责人、项目负责人有前款违法行为,尚不够刑事处罚的,处 2 万元以上 20 万元以下的罚款或者按照管理权限给予撤职处分;自刑罚执行完毕或者处分之日起,5 年内不得担任任何施工单位的主要负责人、项目负责人。

（6）施工单位取得资质证书后,降低安全生产条件的,责令限期改正;经整改仍未达到与其资质等级相适应的安全生产条件的,责令停业整顿,降低其资质等级直至吊销资质证书。

3. 违反《安全生产许可证条例》的法律责任有哪些？

（1）未取得安全生产许可证擅自进行生产的,责令停止生产,没收违法所得,并处 10 万元以上 50 万元以下的罚款;造成重大事故或者其他严重后果,构成犯罪的,依法追究刑事责任。

（2）安全生产许可证有效期满未办理延期手续,继续进行生产的,责令停止生产,限期补办延期手续,没收违法所得,并处 5 万元以上 10 万元以下的罚款;逾期仍不办理延期手续,继续进行生产的,依照（1）条的规定处罚。

（3）转让安全生产许可证的,没收违法所得,处 10 万元以上 50 万元以下的罚款,并吊销其安全生产许可证;构成犯罪的,依法追究刑事责任;接受转让的、冒用安全生产许可证或者使用伪造的安全生产许可证的,依照（1）条的规定处罚。

第七章　建设工程水土保持

第一节　水土保持概述及相关法律

1. 什么是水土保持？

水土保持是指对自然因素和人为活动造成水土流失所采取的预防和治理措施。其作用对象不仅指土地资源，还包括水资源，保持的内涵不只是保护，还包括改良与合理利用。水土保持是一项适应自然、改造自然的战略性措施，也是合理利用水土资源的必要途径；水土保持工作不仅是人类对自然界水土流失原因和规律认识的概括总结，也是人类改造自然和利用自然能力的体现。

2. 什么是国家级水土流失重点防治区？

国家级水土流失重点防治区，是水利部为了明确国家级水土流失防治重点，实施分区防治战略，分类指导，有效地预防和治理水土流失，促进经济社会的可持续发展而划定的，包括重点预防保护区、重点监督区和重点治理区等。

水土流失重点防治区按国家、省、县三级划分，具体范围由县级以上人民政府水行政主管部门提出，报同级人民政府批准并公告。

3. 我国水土流失及重点防治区划定情况如何？

水利部全国第二次土壤侵蚀遥感调查成果显示，我国水土流失分布范围广、类型多、流失强度大，流失面积分布由东向西递增，其中西北地区是全国风力侵蚀最严重的地区，主要分布在新疆、内蒙古、甘肃、青海等省区。

根据《中华人民共和国水土保持法》及《中华人民共和国水土保持法实施条例》有关规定，在《全国水土保持规划纲要》《全国生态环境建设规划》和全国第二次土壤侵蚀遥感调查成果的基础上，水利部划定了 42 个国家级水土流失重点防治区（包括重点预防保护区、重点监督区、重点治理区），面积 222.98 万平方公里。

1）重点预防保护区

共 16 个，包括大兴安岭、呼伦贝尔、长白山、滦河、黑河绿洲、塔里木河绿洲、子午岭、六盘山、三江源、金沙江上游、岷江上游、汉江上游、桐柏山、大别山、新安江、湘资沅上游和东江上游等预防保护区，总面积 97.63 万平方公里，其中水土流失面积 29.45 万平方公里。本区目前水土流失较轻，林草覆盖度较高，但存在水土流失加剧的潜在危险，主要为次生林区、草原区、重要水源区、萎缩的自然绿洲区等。要坚持预防为主、保护优先的方针，建立健全管护机构，制订有力措施，强化监督管理。要实施封山禁牧、舍饲养畜、草场封育轮牧、生态修复、大面积保护等措施，坚决限制开发建设活动，有效避免人为破坏，保护植被和生态。

2）重点监督区

共7个,包括辽宁冶金煤矿、晋陕蒙接壤煤炭、陕甘宁蒙接壤石油天然气、豫陕晋接壤有色金属、东南沿海、新疆石油天然气开发监督区和三峡库区监督区,总面积30.60万平方公里,其中水土流失面积17.98万平方公里。本区资源开发和基本建设活动较集中和频繁,损坏原地貌易造成水土流失,水土流失危害后果较为严重,主要为矿山集中开发区、石油天然气开采区、特大型水利工程库区、交通能源等基础设施建设区以及在建的国家特大型工程区。要依法实施重点监督,加强执法检查,加大宣传力度,增强法制观念,有法必依,违法必究。开发建设项目必须依法编报水土保持方案,贯彻执行水土保持"三同时"制度,依靠社会和企业的力量,遏制人为造成新的水土流失。

3）重点治理区

共19个,包括东北黑土地、西辽河大凌河中上游、永定河、太行山、河龙区间多沙粗沙、泾河北洛河上游、祖厉河渭河上游、湟水洮河中下游、伊洛河三门峡库区、沂蒙山、嘉陵江上中游、丹江口水源区、三峡库区、金沙江下游、乌江赤水河上中游、湘资沅澧中游、赣江上游、珠江南北盘江和红河上中游重点治理区,总面积108.88万平方公里,其中水土流失面积59.31万平方公里。本区原生的水土流失较为严重,对当地和下游造成严重水土流失危害,主要为大江、大河、大湖的中上游地区。要调动社会各方面的积极性,依靠政策、投入、科技,开展水土流失综合治理,改善生态环境,改善当地生产条件,提高群众生产和生活水平。

4. 水土保持工作应坚持什么方针?

水土保持工作实行"预防为主、保护优先,全面规划、综合治理,因地制宜、突出重点,科学管理、注重效益"的方针。

县级以上人民政府应当加强对水土保持工作的统一领导,将水土保持工作纳入本级国民经济和社会发展规划,对水土保持规划确定的任务,安排专项资金,并组织实施。水土流失防治区的地方人民政府应当实行水土流失防治目标责任制。

国务院水行政主管部门主管全国的水土保持工作。国务院水行政主管部门在国家确定的重要江河、湖泊设立的流域管理机构,在所管辖范围内依法承担水土保持监督管理职责。

5. 什么是水土保持工作的"三同时"?

水土保持设施应当与主体工程同时设计、同时施工、同时投产使用;生产建设项目竣工验收,应当验收水土保持设施;水土保持设施未经验收或验收不合格的,生产建设项目不得投产使用。

6. 水土保持相关法律法规及规范有哪些?

主要有:《中华人民共和国水土保持法》(2010年中华人民共和国主席令第39号)、《中华人民共和国水土保持法实施条例》(2011年1月8日修正版)、《开发建设项目水土保持方案管理办法》(水利部、国家计委、国家环保局水保〔1994〕513号)、《开发建设项目水土保持技术规范》(GB 50433—2008)、《开发建设项目水土流失防治标准》(GB 50434—2008)等。

第二节 水土保持工作及防治目标

1. 如何编制水土保持规划?

(1)水土保持规划应当在水土流失调查结果及水土流失重点预防区和重点治理区划定的基础上,遵循统筹协调、分类指导的原则编制。

(2)水土保持规划的内容应包括水土流失状况,水土流失类型区划分,水土流失防治目标、任务和措施等。

(3)水土保持规划包括对流域或区域预防和治理水土流失、保护和合理利用水土资源作出的整体部署,以及根据整体部署对水土保持专项工作或特定区域预防和治理水土流失作出的专项部署。

(4)水土保持规划应当与土地利用总体规划、水资源规划、城乡规划和环境保护规划等相协调。

(5)编制水土保持规划,应当征求专家和公众的意见。

2. 水土流失分区防治内容有哪些?

水土流失分区防治内容包括:

(1)对水土流失轻微、植被覆盖度较高,存在潜在水土流失危险的区域,实施重点预防保护,坚持"预防为主,保护优先"的方针,实施大面积保护。

(2)对开发建设项目比较集中的区域,实施重点监督管理,严格执行开发建设项目,必须依法编报水土保持方案,严格执行"三同时"制度,实行"谁开发谁保护,谁造成水土流失谁治理,谁利用谁补偿"的原则,遏制人为造成的新的水土流失。

(3)对水土流失十分严重的地区,如长江、黄河上中游地区和风沙区,实施重点治理,开展水土保持生态环境建设和退耕还林,以小流域为单元,山水田林路统一规划、综合治理,同时发挥生态的自我修复能力。

(4)水力侵蚀区实施集中连片和规模治理,风力侵蚀区重点治理水蚀风蚀交错区,在沙漠边缘地区以草、灌为主,构筑防沙屏障,建设防风固沙林网。在草原区以草定畜,加强围栏和人工草地建设,实行轮封轮牧,推广舍饲养畜。在内河流域合理安排生态用水,恢复绿洲生态。

3. 建设项目对水土保持有什么影响?

任何一项开发建设项目,都会不同程度扰动地貌、损坏土地和植被、破坏土壤结构,使土体的抗蚀力、抗冲力减弱,在外营力(自然和人为)的作用下,都会造成水土流失。水土流失破坏了水土资源、基础设施,加剧洪涝灾害,不利于生态建设和地区经济的可持续发展。具体表现为:

(1)**破坏水土资源:**水土流失使土壤有机质流失,肥力下降,土地生产力下降,使农业减产或弃耕,耕地和可利用的土地资源减少,加剧了人、地、水之间的矛盾。

(2)**损坏基础设施:**工程防护不够(高开挖边坡、高填方地段),在暴雨、重力等作用下,容易产生塌方或泥石流,冲毁道路、水利等基础设施。

(3)**加剧洪涝灾害:**水土流失造成附近河道、水库泥沙量增加,防洪能力降低,加剧了洪涝灾害,直接影响着人民生命财产的安全。

(4)恶化生态环境:林草植被的减少,群落退化,植物生长条件劣化,使项目建设区周边区域的生态环境遭到破坏。

4.编制水土保持方案的目的和意义是什么?

根据《中华人民共和国水土保持法》和《开发建设项目水土保持方案管理办法》的有关规定,开发建设项目在可行性研究阶段编制水土保持方案,制定并实施有效的防治措施,使项目建设新增水土流失得到有效控制,生态环境得到改善;同时也能促进有关法律规定的落实,使建设单位的法定义务真正落到实处;还能为主体工程的设计、施工及有关主管部门审查提供科学依据。

5.水土保持方案编制原则有哪些?

(1)贯彻执行有关水土保持的法律、法规和条例,严格按照有关技术规范规程及标准进行设计。

(2)按照"谁开发谁保护,谁造成水土流失谁治理,谁利用谁补偿"的原则,合理界定工程的水土流失防治责任范围。

(3)坚持"预防为主,全面规划"的原则。在明确水土流失防治责任范围的基础上,根据各施工部位水土流失特点划分水土流失防治分区,全面规划、合理布设水土保持措施。

(4)对主体工程设计进行全面评价,分析主体设计中具有水土保持功能设施的水土保持效果,并作必要的补充和完善。在保证实现水土流失治理目标的前提下,避免重复建设和节省投资。

(5)按照"重点防治与一般防治相结合"的原则,根据工程可能造成的水土流失量的预测分析,确定本工程水土流失重点防治区域,依据"重点治理与一般防护相结合"的原则布设水土保持措施,同时水土保持方案要与当地水土保持规划相结合。

(6)弃渣和堆土要坚持"先挡后弃,边弃边防"的原则,拦挡工程必须先砌筑,并及时对边坡进行防护,弃渣完成后要及时进行覆土整治绿化。

(7)植物措施根据立地条件,坚持"适地适树"的原则。

(8)按照"三同时"原则,水土保持方案是工程设计的重要组成部分,应服务于主体工程的建设,水土保持设施应该与主体工程同时设计、同时施工、同时投产使用。

(9)坚持"可持续发展"的原则,将水土保持与环境绿化、美化相结合,治理和开发相结合,实现生态效益、经济效益和社会效益的同步发展。

6.水土保持工程建设管理基本模式是什么?

(1)水土保持工程参照基本建设项目管理程序管理。申请实施的项目必须以省级政府确认的水土保持规划为指导,以小流域为单元,采取综合措施,集中连片,规模治理。

(2)水土保持工程原则上以县为单位,按项目区组织实施,由具有相应资质的规划设计单位,编制项目可行性研究报告(含水土保持方案),并按现行基本建设程序的有关要求审批。水土保持工程的初步设计根据各省(自治区、直辖市)惯例,由省级投资计划主管部门或水利部门负责审批。初步设计审批后,工程方可开工建设。

(3)经审批的项目,如性质、规模、建设地点等发生变化时,项目单位或个人应及时修改水土保持方案,并按照本规定的程序报原批准单位审批。

(4)工程建设应当依据国家有关规定,推行项目法人责任制(或责任主体制)、工程建设监理制和合同制,因地制宜推行招标投标制。

(5)水土保持工程验收分年度验收和竣工验收。

第三节　黄河防洪工程建设水土保持

1. 黄河防洪工程水土流失防治责任范围有哪些?

黄河防洪工程水土流失防治责任范围包括项目建设区和直接影响区两个部分:①项目建设区主要指工程永久征地区、工程护堤地和护坝地区、施工临时占地区和移民安置区;②直接影响区主要指项目建设区以外,因施工建设等活动直接造成水土流失及危害的区域。

2. 黄河防洪工程水土流失直接影响区怎样划定?

答:黄河防洪工程主体工程直接影响区范围一般不超出工程保护地,因此不计影响区面积,直接影响区一般按以下划定:①土料场区直接影响区按土料场周边外延 5 m 划定;②弃渣场区位于主体工程护堤地、控导护坝地内,施工影响区按照渣场靠耕地侧单边外延 3 m 划定;③施工道路两侧按各外延 1 m 划定;④施工生产生活区影响区按区域周边外延 2.50 m 划定;⑤放淤其他占压区的排泥管线、退水渠等临时工程占地按外延 1 m 划定;⑥移民安置区按照安置区周边外延 3 m 划定。

3. 水土保持的主要措施有哪些?

水土保持的主要措施有工程措施、生物措施和蓄水保土措施。

1)工程措施

工程措施是指防止水土流失危害,保护和合理利用水土资源而修筑的各项工程设施,包括治坡工程(各类梯田、台地、水平沟、鱼鳞坑等)、治沟工程(如淤地坝、拦沙坝、谷坊、沟头防护工程等)和小型水利工程(如水池、水窖、排水系统和灌溉系统等)。

2)生物措施

生物措施是指为防止水土流失,保护与合理利用水土资源,采取造林种草及管护的办法,增加植被覆盖率,维护和提高土地生产力的一种水土保持措施。主要包括造林、种草和封山育林、育草。

3)蓄水保土措施

蓄水保土措施是以改变坡面微小地形,增加植被覆盖或增强土壤有机质抗蚀力等方法,保土蓄水,改良土壤,以提高农业生产的技术措施。如等高耕作、等高带状间作、沟垄耕作、少耕、免耕等。

4. 水土保持措施项目的主要建设任务及内容有哪些?

水土保持措施项目分为主体工程中具备水土保持功能的措施项目和新增水土保持措施项目两个方面的内容。

1)具备水土保持功能的措施项目

水土流失重点防治区域是主体工程区、土料场区、弃渣场区、施工道路区、施工生产生活区、放淤及其他临时占地区、移民安置防治区。

A. 主体工程区

（1）工程措施：主要包括堤顶道路硬化、堤防排水等工程，能够有效防止水土流失，满足水土保持要求，不再新增水土保持措施。

（2）植物措施：主要包括行道林、适生林、护堤林、草皮护坡等生态防洪工程，具有很好的水土保持功能，不再新增水土保持措施。

B. 土料场区

根据施工需要，土料场分为两种类型，一类为放淤料场，另一类为堤防工程包边盖顶、填筑等施工用的土料场。放淤料场位于临河嫩滩，雨季或来洪后该区域一般自行复淤，不考虑新增水土保持措施。

土料场的开挖造成了区域地表、植被的严重破坏。在料场开挖过程中，主体施工组织设计中未要求土料场边坡放缓，开挖后土料场周边形成直立陡坡，在雨水的冲蚀下，疏松的土质极易形成坍塌，造成水土流失，因此需新增设水土保持措施进行防治。由于本工程土料场取土深度较浅，设计采用工程削坡措施对土料场陡坡进行修整，形成可耕作坡面，同时新增临时挡水埂、临时拦挡、土地复垦等项措施对土料场进行防护。土料场土地复垦措施由移民专项负责。

（1）工程措施：土料场削坡。

（2）植物措施：挡水埂撒播草籽、土地复垦。

（3）临时措施：挡水埂、临时拦挡。

C. 弃渣场

弃渣场防治区是水土流失防治的重点区域。大量的松散弃渣堆积在工程护堤、护坝地内，不但对区域的生态环境造成恶劣影响，而且松散的弃土流失后也将对周边的农田、村庄造成很大的危害。本区主体工程设计了渣顶植树防护措施，水土保持新增防护措施为弃渣场顶部、边坡修整，弃渣场顶部临空侧修筑挡水子埝及弃渣场坡脚修筑永久排水等。挡水子埝能起到稳渗、保水和防冲刷的作用，坡脚排水对坡面汇流进行疏导并防止冲蚀周边农田。弃渣场修整至稳定坡角后进行植物措施防护，结合黄河已有的工程经验，弃渣场顶部撒播草籽，边坡栽植草种为耐旱型的葛笆草护坡，能起到很好的水土保持作用。

（1）工程措施：弃渣场整治、排水沟、挡水子埝。

（2）植物措施：弃渣场坡面植草，弃渣场顶部撒播草籽。

D. 施工道路区

施工期由于车辆、机械频繁碾压，对路面造成严重土壤板结，不易下渗，很容易形成雨水集聚，侵蚀路面影响施工的现象。针对施工道路区的具体情况，新增临时排水措施。

E. 施工生产生活区

主体工程对施工前期的场地整治及施工结束后的场地清理进行了设计。为改善场区的环境条件、防止径流集中造成水蚀，新增场区临时排水措施。

（1）工程措施：土地整治、场地清理、土地复垦。

（2）临时措施：临时排水沟。

F. 放淤及其他临时占地区

主要为放淤输泥管线、截渗沟、退水渠占压，新增水土保持防护措施对开挖的弃土进行平整,防止水土流失。

工程措施:土地整治。

G. 移民安置防治区

移民安置区基建施工过程中应加强水土流失防治工作,区域布置排水设施,预防雨水、径流造成面蚀,布置场地周边、主街绿化措施,改善生态环境。

2)新增水土保持措施项目

水土流失重点防治区域是土料场区、弃渣场区、施工临时道路区、施工生产生活区和放淤其他临时占地区。

A. 土料场防治区

(1)工程措施:主要采用土料场削坡,即土料场在开挖后周边形成直立陡坡,容易形成坍塌,造成水土流失,本次工程设计采用工程削坡措施对土料场周边的立陡边坡进行修整,形成可耕作坡面。设计考虑到土地复耕要求,土料场边坡坡度应小于1:3。

(2)临时措施:①对堆放的剥离表土布设临时拦挡措施防护,临时拦挡采用填筑袋装土摆放在堆土的四周,袋装土土源直接取用剥离表土,单个装土袋长0.8 m、宽0.5 m、高0.25 m,拦挡高度按照三层摆放,摆放后拦挡断面面积为0.45 m²。为保证摆放稳定,底层袋装土应垂直堆土放置,第二、三层平行于堆土放置。土料场剥离表土堆放高度3 m,边坡1:1,由表层土剥离量计算出土料场需临时拦挡的长度。②为防止降雨时土料场周围的汇水携带泥沙流入、冲刷取土坑,在土料场外侧人工修筑高0.30 m、顶面宽0.30 m、边坡为1:1的临时挡水埂。

(3)植物措施:挡水埂撒播草籽。

B. 弃渣场防治区

(1)工程措施:①采用推土机对渣场进行平整,平整后顶面坡度应小于5°,边坡修整至1:1.75,以满足边坡稳定条件。②弃渣场坡脚布设排水沟,排水沟与周边沟渠相结合,对坡面汇水进行疏导,防止雨水乱流。排水沟采用梯形断面,断面底宽0.30 m,沟深0.40 m,边坡比1:0.5,内部采用预制混凝土块砌筑,厚度5 cm。③弃渣场顶部子埝:在弃渣场顶部临空侧修筑挡水子埝,用于约束弃渣场顶部雨水,起到稳渗、保水和防冲刷的作用。设计弃渣场顶部子埝高0.15 m,顶宽0.5 m,内坡1:2,外坡1:75。

(2)植物措施:①弃渣场边坡人工植草。弃渣场经过土地平整,边坡修整,形成稳定坡角后进行植草护坡。植草选择适宜当地生长的耐旱、易活的葛笆草,墩距0.2 m,梅花形布置。②弃渣场撒播。除弃渣场边坡植草面积外,其余渣场面积采取草籽撒播方式,草籽选用紫花苜蓿或狗芽根,撒播密度65 kg/hm²。③弃渣场顶部植树。对于主体工程没有设计植树的弃渣场,在弃渣场顶面按照2 m×3 m规格种植柳树。

C. 施工道路防治区

施工道路两侧设置临时排水沟,临时排水沟与周边沟渠相结合,对路面汇水进行疏导,防止道路两侧地面侵蚀。临时排水沟采用土沟形式,内壁夯实,断面采用梯形断面,断面底宽0.40 m,沟深0.40 m,边坡比1:1。

D. 施工生产生活防治区

施工生产生活区四周布设临时排水沟与周边沟渠相结合对路面汇水进行疏导,防止地面侵蚀。排水沟采用土沟形式,内壁夯实,梯形断面,断面底宽 0.40 m,沟深 0.40 m,边坡比 1∶1。

E. 放淤其他临时占地防治区

采用人工对放淤输泥管线、截渗沟、退水渠开挖的弃土进行平整。

F. 移民安置防治区

移民安置规划中对集中安置的居民点进行了场地平整、区域排水等水土保持措施设计,新增水土持保设计主要为居民点周边及主街布设绿化措施,防止水土流失。设计在房台周围撒播草籽,草籽选用紫花苜蓿或狗芽根,撒播密度 65 kg/hm²;对于居民点主要街道两侧种植绿化树,植树株距为 2 m。

第四节　有关法律责任

1. 违反水土保持有关法律法规应负的法律责任有哪些?

(1)水行政主管部门或者其他依照本法规定行使监督管理权的部门,不依法作出行政许可决定或者办理批准文件的,发现违法行为或者接到对违法行为的举报不予查处的,或者有其他未依照本法规定履行职责的行为的,对直接负责的主管人员和其他直接责任人员依法给予处分。

(2)违反本法规定,在崩塌、滑坡危险区或者泥石流易发区从事取土、挖砂、采石等可能造成水土流失的活动的,由县级以上地方人民政府水行政主管部门责令停止违法行为,没收违法所得,对个人处一千元以上一万元以下的罚款,对单位处二万元以上二十万元以下的罚款。

(3)违反本法规定,在禁止开垦坡度以上陡坡地开垦种植农作物,或者在禁止开垦、开发的植物保护带内开垦、开发的,由县级以上地方人民政府水行政主管部门责令停止违法行为,采取退耕、恢复植被等补救措施;按照开垦或者开发面积,可以对个人处每平方米二元以下的罚款、对单位处每平方米十元以下的罚款。

(4)违反水土保持法规定,毁林、毁草开垦的,依照《中华人民共和国森林法》《中华人民共和国草原法》的有关规定处罚。

(5)违反本法规定,采集发菜,或者在水土流失重点预防区和重点治理区铲草皮、挖树兜、滥挖虫草、甘草、麻黄等的,由县级以上地方人民政府水行政主管部门责令停止违法行为,采取补救措施,没收违法所得,并处违法所得一倍以上五倍以下的罚款;没有违法所得的,可以处五万元以下的罚款。

在草原地区有前款规定违法行为的,依照《中华人民共和国草原法》的有关规定处罚。

(6)在林区采伐林木不依法采取防止水土流失措施的,由县级以上地方人民政府林业主管部门、水行政主管部门责令限期改正,采取补救措施;造成水土流失的,由水行政主管部门按照造成水土流失的面积处每平方米二元以上十元以下的罚款。

(7)违反本法规定,有下列行为之一的,由县级以上人民政府水行政主管部门责令停止违法行为,限期补办手续;逾期不补办手续的,处五万元以上五十万元以下的罚款;对生产建设单位直接负责的主管人员和其他直接责任人员依法给予处分：①依法应当编制水土保持方案的生产建设项目，未编制水土保持方案或者编制的水土保持方案未经批准而开工建设的；②生产建设项目的地点、规模发生重大变化，未补充、修改水土保持方案或者补充、修改的水土保持方案未经原审批机关批准的；③水土保持方案实施过程中，未经原审批机关批准，对水土保持措施作出重大变更的。

（8）违反本法规定，水土保持设施未经验收或者验收不合格将生产建设项目投产使用的，由县级以上人民政府水行政主管部门责令停止生产或者使用，直至验收合格，并处五万元以上五十万元以下的罚款。

（9）违反本法规定，在水土保持方案确定的专门存放地以外的区域倾倒砂、石、土、矸石、尾矿、废渣等的，由县级以上地方人民政府水行政主管部门责令停止违法行为，限期清理，按照倾倒数量处每立方米十元以上二十元以下的罚款；逾期仍不清理的，县级以上地方人民政府水行政主管部门可以指定有清理能力的单位代为清理，所需费用由违法行为人承担。

（10）违反本法规定，开办生产建设项目或者从事其他生产建设活动造成水土流失，不进行治理的，由县级以上人民政府水行政主管部门责令限期治理；逾期仍不治理的，县级以上人民政府水行政主管部门可以指定有治理能力的单位代为治理，所需费用由违法行为人承担。

（11）违反本法规定，拒不缴纳水土保持补偿费的，由县级以上人民政府水行政主管部门责令限期缴纳；逾期不缴纳的，自滞纳之日起按日加收滞纳部分万分之五的滞纳金，可以处应缴水土保持补偿费三倍以下的罚款。

（12）违反本法规定，造成水土流失危害的，依法承担民事责任；构成违反治安管理行为的，由公安机关依法给予治安管理处罚；构成犯罪的，依法追究刑事责任。

第八章 建设工程环境保护

第一节 环境保护概述及相关法律

1. 什么是环境和环境保护?

环境既包括大气、水、土壤、植物、动物、微生物等自然因素,也包括观念、制度、行为准则等社会因素。本章所指环境主要指自然环境。环境保护是人类为解决现实或潜在的环境问题,协调人类与环境的关系,保障经济社会的可持续发展而采取的各种行动的总称。其方法和手段有工程技术的、行政管理的,也有法律的、经济的、宣传教育的等。环境保护是人类有意识地保护自然资源并使其得到合理的利用,防止自然环境受到污染和破坏。对受到污染和破坏的环境做好综合的治理,以创造出适合于人类生活、工作的环境,协调人与自然的关系,让人们做到与自然和谐相处。

2. 环境保护的主要内容是什么?

环境保护主要有以下三个方面的内容:

1)防止污染

包括防治工业生产排放的"三废"(废水、废气、废渣)、粉尘、放射性物质,以及产生的噪声、振动、恶臭和电磁微波辐射,交通运输活动产生的有害气体、液体、噪声,海上船舶运输排出的污染物,工农业生产和人民生活使用的有毒有害化学品,城镇生活排放的烟尘、污水和垃圾等造成的污染。

2)防止破坏

包括防止由大型水利工程、铁路、公路干线、大型港口码头、机场和大型工业项目等工程建设对环境造成的污染和破坏,农垦和围湖造田活动、海上油田、海岸带和沼泽地的开发、森林和矿产资源的开发对环境的破坏和影响,新工业区、新城镇的设置和建设等对环境的破坏、污染和影响。

3)自然保护

包括对珍稀物种及其生活环境、特殊的自然发展史遗迹、地质现象、地貌景观等提供有效的保护。另外,城乡规划、控制水土流失和沙漠化、植树造林、控制人口的增长和分布、合理配置生产力等,也都属于环境保护的内容。环境保护已成为当今世界各国政府和人民的共同行动和主要任务之一。中国则把环境保护宣布为中国的一项基本国策,并制定和颁布了一系列环境保护的法律、法规,以保证这一基本国策的贯彻执行。

3. 环境保护相关法律法规有哪些?

主要有:《中华人民共和国环境保护法》(2014 年中华人民共和国主席令第 9 号);《中华人民共和国水法》(2002 年中华人民共和国主席令第 74 号);《中华人民共和国水污染防治法》(2008 年中华人民共和国主席令第 87 号);《中华人民共和国大气污染防治

法》(2015年中华人民共和国主席令第31号);《中华人民共和国环境噪声污染防治法》(1996年中华人民共和国主席令第77号);《中华人民共和国固体废物污染环境防治法》(2004年中华人民共和国主席令第31号);《中华人民共和国土地管理法》(2004年中华人民共和国主席令第28号);《建设项目环境保护管理条例》(1998年国务院令第253号);《中华人民共和国水污染防治法实施细则》(2000年国务院令第284号)。

4.环境保护"三同时"是什么?

环境保护"三同时"是指建设项目需要配套建设的环境保护设施,必须与主体工程同时设计、同时施工、同时投产使用。

《建设项目环境保护管理条例》规定:

(1)建设项目的初步设计,应当按照环境保护设计规范的要求,编制环境保护篇章,并依据经批准的建设项目环境影响报告书或环境影响报告表,在环境保护篇章中落实防治环境污染和生态破坏的措施及环境保护设施投资概算。

(2)建设项目的主体工程完工后,需要进行试生产的,其配套建设的环境保护设施必须与主体工程同时投入试运行。

(3)建设项目竣工后,建设单位应当向审批该建设项目环境影响报告书、环境影响报告表或环境影响登记表的环境保护行政主管部门,申请该建设项目需要配套建设的环境保护设施竣工验收;环境保护设施竣工验收,应当与主体工程竣工验收同时进行。

(4)需要进行试生产的建设项目,建设单位应当自建设项目投入试生产之日起3个月内,向审批该建设项目环境影响报告书、环境影响报告表或者环境影响登记表的环境保护行政主管部门,申请该建设项目需要配套建设的环境保护设施竣工验收。

(5)分期建设、分期投入生产或使用的建设项目,其相应的环境保护设施应当分期验收。

(6)建设项目需要配套建设的环境保护设施经验收合格,该建设项目方可正式投入生产或使用。

第二节　环境质量标准

1.什么是环境质量标准?

环境质量标准是国家为保护人类健康和生存环境,对污染物(或有害因素)容许含量(或要求)所作的规定,它体现了国家的环境保护政策和要求,是衡量环境是否受到污染的尺度,是环境规划、环境管理和制订污染物排放标准的依据。环境质量标准按环境要素分为水质量标准、大气质量标准、土壤质量标准和生物质量标准四类,每一类又按不同用途或控制对象分为各种质量标准。

2.防洪工程建设常用环境质量标准有哪些?

1)水质量标准

水质量标准按水体类型分为地面水质量标准、海水质量标准和地下水质量标准等;按水资源的用途分为生活饮用水水质标准、渔业用水水质标准、农业用水水质标准、娱乐用水水质标准和各种工业用水水质标准等。

生活饮用水水质标准:①为防止介水传染病的发生和传播,要求生活饮用水不含病原微生物;②水中所含化学物质及放射性物质不得对人体健康产生危害,要求水中的化学物质及放射性物质不引起急性和慢性中毒及潜在的远期危害(致癌、致畸、致突变作用);③水的感官性状是人们对饮用水的直观感觉,是评价水质的重要依据。生活饮用水必须确保感官良好,为人民所乐于饮用。

我国现行生活饮用水标准为卫生部和国家标准化管理委员会联合发布的强制性国家标准《生活饮用水卫生标准》(GB 5749—2006),标准中的饮用水水质指标为106项,其中微生物指标6项;饮用水消毒剂指标4项;毒理指标中无机化合物21项,有机化合物53项;感官性状和一般理化指标20项;放射性指标2项。

2)大气质量标准

大气质量标准是对大气中污染物或其他物质的最大容许浓度所作的规定。规定了大气环境中的各种污染物在一定的时间和空间范围内的容许含量。制定目的是为了控制和改善大气质量,为人民生活和生产创造清洁适宜的环境,防止生态破坏,保护人民健康,促进经济发展。这类标准反映了人群和生态系统对环境质量的综合要求,也反映了社会为控制污染危害,在技术上实现的可能性和经济上可承担的能力。大气环境质量标准是大气环境保护的目标值,也是评价污染物是否达到排放标准的依据。标准规定了一类区一般执行一级标准;二类区一般执行二类标准;三类区一般执行三类标准。标准还规定了监测分析方法和空气污染物三级标准浓度限值。一级标准:为保护自然生态和人类健康,在长期接触情况下,不发生任何危害影响的空气质量要求。二级标准:为保护人类健康和城市、乡村的动、植物,在长期和短期的情况下,不发生危害的空气质量要求。三级标准:为保护人类不发生急、慢性中毒和城市一般的动、植物(敏感者除外)能正常生长的空气质量要求。

现行质量标准为《环境空气质量标准》(GB 3095—2012),列有总悬浮微粒、飘尘、SO_2、NO_x、CO 和光化学氧化剂(O_3)等项目。每一项目按照不同取值时间(日平均和任何一次)和三级标准的不同要求,分别规定了不同的浓度限量。

3)声环境质量标准

环境噪声是为保护人类健康和生存环境,对噪声容许范围所作的规定。制定原则以保护人的听力、睡眠休息、交谈思考为依据。声环境影响是种感觉性公害,原因是它不仅取决于噪声强度的大小,而且取决于受影响人当时的行为状态,并与本人的生理(感觉)与心理(感觉)因素有关。现行标准为《声环境质量标准》(GB 3096—2008),标准规定了五类声环境功能区的环境噪声限值及测量方法,适用于声环境质量评价与管理。按区域的使用功能特点和环境质量要求,声环境功能区分为以下五种类型:

(1)0类声环境功能区:指康复疗养区等需要特别安静的区域。

(2)1类声环境功能区:指以居民住宅、医疗卫生、文化教育、科研设计、行政办公为主要功能,需要保持安静的区域。

(3)2类声环境功能区:指以商业金融、集市贸易为主要功能,或者居住、商业、工业混杂,需要维护住宅安静的区域。

(4)3类声环境功能区:指以工业生产、仓储物流为主要功能,需要防止工业噪声对周围环境产生严重影响的区域。

(5)4类声环境功能区:指交通干线两侧一定距离之内,需要防止交通噪声对周围环境产生严重影响的区域,包括4a类和4b类两种类型。4a类为高速公路、一级公路、二级公路、城市快速路、城市主干路、城市次干路、城市轨道交通(地面段)、内河航道两侧区域;4b类为铁路干线两侧区域。

环境噪声限值见表8-1。

表8-1　环境噪声限值　　　　　　　　　　（单位:dB(A)）

类别	昼间	夜间
0 类	50	40
1 类	55	45
2 类	60	50
3 类	65	55
4 类(4a 类)	70	55
(4b 类)	70	60

第三节　黄河防洪工程建设环境保护

1. 黄河防洪工程建设对环境的影响有哪些?

黄河防洪工程建设活动会对周边环境产生有利和不利影响。

(1)有利影响。①防洪工程建设安排的防浪林带、行道林、草皮护坡等能够有效地增加区域植被覆盖率,净化空气,减少噪声,美化环境,保持生态平衡;②防洪工程建设进一步完善了黄河防洪体系,黄河岁岁安澜为推动周边地区经济社会又好又快发展创造良好的社会环境。

(2)主要不利影响。①施工活动对工程周边环境,如对水、气、声、生态等环境会产生不利影响,在一定程度上影响施工人员和附近村民的身体健康和正常生活。施工过程对环境的影响主要有生活污水、机械车辆检修冲洗废水、粉尘污染、噪声、生活垃圾等方面。②工程占地对当地土地资源、居民生产生活会产生不利影响。

2. 常见的环境敏感点有哪些?

黄河防洪工程建设考虑的环境敏感点分为3类:

(1)生态环境敏感点。主要有黄河湿地国家级自然保护区、鸟类国家级自然保护区,黄河湿地省级自然保护区等。

(2)水环境敏感点。主要为工程建设区域河流沿岸取水口及引黄闸。

(3)声环境、大气环境敏感点。为建设项目区附近的村庄。

3. 什么是环境影响评价? 黄河防洪工程环境影响评价应包含哪些内容?

环境影响评价是指对规划和建设项目实施后可能造成的环境影响进行分析、预测和评估,提出预防或减轻不良环境影响的对策和措施,进行跟踪监测的方法与制度。通俗说就是分析项目建成投产后可能对环境产生的影响,并提出污染防治对策和措施。我国实行建设项目环境影响评价制度。建设项目的环境影响评价工作,由取得相应资格证书的单位承担。

国家根据建设项目对环境的影响程度,按照下列规定对建设项目的环境保护实行分类管理:①建设项目对环境可能造成重大影响的,应当编制环境影响报告书,对建设项目产生的污染和对环境的影响进行全面、详细的评价;②建设项目对环境可能造成轻度影响的,应当编制环境影响报告表,对建设项目产生的污染和对环境的影响进行分析或者专项评价;③建设项目对环境影响很小,不需要进行环境影响评价的,应当填报环境影响登记表。建设项目环境保护分类管理名录,由国务院环境保护行政主管部门制定并公布。

建设项目环境影响报告书,应当包括下列内容:①建设项目概况;②建设项目周围环境现状;③建设项目对环境可能造成影响的分析和预测;④环境保护措施及其经济、技术论证;⑤环境影响经济损益分析;⑥对建设项目实施环境监测的建议;⑦环境影响评价结论。

建设项目环境影响报告表必须由具有环评资质的单位填写,其主要内容为:①建设项目基本情况;②建设项目所在地自然环境、社会环境简况及环境质量状况;③评价适用标准;④建设项目工程分析及项目主要污染物产生及预计排放情况;⑤环境影响分析;⑥建设项目的防治措施及预期治理效果;⑦结论与建议。

环境影响登记表主要内容为:①项目内容及规模;②原辅材料及主要设施规格、数量;③水及能源消耗量;④废水排水量及排放去向;⑤周围环境简况;⑥生产工艺流程简述;⑦拟采取的防治污染措施。

黄河防洪工程建设单位应当在建设项目可行性研究阶段向行业主管部门报批建设项目环境影响报告书、环境影响报告表或环境影响登记表,经行业主管部门预审后,报有审批权的环境保护行政主管部门审批,批准后建设项目方可开工建设。

建设项目环境影响报告书、环境影响报告表或环境影响登记表经批准后,建设项目的性质、规模、地点或者采用的生产工艺发生重大变化的,建设单位应当重新向行业主管部门报批建设项目环境影响报告书、环境影响报告表或环境影响登记表。

4.黄河防洪工程环境保护措施项目建设应遵循哪些原则?

环境保护应针对工程建设对环境的不利影响,将工程开发建设和地方环境规划目标结合起来,严格按照环境保护措施进行设计实施,力求实现项目区工程建设、社会、经济与环境保护协调发展。环境保护工作应遵循以下原则:①预防为主、以管促治、防治结合、因地制宜、综合治理的原则;②各类污染源治理,经污染控制处理后相关指标应达到国家规定的相应标准;③充分考虑废弃物处理后的循环利用,最大限度提高资源利用率;④应尽可能减少施工活动对环境的不利影响,力求施工结束后工程区环境质量得以恢复或改善。

5.环境保护措施项目的主要建设任务及内容有哪些?

施工过程中对环境的影响主要集中在生活污水、机械车辆检修冲洗废水、粉尘污染、噪声、生活垃圾等方面。

1)水污染控制

水污染主要来自施工期,施工期产生的废水主要有淤区退水、机械车辆检修冲洗废水、混凝土养护废水、挖泥船含油废水、施工人员生活污水等。通常采取以下措施进行控制：

（1）淤区退水。淤区退水应当严格执行工程设计中的截渗、导流措施，对排水沟渠应及时疏挖，防止淤区退水漫溢进入周边地区土壤环境中。

（2）机械车辆检修冲洗废水。在施工区主营地设置的机械修配场，布设检修平台，平台周围布设集水沟，集水沟将含油废水汇集于隔油池，排水沟断面为梯形，用浆砌石衬砌，隔油池基体由开挖筑成，四壁及池底先铺防渗膜，再用砖砌，并以水泥砂浆抹面，最后内衬树脂防腐涂料。隔油池池底挡板由砖砌构成，池壁挡板为钢板，池壁预先埋槽钢，配置油水分离器。隔油池在空置时进行人工清渣。为保证隔油池的正常工作，池体表面加盖，盖板用 C25 混凝土和 Q235 号钢筋预制，起到防火、防雨、保温及防止油气散发的作用。

检修冲洗废水处理后，石油类浓度可降至 5 mg/L 以下，悬浮物大大降低。沉淀后泥浆用于低洼处填埋，经过处理后的施工机械车辆检修冲洗废水可用于喷洒施工道路，既可有效降低施工扬尘，又解决该部分的废水排放。

（3）混凝土养护废水。对碱性混凝土养护废水的处理采用间歇式自然沉淀的方式去除易沉淀的砂粒。设置中和沉淀池对碱性废水进行处理。中和沉淀池基体由开挖筑成，四壁及池底先铺防渗膜，再用砖砌，并以水泥砂浆抹面，最后内衬树脂防腐涂料。中和沉淀池设计尺寸为 2 m×1.2 m×1.5 m（长×宽×高），壁厚 150 mm。池体表面加盖，盖板用 C25 混凝土和 Q235 号钢筋预制。由于废水中 pH 值较高，可在沉淀池中加入适量的酸调节 pH 至中性，再进行沉淀处理，上清液可循环使用，沉淀物运往附近垃圾处理厂处理。

（4）挖泥船含油废水。挖泥船在水中施工应严格遵守《中华人民共和国防治船舶污染内河水域环境管理规定》，不得向内河水域排放污染物。本工程应使用安装有油水分离器的挖泥船，防止挖泥船含油废水直接排入水体，并在挖泥船上配备废油收集桶，将废油回收处理。

（5）施工人员生活污水处理。为保证黄河水体和周围水体水质不受污染，在生活营地和施工区设立临时厕所，涉及保护区工程及河道治理工程，设立环保厕所，粪便污水采用集中外运处理。在施工营地设置食堂隔油池和生活污水沉淀池，隔油池和沉淀池基体由开挖筑成，四壁及池底先铺防渗膜，再用砖砌，并以水泥砂浆抹面，隔油池需内衬树脂防腐涂料。池体表面加盖，盖板用 C25 混凝土和 Q235 号钢筋预制。食堂隔油池分离后的废水汇合到生活污水沉淀池，污水经收集沉淀后用于场地绿化和洒水降尘，废油和沉淀后的泥浆运往垃圾场。

2）大气污染控制

大气污染废气来源有料场取土、车辆运输、混凝土生产等产生的粉尘和飘尘，主要污染物为 TSP；发电机、装载机、泥浆泵、汽车、拖拉机、挖泥船等燃油机械在运行时排放的废气，主要污染物为 SO_2、CO 和 NO_x。通常采取以下措施进行控制：

（1）尽量选用低能耗、低污染排放的施工机械，对于排放废气较多的施工机械，应安装尾气净化装置。

（2）加强施工机械、车辆的管理和维修保养，尽量减少因机械、车辆状况不佳造成的污染。

（3）应选用质量高、有害物质含量少的优质燃料，如零号柴油和无铅汽油，减少汽车尾气的排放。

（4）加强汽车运输管理，保证汽车文明、安全、中速行驶。

（5）为控制扬尘，大风天气时，尽量避免土料开挖，以免加剧扬尘。

（6）物料运输时应加强防护，适当加湿或盖上蓬布，避免漏撒。

（7）为抑制运输扬尘，应对施工道路进行洒水降尘，洒水频次应根据季节气候变化适时调整。

（8）施工过程中，在瓜果开花季节，对涉及的施工道路，应采取增加洒水次数、汽车限速行驶等措施防止对作物产量造成大的影响。

（9）施工中的临时堆土，在大风大雨时应进行遮盖。

（10）堤防淤背加固过程中出现的较为突出的飞沙对大气环境污染问题，业主和工程承包商除加强施工组织管理外，在对淤背区进行包边盖顶前，还应采取洒水、用合适覆盖物予以遮挡，或采取其他相关有效防护措施予以妥善处置。

3）噪声污染控制

施工期对声环境的影响主要包括施工机械噪声和运输车辆噪声。黄河下游两岸村庄密集，施工噪声、运输噪声会影响到施工区及道路两侧的村庄。通常采取以下措施进行控制：

（1）施工期夜间受噪声影响的村庄数量较多，要求堤防加固等工程禁止在夜间施工。

（2）黄河防洪工程一般工期较短且施工地点不固定，因此在施工噪声影响较大的区域（特别是紧邻工程区的村庄处），根据施工进度安排，设置可移动式隔声屏障，采取隔声效果较好的围护设施，一般采用单侧直板式或双侧直板式金属薄板，隔音效果好（通常隔声量为 3～10 dB），可灵活移动，并且可重复使用。布置金属薄板墙高 2.5 m。

（3）对于设置声屏障后仍然不能达标的村庄，应给予相应的噪声补偿费。

（4）所有进场施工车辆、机械设备，外排噪声指标参数必须符合相关环保标准。

（5）施工过程中要尽量选用低噪声设备，对机械设备精心养护，保持良好的运行工况，降低设备运行噪声。

（6）各施工点要根据施工期噪声监测计划对施工噪声进行监测，并根据监测结果调整施工进度。

4）生活垃圾处理

施工期产生的固体废弃物主要有工程弃土（渣）、施工人员的生活垃圾等。通常采取以下措施进行控制：

（1）为防止垃圾乱堆乱倒，污染周边生产生活环境，各施工单位在其生产、生活营区设置垃圾收集装置，禁止随意排放。

（2）在每个施工营地设置垃圾桶，垃圾桶的数量视人员和工区范围而定，一般每50人或每 1 km 设置一个垃圾桶。

（3）安排 1～2 人负责生活垃圾的清扫和转运，生活垃圾可交给当地环卫部门运往附近垃圾场统一处理，垃圾清运距离平均在 3～30 km。

（4）垃圾桶需经常喷洒灭害灵等药水，防止苍蝇等传染媒介孳生。

5）人群健康保护

施工单位应为施工人员提供良好的居住和生活条件,并与当地卫生医疗部门取得联系,由其负责施工人员的医疗保健、急救及意外事故的现场急救与治疗工作。为保证工程的顺利进行,应加强传染病的预防与监测工作。具体措施如下:

（1）在工程动工以前,结合场地平整工作,对施工区进行一次清理消毒。

（2）妥善处理各种废水和生活垃圾,定期进行现场消毒。

（3）为了保证施工人员的身心健康,工程建设管理部门及施工单位管理者应为施工人员提供良好的居住和生活条件,施工现场的暂设用房必须按有关规定搭建,并制定相应的管理制度,安排专人负责,搞好营地的卫生防疫和杀灭蚊蝇工作。

（4）加强卫生管理和卫生防疫宣传工作,对施工人员进行定期体检,食堂工作人员要持健康证上岗。

（5）加强生活污水的管理,重视疫情监测,工地发生法定传染病和食物中毒时,工地负责人要尽快向上级主管部门和当地卫生防疫机构报告,并积极配合卫生防疫部门进行调查处理及落实消毒、隔离、应急接种疫苗等措施,防止传染病的传播流行。

（6）工地食堂和操作间必须有易于清洗、消毒的条件和不易传染疾病的设施,操作间必须有生熟分开的刀、盆、案板等炊具及存放这些炊具的封闭式柜橱。

（7）施工现场应有饮水器具,由炊事人员管理和定期清洗,保持卫生。

6）生态保护措施

（1）取土弃渣场保护措施。取土场应根据实际土料需求量进行开采,尽量少占用耕地、林地,减少施工征地面积,减少施工扰动。取土场施工时应注意表土保护,将表土进行统一收集、堆放,在施工结束进行复耕时,进行表土恢复。

（2）施工临时占迹地恢复。本工程临时占地在施工结束后要采取严格的迹地恢复措施,进行土地平整,恢复原有土地利用类型。

（3）植被恢复措施。控导、险工工程结束后进行植草、植树。堤防加固工程顶部种植适生生态林,淤区坡脚外设置护堤地,并在护堤地植树,堤防加固边坡进行植草防护。

（4）动植物保护措施。工程在施工期应当设置严格的施工活动范围,并加强对施工人员的环境保护教育。严禁随意砍伐、破坏非施工影响区内的各种野生植被。施工车辆要按照规划的施工道路行驶,以避免对施工区周边野生植被的碾压。施工人员在施工期严禁随意捕杀野生动物、鱼类等。在施工过程中发现野生动物栖息场所,要注意进行保护,不得随意破坏。

第四节　环境管理人员职责及法律责任

1. 环境管理人员主要职责是什么?

（1）贯彻国家及有关部门的环保方针、政策、法规、条例和环境保护设计措施,对工程施工过程中各项环保措施执行情况进行监督检查。

（2）结合建设工程特点,制定施工区环境管理办法,并指导、监督实施。

（3）做好施工期各种突发性污染事故的预防工作,准备好应急处理措施。

（4）协调处理工程建设与当地群众的环境纠纷。

（5）加强对施工人员的环保宣传教育，增强其环保意识。

（6）定期编制环境简报，及时公布环境保护和环境状况的最新动态，搞好环境保护宣传工作。

2. 环境监理主要职责是什么？

环境监理工程师职责如下：

（1）按照国家有关环保法规和工程的环保规定，统一管理施工区环境保护工作。

（2）监督承包商环保合同条款的执行情况，并负责解释环保条款。对重大环境问题提出处理意见和报告。发现并掌握工程施工中的环境问题。对某些环境指标，下达监测指令。对监测结果进行分析研究，并提出环境保护改善方案。

（3）协调业主和承包商之间的关系，处理合同中有关环保部分的违约事件。根据合同规定，按索赔程序公正地处理好环保方面的双向索赔。

3. 违反《环境保护法》应负的法律责任有哪些？

（1）企业事业单位和其他生产经营者违法排放污染物，受到罚款处罚，被责令改正，拒不改正的，依法作出处罚决定的行政机关可以自责令改正之日的次日起，按照原处罚数额按日连续处罚。

（2）企业事业单位和其他生产经营者超过污染物排放标准或者超过重点污染物排放总量控制指标排放污染物的，县级以上人民政府环境保护主管部门可以责令其采取限制生产、停产整治等措施；情节严重的，报经有批准权的人民政府批准，责令停业、关闭。

（3）建设单位未依法提交建设项目环境影响评价文件或者环境影响评价文件未经批准，擅自开工建设的，由负有环境保护监督管理职责的部门责令停止建设，处以罚款，并可以责令恢复原状。

（4）违反本法规定，重点排污单位不公开或者不如实公开环境信息的，由县级以上地方人民政府环境保护主管部门责令公开，处以罚款，并予以公告。

（5）企业事业单位和其他生产经营者有下列行为之一，尚不构成犯罪的，除依照有关法律法规规定予以处罚外，由县级以上人民政府环境保护主管部门或者其他有关部门将案件移送公安机关，对其直接负责的主管人员和其他直接责任人员，处十日以上十五日以下拘留；情节较轻的，处五日以上十日以下拘留：①建设项目未依法进行环境影响评价，被责令停止建设，拒不执行的；②违反法律规定，未取得排污许可证排放污染物，被责令停止排污，拒不执行的；③通过暗管、渗井、渗坑、灌注或者篡改、伪造监测数据，或者不正常运行防治污染设施等逃避监管的方式违法排放污染物的；④生产、使用国家明令禁止生产、使用的农药，被责令改正，拒不改正的。

（6）因污染环境和破坏生态造成损害的，应当依照《中华人民共和国侵权责任法》的有关规定承担侵权责任。

（7）环境影响评价机构、环境监测机构以及从事环境监测设备和防治污染设施维护、运营的机构，在有关环境服务活动中弄虚作假，对造成的环境污染和生态破坏负有责任的，除依照有关法律法规规定予以处罚外，还应当与造成环境污染和生态破坏的其他责任者承担连带责任。

（8）上级人民政府及其环境保护主管部门应当加强对下级人民政府及其有关部门环境保护工作的监督。发现有关工作人员有违法行为，依法应当给予处分的，应当向其任免机关或者监察机关提出处分建议。

依法应当给予行政处罚，而有关环境保护主管部门不给予行政处罚的，上级人民政府环境保护主管部门可以直接作出行政处罚的决定。

（9）地方各级人民政府、县级以上人民政府环境保护主管部门和其他负有环境保护监督管理职责的部门有下列行为之一的，对直接负责的主管人员和其他直接责任人员给予记过、记大过或者降级处分；造成严重后果的，给予撤职或者开除处分，其主要负责人应当引咎辞职：①不符合行政许可条件准予行政许可的；②对环境违法行为进行包庇的；③依法应当作出责令停业、关闭的决定而未作出的；④对超标排放污染物、采用逃避监管的方式排放污染物、造成环境事故以及不落实生态保护措施造成生态破坏等行为，发现或者接到举报未及时查处的；⑤违反本法规定，查封、扣押企业事业单位和其他生产经营者的设施、设备的；⑥篡改、伪造或者指使篡改、伪造监测数据的；⑦应当依法公开环境信息而未公开的；⑧将征收的排污费截留、挤占或者挪作他用的；⑨法律法规规定的其他违法行为。

（10）违反本法规定，构成犯罪的，依法追究刑事责任。

4.违反《建设项目环境保护管理条例》应负的法律责任有哪些？

（1）违反本条例规定，有下列行为之一的，由负责审批建设项目环境影响报告书、环境影响报告表或者环境影响登记表的环境保护行政主管部门责令限期补办手续；逾期不补办手续，擅自开工建设的，责令停止建设，可以处10万元以下的罚款：①未报批建设项目环境影响报告书、环境影响报告表或者环境影响登记表的；②建设项目的性质、规模、地点或者采用的生产工艺发生重大变化，未重新报批建设项目环境影响报告书、环境影响报告表或者环境影响登记表的；③建设项目环境影响报告书、环境影响报告表或者环境影响登记表自批准之日起满5年，建设项目方开工建设，其环境影响报告书、环境影响报告表或者环境影响登记表未报原审批机关重新审核的。

（2）建设项目环境影响报告书、环境影响报告表或者环境影响登记表未经批准或者未经原审批机关重新审核同意，擅自开工建设的，由负责审批该建设项目环境影响报告书、环境影响报告表或者环境影响登记表的环境保护行政主管部门责令停止建设，限期恢复原状，可以处10万元以下的罚款。

（3）违反本条例规定，试生产建设项目配套建设的环境保护设施未与主体工程同时投入试运行的，由审批该建设项目环境影响报告书、环境影响报告表或者环境影响登记表的环境保护行政主管部门责令限期改正；逾期不改正的，责令停止试生产，可以处5万元以下的罚款。

（4）违反本条例规定，建设项目投入试生产超过3个月，建设单位未申请环境保护设施竣工验收的，由审批该建设项目环境影响报告书、环境影响报告表或者环境影响登记表的环境保护行政主管部门责令限期办理环境保护设施竣工验收手续；逾期未办理的，责令停止试生产，可以处5万元以下的罚款。

（5）违反本条例规定，建设项目需要配套建设的环境保护设施未建成、未经验收或者经验收不合格,主体工程正式投入生产或者使用的,由审批该建设项目环境影响报告书、环境影响报告表或者环境影响登记表的环境保护行政主管部门责令停止生产或者使用,可以处 10 万元以下的罚款。

（6）从事建设项目环境影响评价工作的单位,在环境影响评价工作中弄虚作假的,由国务院环境保护行政主管部门吊销资格证书,并处所收费用 1 倍以上 3 倍以下的罚款。

（7）环境保护行政主管部门的工作人员徇私舞弊、滥用职权、玩忽职守,构成犯罪的,依法追究刑事责任;尚不构成犯罪的,依法给予行政处分。

第九章　建设监理

第一节　建设工程监理与相关法规制度

1. 何谓建设工程监理？它的概念要点是什么？

（1）所谓建设工程监理，是指具有相应资质的工程监理企业接受建设单位的委托，承担其项目管理工作，并代表建设单位对承建单位的建设行为进行监控的专业化服务活动。

（2）建设工程监理概念要点有：①建设工程监理的行为主体是具有相应资质的工程监理企业。②建设工程监理实施的前提是建设单位的委托和授权。③建设工程监理的依据包括工程建设文件，有关的法律、法规、规章和标准、规范，建设工程委托监理合同和有关的建设工程合同。④建设工程监理范围可以分为监理的工程范围和监理的建设阶段范围。

（3）下列建设工程必须实行监理：国家重点建设工程、大中型公用事业工程、成片开发建设的住宅小区工程、利用外国政府或者国际组织贷款、援助资金的工程及国家规定必须实行监理的其他工程等，具体标准见《建设工程监理范围和规模标准规定》（2000年中华人民共和国建设部令第86号）。建设工程监理可以适用于工程建设投资决策阶段和实施阶段，但目前主要是建设工程施工阶段。

2. 建设工程监理具有哪些性质？它们的含义是什么？

建设工程监理的性质包括服务性、科学性、独立性和公正性。

（1）服务性。服务性的含义是运用规划、控制、协调方法，控制建设工程的投资、进度和质量，最终应当达到的基本目的是协助建设单位在计划的目标内将建设工程建成投入使用。

（2）科学性。科学性主要表现在：工程监理企业应当由组织管理能力强、工程建设经验丰富的人员担任领导；应当有足够数量的、有丰富的管理经验和应变能力的监理工程师组成的骨干队伍；要有一套健全的管理制度；要有现代化的管理手段；要掌握先进的管理理论、方法和手段；要有积累足够的技术、经济资料和数据；要有科学的工作态度和严谨的工作作风，要实事求是、创造性地开展工作。

（3）独立性。按照独立性要求，工程监理单位在委托监理的工程中，与承建单位不得有隶属关系和其他利害关系；在开展工程监理的过程中，必须建立自己的组织，按照自己的工作计划、程序、流程、方法、手段，根据自己的判断，独立地开展工作。

（4）公共性。公正性要求工程监理企业客观、公正地对待监理的委托单位和承建单位。特别是当这两方发生利益冲突或者矛盾时，工程监理企业应以事实为依据，以法律和有关合同为准绳，在维护建设单位的合法权益时，不损害承建单位的合法权益。

3. 建设工程监理有哪些作用？

建设工程监理的作用主要表现在以下几方面：①有利于提高建设工程投资决策科学

化水平;②有利于规范工程建设参与各方的建设行为;③有利于促使承建单位保证建设工程质量和施工安全;④有利于实现建设工程投资效益最大化。

4. 建设工程监理的理论基础是什么?

我国的建设工程监理所依据的基本理论和方法来自建设项目管理学,还充分考虑了国际咨询工程师联合会(FIDIC)合同条件对监理工程师作为独立、公正的第三方的要求,以及其对承建单位严格、细致的监督和检查。

5. 现阶段我国建设工程监理有哪些特点?

(1)建设工程监理的服务对象具有单一性,即只为建设单位服务。

(2)建设工程监理属于强制推行的制度。

(3)建设工程监理具有监督功能,包括对建设单位不当建设行为进行监督。

(4)市场准入的双重控制,即对建设工程监理的市场准入采取了企业资质和人员资格的双重控制。

第二节　监理工程师和工程监理企业

1. 实行监理工程师执业资格考试和注册制度的目的是什么?

实行监理工程师执业资格考试制度的目的在于:①促进监理人员努力钻研监理业务、提高业务水平;②统一监理工程师的业务能力标准;③有利于公正地确定监理人员是否具备监理工程师的资格;④合理建立工程监理人才库;⑤便于同国际接轨,开拓国际工程监理市场。

实行监理工程师注册制度目的在于政府对监理从业人员实行市场准入控制。

2. 监理工程师应具备什么样的知识结构?

监理工程师应具有复合型的知识结构,包括工程技术、经济、法律和组织管理等方面的理论知识。

3. 监理工程师应遵循的职业道德守则有哪些?

监理工程师应严格遵守如下通用职业道德守则:

(1)维护国家的荣誉和利益,按照"守法、诚信、公正、科学"的准则执业。

(2)执行有关工程建设的法律、法规、标准、规范、规程和制度,履行监理合同规定的义务和职责。

(3)努力学习专业技术和建设监理知识,不断提高业务能力和监理水平。

(4)不以个人名义承揽监理业务。

(5)不同时在两个或两个以上监理单位注册和从事监理活动,不在政府部门和施工、材料设备的生产供应等单位兼职。

(6)不为所监理项目指定承包商和建筑构配件、设备、材料生产厂家及施工方法。

(7)不收受被监理单位的任何礼金。

(8)不泄漏所监理工程各方认为需要保密的事项。

(9)坚持独立自主地开展工作。

4. 监理工程师的注册条件是什么？

经考试合格取得《监理工程师执业资格证书》的，可以申请监理工程师初始注册。但申请注册人员出现下列情形之一的，不能获得注册：

（1）不具备完全民事行为能力。

（2）受到刑事处罚，自刑事处罚执行完毕之日起至申请注册之日不满5年。

（3）在工程监理或者相关业务中有违法违规行为或者犯有严重错误，受到责令停止执业的行政处罚，自行政处罚或者行政处分决定之日起至申请注册之日不满2年。

（4）在申报注册过程中有弄虚作假行为。

（5）同时注册于两个及以上单位。

（6）年龄65周岁及以上。

（7）法律、法规和国务院建设、人事行政主管部门规定不予注册的其他情形。

5. 试论监理工程师的法律责任。

监理工程师法律责任的表现行为主要有两方面：一是违反法律法规的行为；二是违反合同约定的行为。

我国法律法规对监理工程师的法律责任专门作出了具体规定。例如，《建筑法》第35条规定："工程监理单位不按照委托监理合同的约定履行监理义务，对应当监督检查的项目不检查或者不按照规定检查，给建设单位造成损失的，应当承担相应的赔偿责任。"

《中华人民共和国刑法》第137条规定："建设单位、设计单位、施工单位、工程监理单位违反国家规定，降低工程质量标准，造成重大安全事故的，对直接责任人员，处五年以下有期徒刑或者拘役，并处罚金；后果特别严重的，处五年以上十年以下有期徒刑，并处罚金。"

《建设工程质量管理条例》第36条规定："工程监理单位应当依照法律、法规以及有关技术标准、设计文件和建设工程承包合同，代表建设单位对施工质量实施监理并对施工质量承担监理责任。"

如果监理工程师出现工作过失，违反了合同约定，其行为将被视为监理企业违约，由监理企业承担相应的违约责任。当然，监理企业在承担违约赔偿责任后，有权在企业内部向有相应过失行为的监理工程师追偿部分损失。所以，由监理工程师个人过失引发的合同违约行为，监理工程师应当与监理企业承担一定的连带责任。

6. 设立工程监理企业的基本条件是什么？

新设立的工程监理企业申请资质，应当先到工商行政管理部门登记注册并取得企业法人营业执照后，才能到建设行政主管部门办理资质申请手续。

工程监理企业应当按照所拥有的注册资本、专业技术人员数量和工程监理业绩等资质条件申请资质，经审查合格，取得相应等级的资质证书后，才能在其资质等级许可的范围内从事工程监理活动。

7. 工程监理企业的资质要素包括哪些内容？

工程监理企业的资质要素包括：企业负责人和技术负责人所具备的条件、取得监理工程师注册证书的人数、注册资本的数量和工程监理业绩。

8. 工程监理企业经营活动的基本准则是什么？

工程监理企业经营活动的基本准则是守法、诚信、公正、科学。

9. 监理费的构成有哪些？如何计算监理费？

（1）建设工程监理费由监理直接成本、监理间接成本、税金和利润四部分构成。

（2）监理费的计算方法一般由业主与工程监理企业协商确定。监理费的计算方法主要有：按建设工程投资的百分比计算法、工资加一定比例的其他费用计算法、按时计算法和固定价格计算法。

第三节　建设工程目标控制

1. 简述目标控制的基本流程。在每个控制流程中有哪些基本环节？

在工程实施过程中,通过对目标、过程和活动的跟踪,全面、及时、准确地掌握有关信息,将工程实际状况与目标和计划进行比较。如果偏离了目标和计划,就需要采取纠正措施,或改变投入,或修改计划,使工程能在新的计划状态下进行。而任何控制措施都不可能一劳永逸,原有的矛盾和问题解决了,还会出现新的矛盾和问题,需要不断地进行控制。上述控制流程是一个不断循环的过程,直至工程建成交付使用,因而建设工程的目标控制是一个有限循环过程。

控制流程包括投入、转换、反馈、对比、纠正五个基本环节。

2. 何谓主动控制？何谓被动控制？监理工程师应当如何认识它们之间的关系？

（1）所谓主动控制,是在预先分析各种风险因素及其导致目标偏离的可能性和程度的基础上,拟订和采取有针对性的预防措施,从而减少乃至避免目标偏离。

（2）所谓被动控制,是从计划的实际输出中发现偏差,通过对产生偏差原因的分析,研究制定纠偏措施,以使偏差得以纠正,工程实施恢复到原来的计划状态,或虽然不能恢复到计划状态但可以减少偏差的严重程度。

（3）对于建设工程目标控制来说,主动控制和被动控制两者缺一不可,应将主动控制与被动控制紧密结合起来,并力求加大主动控制在控制过程中的比例。

3. 目标控制的两个前提条件是什么？

目标控制两项重要的前提工作:一是目标规划和计划;二是目标控制的组织。

4. 建设工程的投资、进度、质量目标是什么关系？如何理解？

建设工程投资、进度（或工期）、质量三大目标两两之间存在既对立又统一的关系。对此,首先要弄清在什么情况下表现为对立的关系,在什么情况下表现为统一的关系。从建设工程业主的角度出发,往往希望该工程的投资少、工期短（或进度快）、质量好。如果采取某种措施可以同时实现其中两个要求（如既投资少又工期短）,则这两个目标之间就是统一的关系;反之,如果只能实现其中一个要求（如工期短）,而另一个要求不能实现（如质量差）,则这两个目标（即工期和质量）之间就是对立的关系。

5. 简述确定建设工程目标应注意的问题。

建设工程目标规划是一项动态性工作,在建设工程的不同阶段都要进行,因而建设工程的目标并不是一经确定就不再改变的。由于建设工程不同阶段所具备的条件不同,目标确定的依据自然也就不同。

（1）一般来说,在施工图设计完成之后,目标规划的依据比较充分,目标规划的结果也比较准确和可靠。但是,对于施工图设计完成以前的各个阶段来说,建设工程数据库具有十分重要的作用,应予以足够的重视。

(2)要确定某一拟建工程的目标,首先必须大致明确该工程的基本技术要求,如工程类型、结构体系、基础形式、建筑高度、主要设备、主要装饰要求等。然后,在建设工程数据库中检索并选择尽可能相近的建设工程(可能有多个),将其作为确定该拟建工程目标的参考对象。

(3)同时,要认真分析拟建工程的特点,找出拟建工程与已建类似工程之间的差异,并定量分析这些差异对拟建工程目标的影响,从而确定拟建工程的各项目标。

(4)另外,还必须考虑时间因素和外部条件的变化,采取适当的方式加以调整。

6. 简述建设工程目标分解的原则和方式。

(1)建设工程目标分解应遵循以下几个原则:①能分能合,按工程部位分解,而不按工种分解;②区别对待,有粗有细;③有可靠的数据来源;④目标分解结构与组织分解结构相对应(目标分解结构在较粗的层次上应当与组织分解结构一致)。

(2)按工程内容分解,建设工程目标分解最基本的方式适用于投资、进度、质量三个目标的分解。建设工程的投资目标还可以按总投资构成内容和资金使用时间(进度)分解。

7. 建设工程投资、进度、质量控制的具体含义是什么?

1)建设工程投资控制

(1)建设工程投资控制的目标,就是通过有效的投资控制工作和具体的投资控制措施,在满足进度和质量要求的前提下,力求使工程实际投资不超过计划投资。

(2)建设工程投资的系统控制意味着,在投资控制的过程中,要协调好与进度控制和质量控制的关系,做到三大目标控制的有机配合和相互平衡,而不能片面强调投资控制。

(3)建设工程投资的全过程控制,要求从设计阶段就开始进行投资控制,并将投资控制工作贯穿于建设工程实施的全过程,直至整个工程建成且延续到保修期结束。在明确全过程控制的前提下,还要特别强调早期控制的重要性,越早进行控制,投资控制的效果越好。

(4)建设工程投资的全方位控制,包括两种含义:一是对按工程内容分解的各项投资进行控制,即对单项工程、单位工程,乃至分部分项工程的投资进行控制;二是对按总投资构成内容分解的各项费用进行控制,即对建筑安装工程费用、设备和工器具购置费用及工程建设其他费用等都要进行控制。通常,投资目标的全方位控制主要是指上述第二种含义。

2)建设工程进度控制

(1)建设工程进度控制的目标可以表达为通过有效的进度控制工作和具体的进度控制措施,在满足投资和质量要求的前提下,力求使工程实际工期不超过计划工期。进度控制的系统控制思想与投资控制基本相同。

(2)关于进度控制的全过程控制,要注意以下三方面问题:在工程建设的早期就应当编制进度计划,在编制进度计划时要充分考虑各阶段工作之间的合理搭接,抓好关键线路的进度控制。

（3）对进度目标进行全方位控制要从以下几个方面考虑：对整个建设工程所有工程内容的进度都要进行控制，对整个建设工程所有工作内容都要进行控制，对影响进度的各种因素都要进行控制，注意各方面工作进度对施工进度的影响。

3）建设工程质量控制

（1）建设工程质量控制的目标，就是通过有效的质量控制工作和具体的质量控制措施，在满足投资和进度要求的前提下，实现工程预定的质量目标。

（2）建设工程质量控制的系统控制应从以下几方面考虑：避免不断提高质量目标的倾向，确保基本质量目标的实现，尽可能发挥质量控制对投资目标和进度目标的积极作用。

（3）对建设工程质量的全过程控制来说，应当根据建设工程各阶段质量控制的特点和重点，确定各阶段质量控制的目标和任务，以便实现全过程质量控制。

（4）对建设工程质量进行全方位控制应从以下几方面着手：对建设工程所有工程内容的质量进行控制，对建设工程质量目标的所有内容进行控制，对影响建设工程质量目标的所有因素进行控制。

8. 建设工程施工阶段目标控制的主要任务是什么？

（1）通过工程付款控制、工程变更费用控制、预防并处理好费用索赔、挖掘节约投资潜力来努力实现实际发生的费用不超过计划投资。

（2）通过完善建设工程控制进度计划、审查施工单位施工进度计划、做好各项动态控制工作、协调各单位关系、预防并处理好工期索赔，以求实际施工进度达到计划施工进度的要求。

（3）通过对施工投入、施工和安装过程、产出品进行全过程控制，以及对参加施工的单位和人员的资质、材料和设备、施工机械和机具、施工方案和方法、施工环境实施全面控制，以期按标准达到预定的施工质量目标。

9. 建设工程目标控制可采取哪些措施？

为了取得目标控制的理想成果，应当从多方面采取措施实施控制，通常可以将这些措施归纳为组织措施、技术措施、经济措施、合同措施等四个方面。这四方面措施在建设工程实施的各个阶段的具体运用不完全相同，每一方面都有许多具体措施。

第四节　建设工程风险管理

1. 简述风险、风险因素、风险事件、损失、损失机会的概念。

（1）风险有以下两种定义：其一，风险就是与出现损失有关的不确定性；其二，风险就是在给定情况下和特定时间内，可能发生的结果之间的差异（或实际结果与预期结果之间的差异）。

（2）风险因素是指能产生或增加损失概率和损失程度的条件或因素，是风险事件发生的潜在原因，是造成损失的直接或间接原因。通常风险因素可分为以下三种：自然风险因素、道德风险因素、心理风险因素。

（3）风险事件是指造成生命、财产损害的偶发事件，是造成损害的直接原因。只有通过风险事故的发生,才能导致损失。风险事故意味着风险的可能性转化成了现实性。对于某一事件,在一定条件下,如果它是造成损失的直接原因,它就是风险事故;而在其他条件下,如果它是造成损失的间接原因,它便是风险因素。

(4)损失一般可分为直接损失和间接损失两种,也有的学者将损失分为直接损失、间接损失和隐蔽损失三种。

(5)损失机会是指损失出现的概率。

2. 常见的风险分类方式有哪几种？具体如何分类？

风险可根据不同的角度进行分类,常见的风险分类方式有:

(1)按风险所造成的不同后果可将风险分为纯风险和投机风险。

(2)按风险产生的不同原因可将风险分为政治风险、社会风险、经济风险、自然风险、技术风险等。

(3)按风险的影响范围大小可将风险分为基本风险和特殊风险。

(4)另外,按风险分析依据可将风险分为客观风险和主观风险,按风险分布情况可将风险分为国别(地区)风险、行业风险,按风险潜在损失形态可将风险分为财产风险、人身风险和责任风险,等等。

3. 简述风险管理的基本过程。

风险管理就是一个识别、确定和度量风险,并制订、选择和实施风险处理方案的过程。风险管理过程包括风险识别、风险评价、风险对策决策、实施决策、检查五方面内容。

4. 风险识别有哪些特点？应遵循什么原则？

(1)风险识别有以下几个特点:个别性、主观性、复杂性、不确定性。

(2)在风险识别过程中应遵循以下原则:由粗及细,由细及粗;严格界定风险内涵并考虑风险因素之间的相关性;先怀疑,后排除;排除与确认并重;必要时,可作实验论证。

5. 简述风险识别各种方法的要点。

(1)初始清单法常规途径是采用保险公司或风险管理学会(或协会)公布的潜在损失一览表。但是,这种潜在损失一览表对建设工程风险的识别作用不大。通过适当的风险分解方式来识别风险是建立建设工程初始风险清单的有效途径。

(2)经验数据法也称为统计资料法,即根据已建各类建设工程与风险有关的统计资料来识别拟建建设工程的风险。

(3)风险调查法应当从分析具体建设工程的特点入手,一方面对通过其他方法已识别出的风险(如初始风险清单所列出的风险)进行鉴别和确认,另一方面通过风险调查有可能发现此前尚未识别出的重要的工程风险。通常,风险调查可以从组织、技术、自然及环境、经济、合同等方面分析拟建建设工程的特点以及相应的潜在风险。

(4)此外,还有专家调查法、财务报表法、流程图法等方法,其有关内容从略。

6. 风险评价的主要作用是什么？

通过定量方法进行风险评价的作用主要表现在:一是更准确地认识风险;二是保证目标规划的合理性和计划的可行性;三是合理选择风险对策,形成最佳风险对策组合。

7. 简述风险损失衡量的要点。

风险损失的衡量就是定量确定风险损失值的大小。投资增加可以直接用货币来衡量;进度的拖延则属于时间范畴,同时也会导致经济损失;而质量事故和安全事故既会产生经济影响,又可能导致工期延误和第三者责任,显得更加复杂。而第三者责任除了法律责任外,一般都是以经济赔偿的形式来实现的。因此,这四方面的风险最终都可以归纳为经济损失。

8. 如何运用概率分布法进行风险概率的衡量?

概率分布法的常见表现形式是建立概率分布表。为此,需参考外界资料和本企业历史资料。外界资料主要是保险公司、行业协会、统计部门等的资料。

理论概率分布也是风险衡量中所经常采用的一种估计方法。即根据建设工程风险的性质分析大量的统计数据,当损失值符合一定的理论概率分布或与其近似吻合时,可由特定的几个参数来确定损失值的概率分布。

9. 风险对策有哪几种? 简述各种风险对策的要点。

风险对策包括风险回避、损失控制、风险自留和风险转移。

1)风险回避

(1)风险回避就是以一定的方式中断风险源,使其不发生或不再发展,从而避免可能产生的潜在损失。

(2)在采用风险回避对策时需要注意以下问题:首先,回避一种风险可能产生另一种新的风险;其次,回避风险的同时也失去了从风险中获益的可能性;再次,回避风险可能不实际或不可能。

2)损失控制

(1)损失控制可分为预防损失和减少损失两方面工作。预防损失措施的主要作用在于降低或消除(通常只能做到减少)损失发生的概率,而减少损失措施的作用在于降低损失的严重性或遏制损失的进一步发展,使损失最小化。一般来说,损失控制方案都应当是预防损失措施和减少损失措施的有机结合。

制定损失控制措施必须以定量风险评价的结果为依据,还必须考虑其付出的代价,包括费用和时间两方面的代价。

(2)损失控制计划系统一般应由预防计划(有文献称为安全计划)、灾难计划和应急计划三部分组成。①预防计划的目的在于有针对性地预防损失的发生,其主要作用是降低损失发生的概率,在许多情况下也能在一定程度上降低损失的严重性;②灾难计划是一组事先编制好的、目的明确的工作程序和具体措施,为现场人员提供明确的行动指南,使其在各种严重的、恶性的紧急事件发生后,不至于惊慌失措,也不需要临时讨论研究应对措施,可以做到从容不迫、及时、妥善地处理,从而减少人员伤亡及财产和经济损失;③应急计划是在风险损失基本确定后的处理计划,其宗旨是使因严重风险事件而中断的工程实施过程尽快全面恢复,并减少进一步的损失,使其影响程度减至最小。应急计划不仅要制定所要采取的相应措施,而且要规定不同工作部门相应的职责。

3)风险自留

(1)风险自留就是将风险留给自己承担,是从企业内部财务的角度应对风险。风险自留与其他风险对策的根本区别在于,它不改变建设工程风险的客观性质,即既不改变工程风险的发生概率,也不改变工程风险潜在损失的严重性。

（2）风险自留可分为非计划性风险自留和计划性风险自留两种类型。①非计划性风险自留的主要原因有：缺乏风险意识、风险识别失误、风险评价失误、风险决策延误、风险决策实施延误；②计划性风险自留应预先制订损失支付计划，常见的损失支付方式有以下几种：从现金净收入中支出、建立非基金储备、自我保险、母公司保险。

4）风险转移

风险转移是建设工程风险管理中非常重要而且广泛应用的一项对策，分为非保险转移和保险转移两种形式。

（1）非保险转移又称为合同转移，因为这种风险转移一般是通过签订合同的方式将工程风险转移给非保险人的对方当事人。建设工程风险最常见的非保险转移有以下三种情况：①业主将合同责任和风险转移给对方当事人；②承包商进行合同转让或工程分包；③第三方担保。

（2）保险转移通常直接称为保险，对于建设工程风险来说，则为工程保险。通常购买保险，建设工程业主或承包商作为投保人将本应由自己承担的工程风险（包括第三方责任）转移给保险公司，从而使自己免受风险损失。

保险这一风险对策的缺点首先表现在机会成本增加。其次，工程保险合同的内容较为复杂，保险费没有统一固定的费率，需根据特定建设工程的类型、建设地点的自然条件（包括气候、地质、水文等条件）、保险范围、免赔额的大小等加以综合考虑，因而保险谈判常常耗费较多的时间和精力。在进行工程保险后，投保人可能产生心理麻痹而疏于损失控制计划，以致增加实际损失和未投保损失。

在作出进行工程保险这一决策之后，还需考虑与保险有关的几个具体问题：一是保险的安排方式，即究竟是由承包商安排保险计划还是由业主安排保险计划；二是选择保险类别和保险人，一般是通过多家比选后确定，也可委托保险经纪人或保险咨询公司代为选择；三是可能要进行保险合同谈判，这项工作最好委托保险经纪人或保险咨询公司完成，但免赔额的数额或比例要由投保人自己确定。

第五节　建设工程监理组织

1. 什么是组织和组织结构？

组织是管理中的一项重要职能。组织的基本原理是监理工程师必备的基础知识。

（1）组织。所谓组织，就是为了使系统达到它特定的目标，使全体参加者经分工与协作，以及设置不同层次的权力和责任制度而构成的一种人的组合体。它含有三层意思：①目标是组织存在的前提；②没有分工与协作就不是组织；③没有不同层次的权力和责任制度就不能实现组织活动和组织目标。

作为生产要素之一，组织有如下特点：①其他要素可以相互替代，如增加机器设备可以替代劳动力，而组织不能替代其他要素，也不能被其他要素所替代；②组织可以使其他要素合理配合而增值，即可以提高其他要素的使用效益；③随着现代化社会大生产的发展，随着其他生产要素复杂程度的提高，组织在提高经济效益方面的作用也愈益显著。

（2）组织结构。组织内部构成和各部分间所确立的较为稳定的相互关系和联系方式,称为组织结构。以下几种提法反映了组织结构的基本内涵:①确定正式关系与职责的形式;②向组织各个部门或个人分派任务和各种活动的方式;③协调各个分离活动和任务的方式;④组织中权力、地位和等级关系。

2. 组织设计应该遵循什么样的原则?

组织设计是对组织活动和组织结构的设计过程,有效的组织设计在提高组织活动效能方面起着重大的作用。项目监理机构的组织设计一般需考虑以下几项基本原则:

1)集权与分权统一的原则

在任何组织中都不存在绝对的集权和分权。在项目监理机构设计中,所谓集权,就是总监理工程师掌握所有监理大权,各专业监理工程师只是其命令的执行者;所谓分权,是指各专业监理工程师在各自管理的范围内有足够的决策权,总监理工程师主要起协调作用。

项目监理机构是采取集权形式还是分权形式,要根据建设工程的特点,监理工作的重要性,总监理工程师的能力、精力及各专业监理工程师的工作经验、工作能力、工作态度等因素进行综合考虑。

2)专业分工与协作统一的原则

对于项目监理机构来说,分工就是将监理目标,特别是投资控制、进度控制、质量控制三大目标分成各部门以及各监理工作人员的目标、任务,明确干什么、怎么干。在分工中特别要注意以下三点:①尽可能按照专业化的要求来设置组织机构;②工作上要有严密分工,每个人所承担的工作,应力求达到较熟悉的程度;③注意分工的经济效益。

在组织机构中还必须强调协作。所谓协作,就是明确组织机构内部各部门之间和各部门内部的协调关系与配合方法。在协作中应该特别注意以下两点:①主动协调。要明确各部门之间的工作关系,找出易出矛盾之点,加以协调。②有具体可行的协调配合办法。对协调中的各项关系,应逐步规范化、程序化。

3)管理跨度与管理层次统一的原则

在组织机构的设计过程中,管理跨度与管理层次成反比例关系。这就是说,当组织机构中的人数一定时,如果管理跨度加大,管理层次就可以适当减少;反之,如果管理跨度缩小,管理层次肯定就会增多。一般来说,项目监理机构的设计过程中,应该在通盘考虑影响管理跨度的各种因素后,在实际运用中根据具体情况确定管理层次。

4)权责一致的原则

在项目监理机构中应明确划分职责、权力范围,做到责任和权力相一致。从组织结构的规律来看,一定的人总是在一定的岗位上担任一定的职务,这样就产生了与岗位职务相适应的权力和责任,只有做到有职、有权、有责,才能使组织机构正常运行。由此可见,组织的权责是相对预定的岗位职务来说的,不同的岗位职务应有不同的权责。权责不一致对组织的效能损害是很大的。权大于责就容易产生瞎指挥、滥用权力的官僚主义;责大于权就会影响管理人员的积极性、主动性、创造性,使组织缺乏活力。

5)才职相称的原则

每项工作都应该确定为完成该工作所需要的知识和技能。可以对每个人通过考察他的学历与经历,进行测验及面谈等,了解其知识、经验、才能、兴趣等,并进行评审比较。职务设计和人员评审都可以采用科学的方法,使每个人的现有和可能有的才能与其职务上的要求相适应,做到才职相称,人尽其才,才得其用,用得其所。

6)经济效率原则

项目监理机构设计必须将经济性和高效率放在重要地位。组织结构中的每个部门、每个人为了一个统一的目标,应组合成最适宜的结构形式,实行最有效的内部协调,使事情办得简洁而正确,减少重复和扯皮。

7)弹性原则

组织机构既要有相对的稳定性,不要总是轻易变动,又要随组织内部和外部条件的变化,根据长远目标作出相应的调整与变化,使组织机构具有一定的适应性。

3. 组织活动的基本原理是什么?

组织机构的目标必须通过组织机构活动来实现。组织活动应遵循如下基本原理:

1)要素有用性原理

(1)一个组织机构中的基本要素有人力、物力、财力、信息、时间等。

(2)运用要素有用性原理,首先应看到人力、物力、财力等因素在组织活动中的有用性,充分发挥各要素的作用,根据各要素作用的大小、主次、好坏进行合理安排、组合和使用,做到人尽其才、才尽其利、物尽其用,尽最大可能提高各要素的有用率。

(3)一切要素都有作用,这是要素的共性,然而要素不仅有共性,而且还有个性。例如,同样是监理工程师,由于专业、知识、能力、经验等水平的差异,所起的作用也就不同。因此,管理者在组织活动过程中不但要看到一切要素都有作用,还要具体分析各要素的特殊性,以便充分发挥每一要素的作用。

2)动态相关性原理

组织机构处在静止状态是相对的,处在运动状态则是绝对的。组织机构内部各要素之间既相互联系,又相互制约;既相互依存,又相互排斥,这种相互作用推动组织活动的进行与发展。这种相互作用的因子,叫做相关因子。充分发挥相关因子的作用,是提高组织管理效应的有效途径。事物在组合过程中,由于相关因子的作用,可以发生质变。一加一可以等于二,也可以大于二,还可以小于二。整体效应不等于其各局部效应的简单相加,这就是动态相关性原理。组织管理者的重要任务就在于使组织机构活动的整体效应大于其局部效应之和,否则,组织就失去了存在的意义。

3)主观能动性原理

人和宇宙中的各种事物,运动是其共有的根本属性,它们都是客观存在的物质;不同的是,人是有生命、有思想、有感情、有创造力的。人会制造工具,并使用工具进行劳动;在劳动中改造世界,同时也改造自己;能继承并在劳动中运用和发展前人的知识。人是生产力中最活跃的因素,组织管理者的重要任务就是要把人的主观能动性发挥出来。

4)规律效应性原理

组织管理者在管理过程中要掌握规律,按规律办事,把注意力放在抓事物内部的、本质的、必然的联系上,以达到预期的目标,取得良好效应。规律与效应的关系非常密切,一个成功的管理者懂得只有努力揭示规律,才有取得效应的可能,而要取得好的效应,就要主动研究规律,坚决按规律办事。

4. 建设工程监理实施的程序是什么？

监理合同签订以后,监理企业应按如下监理程序实施建设工程监理:

1)确定项目总监理工程师,成立项目监理机构

(1)监理单位应根据建设工程的规模、性质、业主对监理的要求,委派称职的人员担任项目总监理工程师,代表监理单位全面负责该工程的监理工作。

(2)一般情况下,监理单位在承接工程监理任务时,在参与工程监理的投标、拟定监理方案(大纲),以及与业主商签委托监理合同时,即应选派称职的人员主持该项工作。在监理任务确定并签订委托监理合同后,该主持人即可作为项目总监理工程师。这样,项目的总监理工程师在承接任务阶段即早已介入,从而更能了解业主的建设意图和对监理工作的要求,并与后续工作能更好地衔接。总监理工程师是一个建设工程监理工作的总负责人,他对内向监理单位负责,对外向业主负责。

(3)监理机构的人员构成是监理投标书中的重要内容,是业主在评标过程中认可的,总监理工程师在组建项目监理机构时,应根据监理大纲内容和签订的委托监理合同内容组建,并在监理规划和具体实施计划执行中进行及时的调整。

2)编制建设工程监理规划

建设工程监理规划是开展工程监理活动的纲领性文件。监理规划的编制应针对项目的实际情况,明确项目监理机构的工作目标,确定具体的监理工作制度、程序、方法和措施,并应具有可操作性。

施工阶段的监理规划应在签订委托监理合同及收到设计文件后开始编制,完成后必须经监理单位技术负责人审核批准,并应在召开第一次工地会议前报送建设单位。

3)制定各专业监理实施细则

(1)在监理规划的指导下,为具体指导项目投资控制、质量控制、进度控制的进行,对中型及以上或专业性较强的工程项目,项目监理机构应编制监理实施细则。监理实施细则应符合监理规划的要求,并应结合工程项目的专业特点,做到详细具体、具有可操作性。

(2)监理实施细则由专业监理工程师在相应工程施工开始前编制完成,并必须经总监理工程师批准。应包括下列主要内容:①专业工程的特点;②监理工作的流程;③监理工作的控制要点及目标值;④监理工作的方法及措施。

4)规范化地开展监理工作

监理工作的规范化体现在:①工作的时序性。这是指监理的各项工作都应按一定的逻辑顺序先后展开,从而使监理工作能有效地达到目标而不致造成工作状态的无序和混乱。②职责分工的严密性。建设工程监理工作是由不同专业、不同层次的专家群体共同来完成的,他们之间严密的职责分工是协调进行监理工作的前提和实现监理目标的重要保证。③工作目标的确定性。在职责分工的基础上,每一项监理工作的具体目标都应是确定的,完成的时间也应有时限规定,从而能通过报表资料对监理工作及其效果进行检查和考核。

5)参与验收,签署建设工程监理意见

建设工程施工完成以后,监理单位应在正式验交前组织竣工预验收,在预验收中发现的问题,应及时与施工单位沟通,提出整改要求。监理单位应参加业主组织的工程竣工验

收,签署监理单位意见。

6）向业主提交建设工程监理档案资料

建设工程监理工作完成后,监理单位向业主提交的监理档案资料应在委托监理合同文件中约定。如在合同中没有做出明确规定,监理单位一般应提交设计变更、工程变更资料,监理指令性文件及各种签证资料等档案资料。

7）监理工作总结

（1）向业主提交的监理工作总结,其主要内容包括:委托监理合同履行情况概述,监理任务或监理目标完成情况的评价,由业主提供的供监理活动使用的办公用房、车辆、试验设施等的清单,表明监理工作终结的说明等。

（2）向监理单位提交的监理工作总结,其主要内容包括:①监理工作的经验,可以是采用某种监理技术、方法的经验,也可以是采用某种经济措施、组织措施的经验,以及委托监理合同执行方面的经验或如何处理好与业主、承包单位关系的经验等;②对监理工作中存在的问题及改进的建议。

5.建设工程监理实施的基本原则有哪些?

监理单位受业主委托对建设工程实施监理时,应遵守以下基本原则。

1）公正、独立、自主的原则

监理工程师在建设工程监理中必须尊重科学、尊重事实,组织各方协同配合,维护有关各方的合法权益。为此,必须坚持公正、独立、自主的原则。业主与承建单位虽然都是独立运行的经济主体,但他们追求的经济目标有差异,监理工程师应在按合同约定的权、责、利关系的基础上,协调双方的一致性。只有按合同的约定建成工程,业主才能实现投资的目的,承建单位也才能实现自己生产产品的价值,取得工程款和实现盈利。

2）权责一致的原则

（1）监理工程师承担的职责应与业主授予的权限相一致。监理工程师的监理职权,依赖于业主的授权。这种权利的授予,除体现在业主与监理单位之间签订的委托监理合同之中,而且还应作为业主与承建单位之间建设工程合同的合同条件。因此,监理工程师在明确业主提出的监理目标和监理工作内容要求后,应与业主协商,明确相应的授权,达成共识后明确反映在委托监理合同中及建设工程合同中。据此,监理工程师才能开展监理活动。

（2）总监理工程师代表监理单位全面履行建设工程委托监理合同,承担合同中确定的监理方向业主方所承担的义务和责任。因此,在委托监理合同实施中,监理单位应给总监理工程师充分授权,体现权责一致的原则。

3）总监理工程师负责制的原则

总监理工程师是工程监理全部工作的负责人。要建立和健全总监理工程师负责制,就要明确权、责、利关系,健全项目监理机构,建立科学的运行制度、现代化的管理手段,形成以总监理工程师为首的高效能的决策指挥体系。

总监理工程师负责制的内涵包括:

（1）总监理工程师是工程监理的责任主体。责任是总监理工程师负责制的核心,它构成了对总监理工程师的工作压力与动力,也是确定总监理工程师权力和利益的依据。

所以,总监理工程师应是向业主和监理单位所负责任的承担者。

(2)总监理工程师是工程监理的权力主体。根据总监理工程师承担责任的要求,总监理工程师全面领导建设工程的监理工作,包括组建项目监理机构,主持编制建设工程监理规划,组织实施监理活动,对监理工作总结、监督、评价。

4)严格监理、热情服务的原则

(1)严格监理,就是各级监理人员严格按照国家政策、法规、规范、标准和合同控制建设工程的目标,依照既定的程序和制度,认真履行职责,对承建单位进行严格监理。

(2)监理工程师还应为业主提供热情的服务,应运用合理的技能,谨慎而勤奋地工作。由于业主一般不熟悉建设工程管理与技术业务,监理工程师应按照委托监理合同的要求多方位、多层次地为业主提供良好的服务,维护业主的正当权益。但是,不能因此而一味向各承建单位转嫁风险,从而损害承建单位的正当经济利益。

5)综合效益的原则

建设工程监理活动既要考虑业主的经济效益,也必须考虑与社会效益和环境效益的有机统一。建设工程监理活动虽经业主的委托和授权才得以进行,但监理工程师应首先严格遵守国家的建设管理法律、法规、标准等,以高度负责的态度和责任感,既对业主负责,谋求最大的经济效益,又要对国家和社会负责,取得最佳的综合效益。只有在符合宏观经济效益、社会效益和环境效益的条件下,业主投资项目的微观经济效益才能得以实现。

6. 建立项目监理机构的步骤有哪些?

监理单位在组建项目监理机构时,一般按以下步骤进行。

1)确定项目监理机构目标

建设工程监理目标是项目监理机构建立的前提,项目监理机构建立应根据委托监理合同中确定的监理目标,制定总目标并明确划分监理机构的分解目标。

2)确定监理工作内容

根据监理目标和委托监理合同中规定的监理任务,明确列出监理工作内容,并进行分类归并及组合。监理工作的归并及组合应便于监理目标控制,并综合考虑监理工程的组织管理模式、工程结构特点、合同工期要求、工程复杂程度、工程管理及技术特点;还应考虑监理单位自身组织管理水平、监理人员数量、技术业务特点等。

如果建设工程进行实施阶段全过程监理,监理工作划分可按设计阶段和施工阶段分别归并和组合。

3)项目监理机构的组织结构设计

(1)选择组织结构形式。

由于建设工程规模、性质、建设阶段等的不同,设计项目监理机构在组织结构时应选择适宜的组织结构形式以适应监理工作的需要。组织结构形式选择的基本原则是:有利于工程合同管理,有利于监理目标控制,有利于决策指挥,有利于信息沟通。

(2)合理确定管理层次与管理跨度。

项目监理机构中一般应有三个层次:①决策层。由总监理工程师和其他助手组成,主要根据建设工程委托监理合同的要求和监理活动内容进行科学化、程序化决策与管理。②中间控制层(协调层和执行层)。由各专业监理工程师组成,具体负责监理规划的落实、监理目标控制及合同实施的管理。③作业层(操作层)。主要由监理员、检查员等组成,具体负责监理活动的操作实施。项目监理机构中管理跨度的确定应考虑监理人员的素质、管理活动的复杂性和相似性、监理业务的标准化程度、各项规章制度的建立健全情况、建设工程的集中或分散情况等,按监理工作实际需要确定。

(3)项目监理机构部门划分。

项目监理机构中合理划分各职能部门,应依据监理机构目标、监理机构可利用的人力和物力资源以及合同结构情况,将投资控制、进度控制、质量控制、合同管理、组织协调等监理工作内容按不同的职能活动形成相应的管理部门。

(4)制定岗位职责及考核标准。

岗位职务及职责的确定,要有明确的目的性,不可因人设事。根据责权一致的原则,应进行适当的授权,以承担相应的职责;并应确定考核标准,对监理人员的工作进行定期考核,包括考核内容、考核标准及考核时间。表 9-1 和表 9-2 分别为项目总监理工程师和专业监理工程师岗位职责及考核标准。

表 9-1　项目总监理工程师岗位职责及考核标准

项目	职责内容	考核要求	
		标准	时间
工作目标	1. 投资控制	符合投资控制计划目标	每月(季)末
	2. 进度控制	符合合同工期及总进度控制计划目标	每月(季)末
	3. 质量控制	符合质量控制计划目标	工程各阶段末
基本职责	1. 根据监理合同,建立和有效管理项目监理机构	1. 监理组织机构科学合理 2. 监理机构有效运行	每月(季)末
	2. 主持编写与组织实施监理规划,审批监理实施细则	1. 对工程监理工作系统策划 2. 监理实施细则符合监理规划要求,具有可操作性	编写和审核完成后
	3. 审查分包单位资质	符合合同要求	一周内
	4. 监督和指导专业监理工程师对投资、进度、质量进行监理,审核、签发有关文件资料,处理有关事项	1. 监理工作处于正常工作状态 2. 工程处于受控状态	每月(季)末
	5. 做好监理过程中有关各方的协调工作	工程处于受控状态	每月(季)末
	6. 主持整理建设工程的监理资料	及时、准确、完整	按合同约定

表 9-2　专业监理工程师岗位职责及考核标准

项目	职责内容	考核要求	
		标准	时间
工作目标	1. 投资控制	符合投资控制分解目标	每周(月)末
	2. 进度控制	符合合同工期及总进度控制分解目标	每周(月)末
	3. 质量控制	符合质量控制分解目标	工程各阶段末
基本职责	1. 熟悉工程情况,制订本专业监理工作计划和监理实施细则	反映专业特点,具有可操作性	实施前一个月
	2. 具体负责本专业的监理工作	1. 工程监理工作有序 2. 工程处于受控状态	每周(月)末
	3. 做好监理机构内各部门之间的监理任务的衔接、配合工作	监理工作各负其责,相互配合	每周(月)末
	4. 处理与本专业有关的问题,对投资、进度、质量有重大影响的监理问题应及时报告总监理工程师	1. 工程处于受控状态 2. 及时、真实	每周(月)末
	5. 负责与本专业有关的签证、通知、备忘录,及时向总监理工程师提交报告、报表资料等	及时、真实、准确	每周(月)末
	6. 管理本专业建设工程的监理资料	及时、准确、完整	每周(月)末

4)选派监理人员

根据监理工作的任务选择适当的监理人员,包括总监理工程师、专业监理工程师和监理员,必要时可配备总监理工程师代表。监理人员的选择除应考虑个人素质外,还应考虑人员总体构成的合理性与协调性。

我国《建设工程监理规范》规定,项目总监理工程师应由具有三年以上同类工程监理工作经验的人员担任;总监理工程师代表应由具有二年以上同类工程监理工作经验的人员担任;专业监理工程师应由具有一年以上同类工程监理工作经验的人员担任。并且项目监理机构的监理人员应专业配套,数量满足建设工程监理工作的需要。

5)制定工作流程和信息流程

为使监理工作科学、有序进行,应按监理工作的客观规律制定工作流程和信息流程,规范化地开展监理工作。

7. 项目监理机构中的人员如何配备?

项目监理机构中配备监理人员的数量和专业应根据监理的任务范围、内容、期限以及工程的类别、规模、技术复杂程度、工程环境等因素综合考虑,并应符合委托监理合同中对监理深度和密度的要求,能体现项目监理机构的整体素质,满足监理目标控制的要求。

1)项目监理机构的人员结构

项目监理机构应具有合理的人员结构,包括以下两方面的内容:

(1)合理的专业结构。即项目监理机构应由与监理工程的性质(是民用项目或是专业性强的生产项目)及业主对工程监理的要求(是全过程监理或是某一阶段如设计或施工阶段的监理,是投资、质量、进度的多目标控制或是某一目标的控制)相适应的各专业人员组成,也就是各专业人员要配套。

一般来说,项目监理机构应具备与所承担的监理任务相适应的专业人员。但是当监理工程局部有某些特殊性,或业主提出某些特殊的监理要求而需要采用某种特殊的监控手段时,如局部的钢结构、网架、罐体等质量监控需采用无损探伤、X 光及超声探测仪,水下及地下混凝土桩基需采用遥测仪器探测等,应将这些局部的、专业性强的监控工作另行委托给有相应资质的咨询机构来承担,也应视为保证了人员合理的专业结构。

(2)合理的技术职务、职称结构。为了提高管理效率和经济性,项目监理机构的监理人员应根据建设工程的特点和建设工程监理工作的需要确定其技术职称、职务结构。合理的技术职称结构表现在高级职称、中级职称和初级职称有与监理工作要求相称的比例。一般来说,决策阶段、设计阶段的监理,具有高级职称及中级职称的人员在整个监理人员构成中应占绝大多数。施工阶段的监理,可有较多的初级职称人员从事实际操作,如旁站、填记日志、现场检查、计量等。这里说的初级职称指助理工程师、助理经济师、技术员、经济员,还可包括具有相应能力的实践经验丰富的工人(应能看懂图纸、正确填报有关原始凭证)。施工阶段项目监理机构监理人员要求的技术职称结构如表9-3 所示。

表 9-3　施工阶段项目监理机构监理人员要求的技术职称结构

层次	人员	职能	职称职务要求
决策层	总监理工程师、总监理工程师代表、专业监理工程师、	项目监理的策划、规划;组织、协调、监控、评价等	高级职称
执行层/协调层	专业监理工程师	项目监理实施的具体组织、指挥、控制/协调	中级职称
作业层/操作层	监理员	具体业务的执行	初级职称

2)项目监理机构监理人员数量的确定

A.影响项目监理机构人员数量的主要因素

(1)工程建设强度。工程建设强度是指单位时间内投入的建设工程资金的数量,用下式表示:

$$工程建设强度 = 投资/工期$$

其中,投资和工期是指由监理单位所承担的那部分工程的建设投资和工期。一般投资费用可按工程估算、概算或合同价计算,工期是根据进度总目标及其分目标计算。

显然,工程建设强度越大,需投入的项目监理人数越多。

(2)建设工程复杂程度。根据一般工程的情况,工程复杂程度涉及以下各项因素:设计活动多少、工程地点位置、气候条件、地形条件、工程地质、施工方法、工程性质、工期要求、材料供应、工程分散程度等。

根据上述各项因素的具体情况,可将工程分为若干工程复杂程度等级。不同等级的工程需要配备的项目监理人员数量有所不同。例如,可将工程复杂程度按五级划分:简单、一般、一般复杂、复杂、很复杂。工程复杂程度定级可采用定量办法:对构成工程复杂程度的每一因素由专家根据工程实际情况给出相应权重,将各影响因素的评分加权平均后根据其值的大小确定该工程的复杂程度等级。例如,将工程复杂程度按 10 分制计评,则平均分值 1~3 分、3~5 分、5~7 分、7~9 分者依次为简单工程、一般工程、一般复杂工程和复杂工程,9 分以上为很复杂工程。

显然,简单工程需要的项目监理人员较少,而复杂工程需要的项目监理人员较多。

(3)监理单位的业务水平。每个监理单位的业务水平和对某类工程的熟悉程度不完全相同,在监理人员素质、管理水平和监理的设备手段等方面也存在差异,这都会直接影响到监理效率的高低。高水平的监理单位可以投入较少的监理人力完成一个建设工程的监理工作,而一个经验不足或管理水平不高的监理单位则需投入较多的监理人力。因此,各监理单位应当根据自己的实际情况制定监理人员需要量定额。

(4)项目监理机构的组织结构和任务职能分工。项目监理机构的组织结构情况关系到具体的监理人员配备,务必使项目监理机构任务职能分工的要求得到满足。必要时,还需要根据项目监理机构的职能分工对监理人员的配备作进一步的调整。

有时监理工作需要委托专业咨询机构或专业监测、检验机构进行,当然,项目监理机构的监理人员数量可适当减少。

B.项目监理机构人员数量的确定方法

项目监理机构人员数量的确定方法可按如下步骤进行:

(1)项目监理机构人员需要量定额。根据监理工程师的监理工作内容和工程复杂程度等级,测定、编制项目监理机构监理人员需要量定额,如表9-4所示。

表9-4　监理人员需要量定额　　(单位:人·年/百万美元)

工程复杂程度	监理工程师	监理员	行政、文秘人员
简单工程	0.20	0.75	0.10
一般工程	0.25	1.00	0.10
一般复杂工程	0.35	1.10	0.25
复杂工程	0.50	1.50	0.35
很复杂工程	>0.50	>1.50	>0.35

(2)确定工程建设强度。根据监理单位承担的监理工程,确定工程建设强度。例如:某工程分为两个子项目,合同总价为 3 900 万美元,其中子项目 1 合同价为 2 100 万美元,子项目 2 合同价为 1 800 万美元,合同工期为 30 个月。

工程建设强度 = 3 900 ÷ 30 × 12 = 1 560(万美元/年) = 15.6(百万美元/年)

（3）确定工程复杂程度。按构成工程复杂程度的 10 个因素考虑，根据本工程实际情况分别按 10 分制打分。具体结果见表 9-5。

表 9-5　工程复杂程度等级评定

项次	影响因素	子项目 1	子项目 2
1	设计活动	5	6
2	工程位置	9	5
3	气候条件	5	5
4	地形条件	7	5
5	工程地质	4	7
6	施工方法	4	6
7	工期要求	5	5
8	工程性质	6	6
9	材料供应	4	5
10	分散程度	5	5
平均分值		5.4	5.5

根据计算结果，此工程为一般复杂工程。

（4）根据工程复杂程度和工程建设强度套用监理人员需要量定额。从定额中可查到相应项目监理机构监理人员需要量如下（人·年/百万美元）：

监理工程师：0.35；监理员：1.1；行政文秘人员：0.25。

各类监理人员数量如下：

监理工程师：$0.35 \times 15.6 = 5.46$（人），按 6 人考虑；

监理员：$1.10 \times 15.6 = 17.16$（人），按 17 人考虑；

行政文秘人员：$0.25 \times 15.6 = 3.9$（人），按 4 人考虑。

（5）根据实际情况确定监理人员数量。本建设工程的项目监理机构的直线制组织结构如图 9-1 所示。

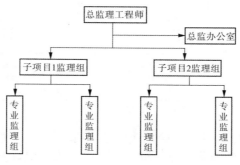

图 9-1　项目监理机构的直线制组织结构

根据项目监理机构情况决定每个部门各类监理人员如下：

监理总部(包括总监理工程师、总监理工程师代表和总监理工程师办公室)：总监理工程师1人，总监理工程师代表1人，行政文秘人员2人。

子项目1监理组：专业监理工程师2人，监理员9人，行政文秘人员1人。

子项目2监理组：专业监理工程师2人，监理员8人，行政文秘人员1人。

施工阶段项目监理机构的监理人员数量一般不少于3人。

项目监理机构的监理人员数量和专业配备应随工程施工进展情况作相应的调整，从而满足不同阶段监理工作的需要。

8. 项目监理机构中各类人员的基本职责是什么？

施工阶段，按照《建设工程监理规范》的规定，项目总监理工程师、总监理工程师代表、专业监理工程师和监理员应分别履行以下职责。

1)总监理工程师职责

(1)确定项目监理机构人员的分工和岗位职责。

(2)主持编写项目监理规划、审批项目监理实施细则，并负责管理项目监理机构的日常工作。

(3)审查分包单位的资质，并提出审查意见。

(4)检查和监督监理人员的工作，根据工程项目的进展情况可进行人员调配，对不称职的人员应调换其工作。

(5)主持监理工作会议，签发项目监理机构的文件和指令。

(6)审定承包单位提交的开工报告、施工组织设计、技术方案、进度计划。

(7)审核签署承包单位的申请、支付证书和竣工结算。

(8)审查和处理工程变更。

(9)主持或参与工程质量事故的调查。

(10)调解建设单位与承包单位的合同争议、处理索赔、审批工程延期。

(11)组织编写并签发监理月报、监理工作阶段报告、专题报告和项目监理工作总结。

(12)审核签认分部工程和单位工程的质量检验评定资料，审查承包单位的竣工申请，组织监理人员对待验收的工程项目进行质量检查，参与工程项目的竣工验收。

(13)主持整理工程项目的监理资料。

总监理工程师不得将下列工作委托总监理工程师代表：①主持编写项目监理规划、审批项目监理实施细则；②签发工程开工/复工报审表、工程暂停令、工程款支付证书、工程竣工报验单；③审核签认竣工结算；④调解建设单位与承包单位的合同争议、处理索赔；⑤根据工程项目的进展情况进行监理人员的调配，调换不称职的监理人员。

2)总监理工程师代表职责

(1)负责总监理工程师指定或交办的监理工作。

(2)按总监理工程师的授权，行使总监理工程师的部分职责和权力。

3)专业监理工程师职责

(1)负责编制本专业的监理实施细则。

(2)负责本专业监理工作的具体实施。

（3）组织、指导、检查和监督本专业监理员的工作,当人员需要调整时,向总监理工程师提出建议。

（4）审查承包单位提交的涉及本专业的计划、方案、申请、变更,并向总监理工程师提出报告。

（5）负责本专业分项工程验收及隐蔽工程验收。

（6）定期向总监理工程师提交本专业监理工作实施情况报告,对重大问题及时向总监理工程师汇报和请示。

（7）根据本专业监理工作实施情况做好监理日记。

（8）负责本专业监理资料的收集、汇总及整理,参与编写监理月报。

（9）核查进场材料、设备、构配件的原始凭证、检测报告等质量证明文件及其质量情况,根据实际情况认为有必要时对进场材料、设备、构配件进行平行检验,合格时予以签认。

（10）负责本专业的工程计量工作,审核工程计量的数据和原始凭证。

4）监理员职责

（1）在专业监理工程师的指导下开展现场监理工作。

（2）检查承包单位投入工程项目的人力、材料、主要设备及其使用、运行状况,并做好检查记录。

（3）复核或从施工现场直接获取工程计量的有关数据并签署原始凭证。

（4）按设计图及有关标准,对承包单位的工艺过程或施工工序进行检查和记录,对加工制作及工序施工质量检查结果进行记录。

（5）担任旁站工作,发现问题及时指出并向专业监理工程师报告。

（6）做好监理日记和有关的监理记录。

9. 项目监理机构组织协调的工作内容有哪些?

项目监理机构组织协调的工作内容包括以下几方面。

1）项目监理机构内部的协调

A. 项目监理机构内部人际关系的协调

项目监理机构是由人组成的工作体系,工作效率很大程度上取决于人际关系的协调程度,总监理工程师应首先抓好人际关系的协调,激励项目监理机构成员。

（1）在人员安排上要量才录用。对项目监理机构各种人员,要根据每个人的专长进行安排,做到人尽其才。人员的搭配应注意能力互补和性格互补,人员配置应尽可能少而精,防止力不胜任和忙闲不均现象。

（2）在工作委任上要职责分明。对项目监理机构内的每一个岗位,都应订立明确的目标和岗位责任制,应通过职能清理,使管理职能不重不漏,做到事事有人管、人人有专责,同时明确岗位职权。

（3）在成绩评价上要实事求是。谁都希望自己的工作做出成绩,并得到肯定。但工作成绩的取得,不仅需要主观努力,而且需要一定的工作条件和相互配合。要发扬民主作风,实事求是评价,以免人员无功自傲或有功受屈,使每个人热爱自己的工作,并对工作充满信心和希望。

（4）在矛盾调解上要恰到好处。人员之间的矛盾总是存在的,一旦出现矛盾就应进行调解,要多听取项目监理机构成员的意见和建议,及时沟通,使人员始终处于团结、和谐、热情高涨的工作气氛之中。

B. 项目监理机构内部组织关系的协调

项目监理机构是由若干部门(专业组)组成的工作体系。每个专业组都有自己的目标和任务。如果每个子系统都从建设工程的整体利益出发,理解和履行自己的职责,则整个系统就会处于有序的良性状态;否则,整个系统便处于无序的紊乱状态,导致功能失调,效率下降。

项目监理机构内部组织关系的协调可从以下几方面进行:

（1）在职能划分的基础上设置组织机构,根据工程对象及委托监理合同所规定的工作内容,确定职能划分,并相应设置配套的组织机构。

（2）明确规定每个部门的目标、职责和权限,最好以规章制度的形式作出明文规定。

（3）事先约定各个部门在工作中的相互关系。在工程建设中,许多工作是由多个部门共同完成的,有主办、牵头和协作、配合之分,事先约定,才不至于出现误事、脱节等贻误工作的现象。

（4）建立信息沟通制度,如采用工作例会、业务碰头会、发会议纪要、工作流程图或信息传递卡等方式来沟通信息,这样可使局部了解全局,服从并适应全局需要。

（5）及时消除工作中的矛盾或冲突。总监理工程师应采用民主的作风,注意从心理学、行为科学的角度激励各个成员的工作积极性;采用公开的信息政策,让大家了解建设工程实施情况、遇到的问题或危机;经常性地指导工作,和成员一起商讨遇到的问题,多倾听他们的意见、建议,鼓励大家同舟共济。

C. 项目监理机构内部需求关系的协调

建设工程监理实施中有人员需求、试验设备需求、材料需求等,而资源是有限的,因此内部需求平衡至关重要。需求关系的协调可从以下环节进行:

（1）对监理设备、材料的平衡。建设工程监理开始时,要做好监理规划和监理实施细则的编写工作,提出合理的监理资源配置,要注意抓住期限上的及时性、规格上的明确性、数量上的准确性、质量上的规定性。

（2）对监理人员的平衡。要抓住调度环节,注意各专业监理工程师的配合。一个工程包括多个分部分项工程,复杂性和技术要求各不相同,就存在监理人员配备、衔接和调度问题(如土建工程的主体阶段,主要是钢筋混凝土工程或预应力钢筋混凝土工程;设备安装阶段,材料、工艺和测试手段就不同)。监理力量的安排必须考虑到工程进展情况,作出合理的安排,以保证工程监理目标的实现。

2）与业主的协调

监理实践证明,监理目标的顺利实现和与业主协调的好坏有很大的关系。

我国长期的计划经济体制使得业主合同意识差、随意性大,主要体现在:一是沿袭计划经济时期的基建管理模式,搞"大统筹,小监理",在一个建设工程上,业主的管理人员要比监理人员多或管理层次多,对监理工作干涉多,并插手监理人员应做的具体工作;二是不把合同中规定的权力交给监理单位,致使监理工程师有职无权,发挥不了作用;三是科学管理意识差,在建设工程目标确定上压工期、压造价,在建设工程实施过程中变更多或时效不按要求,给监理工作的质量、进度、投资控制带来困难。因此,与业主的协调是监理工作的重点和难点。监理工程师应从以下几方面加强与业主的协调:

(1)监理工程师首先要理解建设工程总目标、理解业主的意图。对于未能参加项目决策过程的监理工程师,必须了解项目构思的基础、起因、出发点,否则可能对监理目标及完成任务有不完整的理解,会给他的工作造成很大的困难。

(2)利用工作之便做好监理宣传工作,增进业主对监理工作的理解,特别是对建设工程管理各方职责及监理程序的理解;主动帮助业主处理建设工程中的事务性工作,以自己规范化、标准化、制度化的工作去影响和促进双方工作的协调一致。

(3)尊重业主,让业主一起投入建设工程全过程。尽管有预定的目标,但建设工程实施必须执行业主的指令,使业主满意。对业主提出的某些不适当的要求,只要不属于原则问题,都可先执行,然后利用适当时机、采取适当方式加以说明或解释;对于原则性问题,可采取书面报告等方式说明原委,尽量避免发生误解,以使建设工程顺利实施。

3)与承包商的协调

监理工程师对质量、进度和投资的控制都是通过承包商的工作来实现的,所以做好与承包商的协调工作是监理工程师组织协调工作的重要内容。

(1)坚持原则,实事求是,严格按规范、规程办事,讲究科学态度。监理工程师在监理工作中应强调各方面利益的一致性和建设工程总目标;监理工程师应鼓励承包商将建设工程实施状况、实施结果、遇到的困难和意见向他汇报,以寻找对目标控制可能的干扰,双方了解得越多越深刻,监理工作中的对抗和争执就越少。

(2)协调不仅是方法、技术问题,更多的是语言艺术、感情交流和用权适度问题。有时尽管协调意见是正确的,但由于方式或表达不妥,反而会激化矛盾。而高超的协调能力则往往起到事半功倍的效果,令各方面都满意。

(3)施工阶段的协调工作内容。

施工阶段协调工作的主要内容如下:

①与承包商项目经理关系的协调。从承包商项目经理及其工地工程师的角度来说,他们最希望监理工程师是公正、通情达理并容易理解别人的;希望从监理工程师处得到明确而不是含糊的指示,并且能够对他们所询问的问题给予及时的答复;希望监理工程师的指示能够在他们工作之前发出。他们可能对本本主义者以及工作方法僵硬的监理工程师最为反感。这些心理现象,作为监理工程师来说,应该非常清楚。一个既懂得坚持原则,又善于理解承包商项目经理的意见,工作方法灵活,随时可能提出或愿意接受变通办法的监理工程师肯定是受欢迎的。

②进度问题的协调。由于影响进度的因素错综复杂,因而进度问题的协调工作也十分复杂。实践证明,有两项协调工作很有效:一是业主和承包商双方共同商定一级网络计划,并由双方主要负责人签字,作为工程施工合同的附件;二是设立提前竣工奖,由监理工程师按一级网络计划节点考核,分期支付阶段工期奖,如果整个工程最终不能保证工期,由业主从工程款中将已付的阶段工期奖扣回并按合同规定予以罚款。

③质量问题的协调。在质量控制方面应实行监理工程师质量签字认可制度。对没有

出厂证明、不符合使用要求的原材料、设备和构件,不准使用;对工序交接实行报验签证;对不合格的工程部位不予验收签字,也不予计算工程量,不予支付工程款。在建设工程实施过程中,设计变更或工程内容的增减是经常出现的,有些是合同签订时无法预料和明确规定的。对于这种变更,监理工程师要认真研究,合理计算价格,与有关方面充分协商,达成一致意见,并实行监理工程师签证制度。

④对承包商违约行为的处理。在施工过程中,监理工程师对承包商的某些违约行为进行处理是一件很慎重而又难免的事情。当发现承包商采用一种不适当的方法进行施工,或是用了不符合合同规定的材料时,监理工程师除立即制止外,可能还要采取相应的处理措施。遇到这种情况,监理工程师应该考虑的是自己的处理意见是否是监理权限以内的,根据合同要求,自己应该怎么做等。在发现质量缺陷并需要采取措施时,监理工程师必须立即通知承包商。监理工程师要有时间期限的概念,否则承包商有权认为监理工程师对已完成的工程内容是满意或认可的。

监理工程师最担心的可能是工程总进度和质量受到影响。有时,监理工程师会发现承包商的项目经理或某个工地工程师不称职,此时明智的做法是继续观察一段时间,待掌握足够的证据时,总监理工程师可以正式向承包商发出警告。万不得已时,总监理工程师有权要求撤换承包商的项目经理或工地工程师。

⑤合同争议的协调。对于工程中的合同争议,监理工程师应首先采用协商解决的方式,协商不成时才由当事人向合同管理机关申请调解。只有当对方严重违约而使自己的利益受到重大损失而不能得到补偿时才采用仲裁或诉讼手段。如果遇到非常棘手的合同争议问题,不妨暂时搁置等待时机,另谋良策。

⑥对分包单位的管理。主要是对分包单位明确合同管理范围,分层次管理。将总包合同作为一个独立的合同单元进行投资、进度、质量控制和合同管理,不直接和分包合同发生关系。对分包合同中的工程质量、进度进行直接跟踪监控,通过总包商进行调控、纠偏。分包商在施工中发生的问题由总包商负责协调处理,必要时,监理工程师帮助协调。当分包合同条款与总包合同发生抵触,以总包合同条款为准。此外,分包合同不能解除总包商对总包合同所承担的任何责任和义务。分包合同发生的索赔问题,一般由总包商负责,涉及总包合同中业主义务和责任时,由总包商通过监理工程师向业主提出索赔,由监理工程师进行协调。

⑦处理好人际关系。在监理过程中,监理工程师处于一种十分特殊的位置。业主希望得到独立、专业的高质量服务,而承包商则希望监理单位能对合同条件有一个公正的解释。因此,监理工程师必须善于处理各种人际关系,既要严格遵守职业道德,礼貌而坚决地拒收任何礼物,以保证行为的公正性,也要利用各种机会增进与各方面人员的友谊与合作,以利于工程的进展。否则,便有可能引起业主或承包商对其可信赖程度的怀疑。

4)与设计单位的协调

监理单位必须协调与设计单位的工作,以加快工程进度,确保质量,降低消耗。

(1)真诚尊重设计单位的意见。例如,在设计单位向承包商介绍工程概况、设计意图、技术要求、施工难点等情况时,注意标准过高、设计遗漏、图纸差错等问题,并将这些问题解决在施工之前;施工阶段,严格按图施工;结构工程验收、专业工程验收、竣工验收等工作,约请设计代表参加;若发生质量事故,认真听取设计单位的处理意见,等等。

(2)施工中发现设计问题,应及时向设计单位提出,以免造成大的直接损失;若监理单位掌握比原设计更先进的新技术、新工艺、新材料、新结构、新设备时,可主动向设计单位推荐。为使设计单位有修改设计的余地而不影响施工进度,可与设计单位达成协议,限定一个期限,争取设计单位、承包商的理解和配合。

(3)注意信息传递的及时性和程序性。这里要注意的是,在施工监理的条件下,监理单位与设计单位都是受业主委托进行工作的,两者之间并没有合同关系,所以监理单位主要是和设计单位做好交流工作,协调要靠业主的支持。设计单位应就其设计质量对建设单位负责,因此《中华人民共和国建筑法》中指出:"工程监理人员发现工程设计不符合建筑工程质量标准或者合同约定的质量要求的,应当报告建设单位要求设计单位改正。"

5)与政府部门及其他单位的协调

一个建设工程的开展还存在政府部门及其他单位的影响,如政府部门、金融组织、社会团体、新闻媒介等,它们对建设工程起着一定的控制、监督、支持、帮助作用,这些关系若协调不好,建设工程实施也可能严重受阻。

(1)与政府部门的协调。

①工程质量监督站是由政府授权的工程质量监督的实施机构,对委托监理的工程,质量监督站主要是核查勘察设计、施工单位和监理单位的资质、行为和检查工程质量。监理单位在进行工程质量控制和质量问题处理时,要做好与工程质量监督站的交流和协调。

②重大质量事故,在承包商采取急救、补救措施的同时,应敦促承包商立即向政府有关部门报告情况,接受检查和处理。

③建设工程合同应送公证机关公证,并报政府建设管理部门备案;征地、拆迁、移民要争取政府有关部门支持和协作;现场消防设施的配置,宜请消防部门检查认可;要敦促承包商在施工中注意防止环境污染,坚持做到文明施工。

(2)协调与社会团体的关系。

一些大中型建设工程建成后,不仅会给业主带来效益,还会给该地区的经济发展带来好处,同时给当地人民生活带来方便,因此必然会引起社会各界关注。业主和监理单位应把握机会,争取社会各界对建设工程的关心和支持。这是一种争取良好社会环境的协调。

对本部分的协调工作,从组织协调的范围看是属于远外层的管理。远外层关系由业主负责主持,监理单位负责近外层关系的协调。如业主和监理单位对此有分歧,可在委托监理合同中详细注明。

10. 建设工程监理组织协调的常用方法有哪些?

监理工程师组织协调可采用如下方法。

1)会议协调法

会议协调法是建设工程监理中最常用的一种协调方法,实践中常用的会议协调法包括第一次工地会议、监理例会、专业性监理会议等。

A. 第一次工地会议

第一次工地会议是建设工程尚未全面展开前,履约各方相互认识、确定联络方式的会议,也是检查开工前各项准备工作是否就绪并明确监理程序的会议。第一次工地会议应在项目总监理工程师下达开工令之前举行,会议由建设单位主持召开,监理单位和总承包单位的授权代表参加,也可邀请分包单位参加,必要时邀请有关设计单位人员参加。

B. 监理例会

(1)监理例会是由总监理工程师主持,按一定程序召开的,研究施工中出现的计划、进度、质量及工程款支付等问题的工地会议。

(2)监理例会应当定期召开,宜每周召开一次。

(3)参加人包括:项目总监理工程师(也可为总监理工程师代表)、其他有关监理人员、承包商项目经理、承包单位其他有关人员。需要时,还可邀请其他有关单位代表参加。

(4)会议的主要议题如下:①对上次会议存在问题的解决和纪要的执行情况进行检查;②工程进展情况;③对下月(或下周)的进度预测;④施工单位投入的人力、设备情况;⑤施工质量、加工订货、材料的质量与供应情况;⑥有关协调问题;⑦索赔及工程款支付;⑧质量问题处理措施。

(5)会议纪要。会议纪要由项目监理机构起草,经与会各方签认,然后分发给有关单位。会议记录内容如下:①会议地点及时间;②出席者姓名、职务及他们代表的单位;③会议中发言者的姓名及所发表的主要内容;④决定事项;⑤诸事项分别由何人何时执行。

C. 专业性监理会议

除定期召开工地监理例会以外,还应根据需要组织召开一些专业性协调会议,例如加工定货会、业主直接分包工程内容的承包单位与总包单位之间的协调会、专业性较强的分包单位进场协调会等,由授权的监理工程师主持会议。

2)交谈协调法

在实践中,并不是所有问题都需要开会来解决,有时可采用"交谈"这一方法。交谈包括面对面的交谈和电话交谈两种形式。

无论是内部协调还是外部协调,这种方法使用频率都是相当高的。其作用在于:

(1)保持信息畅通。由于交谈本身没有合同效力及其方便性和及时性,所以建设工程参与各方之间及监理机构内部都愿意采用这一方法进行。

(2)寻求协作和帮助。在寻求别人帮助和协作时,往往要及时了解对方的反应和意见,以便采取相应的对策。另外,相对于书面寻求协作,人们更难于拒绝面对面的请求。因此,采用交谈方式请求协作和帮助比采用书面方法实现的可能性要大。

(3)及时地发布工程指令。在实践中,监理工程师一般都采用交谈方式先发布口头指令。这样,一方面可以使对方及时地执行指令,另一方面可以和对方进行交流,了解对方是否正确理解了指令。随后,再以书面形式加以确认。

3)书面协调法

当会议或者交谈不方便或不需要时,或者需要精确地表达自己意见时,就会用到书面协调的方法。书面协调方法的特点是具有合同效力,一般常用于以下几方面:

(1)不需双方直接交流的书面报告、报表、指令和通知等。

(2)需要以书面形式向各方提供详细信息和情况通报的报告、信函和备忘录等。

(3)事后对会议记录、交谈内容或口头指令的书面确认。

4）访问协调法

访问法主要用于外部协调中,有走访和邀访两种形式。走访是指监理工程师在建设工程施工前或施工过程中,对与工程施工有关的各政府部门、公共事业机构、新闻媒介或工程毗邻单位等进行访问,向他们解释工程的情况,了解他们的意见。邀访是指监理工程师邀请上述各单位(包括业主)代表到施工现场对工程进行指导性巡视,了解现场工作。因为在多数情况下,这些有关方面并不了解工程,不清楚现场的实际情况,如果进行一些不恰当的干预,会对工程产生不利影响。这个时候,采用访问法可能是一个相当有效的协调方法。

5）情况介绍法

情况介绍法通常与其他协调方法是紧密结合在一起的,它可能是在一次会议前,或是一次交谈前,或是一次走访或邀访前向对方进行的情况介绍。形式上主要是口头的,有时也伴有书面的。介绍往往作为其他协调的引导,目的是使别人首先了解情况。因此,监理工程师应重视任何场合下的每一次介绍,要使别人能够理解你介绍的内容、问题和困难、你想得到的协助等。

总之,组织协调是一种管理艺术和技巧,监理工程师尤其是总监理工程师需要掌握领导科学、心理学、行为科学方面的知识和技能,如激励、交际、表扬和批评的艺术,开会的艺术,谈话的艺术,谈判的技巧等。只有这样,监理工程师才能进行有效的协调。

第六节　建设工程监理规划

1. 简述建设工程监理大纲、监理规划、监理实施细则三者之间的关系。

监理大纲、监理规划、监理实施细则是相互关联的,都是构成建设工程监理工作文件的组成部分,它们之间存在着明显的依据性关系:在编写监理规划时,一定要严格根据监理大纲的有关内容来编写;在制定监理实施细则时,一定要在监理规划的指导下进行。

1）监理大纲

监理大纲又称监理方案,它是监理单位在业主开始委托监理的过程中,特别是在业主进行监理招标过程中,为承揽到监理业务而编写的监理方案性文件。

监理单位编制监理大纲有以下两个作用:一是使业主认可监理大纲中的监理方案,从而承揽到监理业务;二是为项目监理机构今后开展监理工作制订基本的方案。为使监理大纲的内容和监理实施过程紧密结合,监理大纲的编制人员应当是监理单位经营部门或技术管理部门人员,也应包括拟定的总监理工程师。总监理工程师参与编制监理大纲有利于监理规划的编制。监理大纲的内容应当根据业主所发布的监理招标文件的要求而制定,一般来说,应该包括如下主要内容:

(1)拟派往项目监理机构的监理人员情况介绍。在监理大纲中,监理单位需要介绍拟派往所承揽或投标工程的项目监理机构的主要监理人员,并对他们的资格情况进行说明。其中,应该重点介绍拟派往投标工程的项目总监理工程师的情况,这往往决定承揽监理业务的成败。

(2)拟采用的监理方案。监理单位应当根据业主所提供的工程信息,并结合自己在投标中所初步掌握的工程资料,制订出拟采用的监理方案。监理方案的具体内容包括:项目监理机构的方案、建设工程三大目标的具体控制方案、工程建设各种合同的管理方案、项目监理机构在监理过程中进行组织协调的方案等。

(3)将提供给业主的监理阶段性文件。在监理大纲中,监理单位还应该明确未来工程监理工作中向业主提供的阶段性的监理文件,这将有助于满足业主掌握工程建设过程的需要,有利于监理单位顺利承揽该建设工程的监理业务。

2)监理规划

监理规划是监理单位接受业主委托并签订委托监理合同之后,在项目总监理工程师的主持下,根据委托监理合同,在监理大纲的基础上,结合工程的具体情况,广泛收集工程信息和资料的情况下制定且经监理单位技术负责人批准,用来指导项目监理机构全面开展监理工作的指导性文件。

从内容范围上讲,监理大纲与监理规划都是围绕着整个项目监理机构所开展的监理工作来编写的,但监理规划的内容要比监理大纲更翔实、更全面。

3)监理实施细则

监理实施细则又简称监理细则,其与监理规划的关系可以比作施工图设计与初步设计的关系。也就是说,监理实施细则是在监理规划的基础上,由项目监理机构的专业监理工程师针对建设工程中某一专业或某一方面监理工作编写,并经总监理工程师批准实施的操作性文件。监理实施细则的作用是指导本专业或本子项目具体监理业务的开展。

2. 建设工程监理规划有何作用?

建设工程监理规划具有以下作用:

(1)指导项目监理机构全面开展监理工作。监理规划的基本作用就是指导项目监理机构全面开展监理工作。建设工程监理的中心目的是协助业主实现建设工程的总目标。实现建设工程总目标是一个系统的过程。它需要制订计划,建立组织,配备合适的监理人员,进行有效地领导,实施工程的目标控制。只有系统地做好上述工作,才能完成建设工程监理的任务,实施目标控制。在实施建设工程监理的过程中,监理单位要集中精力做好目标控制工作。因此,监理规划需要对项目监理机构开展的各项监理工作作出全面、系统的组织和安排。它包括确定监理工作目标,制定监理工作程序,确定目标控制、合同管理、信息管理、组织协调等各项措施和确定各项工作的方法和手段。

(2)监理规划是建设监理主管机构对监理单位监督管理的依据。政府建设监理主管机构对建设工程监理单位要实施监督、管理和指导,对其人员素质、专业配套和建设工程监理业绩要进行核查和考评以确认它的资质和资质等级,以使我国整个建设工程监理行业能够达到应有的水平。要做到这一点,除进行一般性的资质管理工作外,更为重要的是通过监理单位的实际监理工作来认定它的水平。而监理单位的实际水平可从监理规划和它的实施中充分地表现出来。因此,政府建设监理主管机构对监理单位进行考核时,应当十分重视对监理规划的检查,也就是说,监理规划是政府建设监理主管机构监督、管理和指导监理单位开展监理活动的重要依据。

(3)监理规划是业主确认监理单位履行合同的主要依据。监理单位如何履行监理合同,如何落实业主委托监理单位所承担的各项监理服务工作,作为监理的委托方,业主不但需要而且应当了解和确认监理单位的工作。同时,业主有权监督监理单位全面、认真执行监理合同。而监理规划正是业主了解和确认这些问题的最好资料,是业主确认监理单位是否履行监理合同的主要说明性文件。监理规划应当能够全面而详细地为业主监督监理合同的履行提供依据。

实际上,监理规划的前期文件,即监理大纲,是监理规划的框架性文件。而且经由谈判确定的监理大纲应当纳入监理合同的附件之中,成为监理合同文件的组成部分。

(4)监理规划是监理单位内部考核的依据和重要的存档资料。从监理单位内部管理制度化、规范化、科学化的要求出发,需要对各项目监理机构(包括总监理工程师和专业监理工程师)的工作进行考核,其主要依据就是经过内部主管负责人审批的监理规划。

通过考核,可以对有关监理人员的监理工作水平和能力作出客观、正确的评价,从而有利于今后在其他工程上更加合理地安排监理人员,提高监理工作效率。

3.编写建设工程监理规划应注意哪些问题?

编写建设工程监理规划应注意以下几个问题:

1)基本构成内容应当力求统一

监理规划在总体内容组成上应力求做到统一。这是监理工作规范化、制度化、科学化的要求。

监理规划基本构成内容的确定,首先应考虑整个建设监理制度对建设工程监理的内容要求。建设工程监理的主要内容是控制建设工程的投资、工期和质量,进行建设工程合同管理,协调有关单位间的工作关系等,这些内容无疑是构成监理规划的基本内容。如前所述,监理规划的基本作用是指导项目监理机构全面开展监理工作的。所以,对整个监理工作的组织、控制、方法、措施等将成为监理规划必不可少的内容。这样,监理规划构成的基本内容就可以确定下来。至于某一个具体建设工程的监理规划,则要根据监理单位与业主签订的监理合同所确定的监理实际范围和深度来加以取舍。

归纳起来,监理规划基本构成内容应当包括目标规划、项目组织、监理组织、目标控制、合同管理和信息管理。施工阶段监理规划统一的内容要求应当在建设监理法规文件或监理合同中明确下来。

2)具体内容应具有针对性

监理规划基本构成内容应当统一,但各项具体的内容则要有针对性。这是因为,监理规划是指导某一个特定建设工程监理工作的技术组织文件,它的具体内容应与这个建设工程相适应。由于所有建设工程都具有单件性和一次性的特点,也就是说,每个建设工程都有自身的特点,而且每一个监理单位和每一位总监理工程师对某一个具体建设工程在监理思想、监理方法和监理手段等方面都会有自己的独到之处,因此不同的监理单位和不同的监理工程师在编写监理规划的具体内容时,必然会体现出自己鲜明的特色。或许有人会认为这样难以有效辨别建设工程监理规划编写的质量。实际上,由于建设工程监理的目的就是协助业主实现其投资目的,因此某一个建设工程监理规划只要能够对有效实施该工程监理做好指导工作,能够圆满地完成所承担的建设工程监理业务,就是一个合格的建设工程监理规划。

每一个监理规划都是针对某一个具体建设工程的监理工作计划,都必然有它自己的投资目标、进度目标、质量目标，有它自己的项目组织形式，有它自己的监理组织机构，有它自己的目标控制措施、方法和手段，有它自己的信息管理制度，有它自己的合同管理措施。只有具有针对性，建设工程监理规划才能真正起到指导具体监理工作的作用。

3）监理规划应当遵循建设工程的运行规律

监理规划是针对一个具体建设工程编写的，而不同的建设工程具有不同的工程特点、工程条件和运行方式。这也决定了建设工程监理规划必然与工程运行客观规律具有一致性，必须把握和遵循建设工程运行的规律。只有把握建设工程运行的客观规律，监理规划的运行才是有效的，才能实施对这项工程有效的监理。

此外，监理规划要随着建设工程的展开不断地进行补充、修改和完善。它由开始的"粗线条"或"近细远粗"逐步变得完整、完善起来。在建设工程的运行过程中，内外因素和条件不可避免地要发生变化，造成工程的实施情况偏离计划，往往需要调整计划乃至目标，这就必然造成监理规划在内容上也要相应地调整。其目的是使建设工程能够在监理规划的有效控制之下，不能让它成为脱缰的野马，变得无法驾驭。

监理规划要把握建设工程运行的客观规律，就需要不断收集大量的编写信息。如果掌握的工程信息很少，就不可能对监理工作进行详尽的规划。例如，随着设计的不断进展、工程招标方案的出台和实施，工程信息量越来越多，监理规划的内容也就越加趋于完整。就一项建设工程的全过程监理规划来说，想一气呵成的做法是不实际的，也是不科学的，即使编写出来也是一纸空文，没有任何实施的价值。

4）项目总监理工程师是监理规划编写的主持人

监理规划应当在项目总监理工程师主持下编写制定，这是建设工程监理实施项目总监理工程师负责制的必然要求。当然，编制好建设工程监理规划，还要充分调动整个项目监理机构中专业监理工程师的积极性，还要广泛征求各专业监理工程师的意见和建议，而且要吸收其中水平比较高的专业监理工程师共同参与编写。

在监理规划编写的过程中，应当充分听取业主的意见，最大程度地满足他们的合理要求，为进一步搞好监理服务奠定基础。

作为监理单位的业务工作，在编写监理规划时还应当按照本单位的要求进行编写。

5）监理规划一般要分阶段编写

如前所述，监理规划的内容与工程进展密切相关，没有规划信息也就没有规划内容。因此，监理规划的编写需要有一个过程，需要将编写的整个过程划分为若干个阶段。

监理规划编写阶段可按工程实施的各阶段来划分，这样，工程实施各阶段所输出的工程信息就成为相应的监理规划信息，例如，可划分为设计阶段、施工招标阶段和施工阶段。设计的前期阶段，即设计准备阶段应完成规划的总框架并将设计阶段的监理工作进行"近细远粗"的规划，使监理规划内容与已经掌握的工程信息紧密结合；设计阶段结束，大量的工程信息能够提供出来，所以施工招标阶段监理规划的大部分内容能够落实；随着施工的招标进展，各承包单位逐步确定下来，工程施工合同逐步签订，施工阶段监理规划所需的工程信息基本齐备，以便写出完整的施工阶段监理规划。在施工阶段，有关监理规划的主要工作是根据工程进展情况进行调整、修改，使监理规划能够动态地控制整个建设工程的正常进行。

在监理规划的编写过程中需要进行审查和修改,因此监理规划的编写还要留出必要的审查和修改的时间。为此,应当对监理规划的编写时间事先作出明确的规定,以免编写时间过长,从而耽误了监理规划对监理工作的指导,使监理工作陷于被动和无序。

6)监理规划的表达方式应当格式化、标准化

现代科学管理应当讲究效率、效能和效益,其中一个方面就是使控制活动的表达方式格式化、标准化,从而使控制的规划显得更明确、更简洁、更直观。因此,需要选择最有效的方式和方法来表示监理规划的各项内容。比较而言,图、表和简单的文字说明应当是采用的基本方法。我国的建设监理制度应当走规范化、标准化的道路,这是科学管理与粗放型管理在具体工作上的明显区别。可以这样说,规范化、标准化是科学管理的标志之一。所以,编写建设工程监理规划各项内容时应当采用什么表格、图示及哪些内容需要采用简单的文字说明应当作出统一规定。

7)监理规划应该经过审核

监理规划在编写完成后需进行审核并经批准。监理单位的技术主管部门是内部审核单位,其负责人应当签认,同时,还应当按合同约定提交给业主,由业主确认并监督实施。

从监理规划编写的上述要求来看,它的编写既需要由主要负责者(项目总监理工程师)主持,又需要形成编写班子。同时,项目监理机构的各部门负责人也有相关的义务和责任。监理规划涉及建设工程监理工作的各方面,所以,有关部门和人员都应当关注它,使监理规划编制得科学、完备,真正发挥全面指导监理工作的作用。

4.建设工程监理规划编写的依据是什么?

1)工程建设方面的法律、法规

工程建设方面的法律、法规具体包括三个层次:

(1)国家颁布的工程建设有关的法律、法规和政策。这是工程建设相关法律、法规的最高层次。不论在任何地区或任何部门进行工程建设,都必须遵守国家颁布的工程建设相关方面的法律、法规、政策。

(2)工程所在地或所属部门颁布的工程建设相关的法律、法规、规定和政策。一项建设工程必然是在某一地区实施的,也必然是归属于某一部门的,这就要求工程建设必须遵守建设工程所在地颁布的工程建设相关的法律、法规、规定和政策,同时也必须遵守工程所属部门颁布的工程建设相关法律、法规、规定和政策。

(3)工程建设的各种标准、规范。工程建设的各种标准、规范也具有法律地位,也必须遵守和执行。

2)政府批准的工程建设文件

政府批准的工程建设文件包括两个方面:

(1)政府工程建设主管部门批准的可行性研究报告、立项批文。

(2)政府规划部门确定的规划条件、土地使用条件、环境保护要求、市政管理规定。

3)建设工程监理合同

在编写监理规划时,必须依据建设工程监理合同中的以下内容:监理单位和监理工程师的权利和义务,监理工作范围和内容,有关建设工程监理规划方面的要求。

4）其他建设工程合同

在编写监理规划时，也要考虑其他建设工程合同关于业主及承建单位权利和义务的内容。

5）监理大纲

监理大纲中的监理组织计划，拟投入的主要监理人员，投资、进度、质量控制方案，合同管理方案，信息管理方案，定期提交给业主的监理工作阶段性成果等内容都是监理规划编写的依据。

5. 建设工程监理规划一般包括哪些主要内容？

建设工程监理规划应将委托监理合同中规定的监理单位承担的责任及监理任务具体化，并在此基础上制定实施监理的具体措施。

施工阶段建设工程监理规划通常包括以下内容：

（1）建设工程概况。建设工程的概况部分主要编写以下内容：①建设工程名称；②建设工程地点；③建设工程组成及建筑规模；④主要建筑结构类型；⑤预计工程投资总额；⑥建设工程计划工期；⑦工程质量要求；⑧建设工程设计单位及施工单位名称；⑨建设工程项目结构图与编码系统。

（2）监理工作范围。监理工作范围是指监理单位所承担的监理任务的工程范围。如果监理单位承担全部建设工程的监理任务，监理范围为全部建设工程，否则应按监理单位所承担的建设工程的建设标段或子项目划分确定建设工程监理范围。

（3）监理工作内容。①建设工程立项阶段建设监理工作的主要内容；②设计阶段建设监理工作的主要内容；③施工招标阶段建设监理工作的主要内容；④材料、设备采购供应建设监理工作的主要内容；⑤施工准备阶段建设监理工作的主要内容；⑥施工阶段建设监理工作的主要内容；⑦施工验收阶段建设监理工作的主要内容；⑧建设监理合同管理工作的主要内容；⑨业主委托的其他服务的工作内容。

（4）监理工作目标。建设工程监理目标是指监理单位所承担的建设工程的监理控制预期达到的目标。通常以建设工程的投资、进度、质量三大目标的控制值来表示。

（5）监理工作依据。①工程建设方面的法律、法规；②政府批准的工程建设文件；③建设工程监理合同；④其他建设工程合同。

（6）项目监理机构的组织形式。①项目监理机构的组织形式应根据建设工程监理要求选择；②项目监理机构可用组织结构图表示。

（7）项目监理机构的人员配备计划。项目监理机构的人员配备应根据建设工程监理的进程合理安排，满足建立工作的要求。

（8）项目监理机构的人员岗位职责。

（9）监理工作程序。监理工作程序比较简单明了的表达方式是监理工作流程图。一般可对不同的监理工作内容分别制定监理工作程序。

（10）监理工作方法及措施。建设工程监理目标控制的方法与措施应重点围绕投资控制、进度控制、质量控制这三大控制任务展开。

（11）监理工作制度。

（12）监理设施。业主提供满足监理工作需要的如下设施：①办公设施；②交通设施；

③通信设施;④生活设施。

监理机构应根据建设工程类别、规模、技术复杂程度、建设工程所在地的环境条件,按委托监理合同的约定,配备满足监理工作需要的常规检测设备和工具。

6. 监理工作中一般需要制定哪些工作制度?

在工程项目的施工阶段,监理工作制度包括:

(1)施工招标阶段。①招标准备工作有关制度;②编制招标文件有关制度;③标底编制及审核制度;④合同条件拟定及审核制度;⑤组织招标实务有关制度等。

(2)施工阶段。①设计文件、图纸审查制度;②施工图纸会审及设计交底制度;③施工组织设计审核制度;④工程开工申请审批制度;⑤工程材料、半成品质量检验制度;⑥隐蔽工程分项(部)工程质量验收制度;⑦单位工程、单项工程中间验收制度;⑧设计变更处理制度;⑨工程质量事故处理制度;⑩施工进度监督及报告制度;⑪监理报告制度;⑫工程竣工验收制度;⑬监理日志和会议制度。

(3)项目监理机构内部工作制度。①监理组织工作会议制度;②对外行文审批制度;③监理工作日志制度;④监理周报、月报制度;⑤技术、经济资料及档案管理制度;⑥监理费用预算制度。

第十章　信息管理

第一节　建设工程信息管理概述

1.信息时代的特点是什么？

（1）大多数劳动者主要从事脑力劳动。

（2）信息是信息时代的主体。

（3）信息已和能源、原材料并列为自然界的第三大资源。

（4）个性化，多样化。

2.什么是数据？什么是信息？他们有什么关系？

（1）数据。数据是客观实体属性的反映，是一组表示数量、行为和目标，可以记录下来加以鉴别的符号。

（2）信息。信息是对数据的解释，反映了事物（事件）的客观规律，为使用者提供决策和管理所需要的依据。

（3）数据和信息的关系。信息和数据是不可分割的一对矛盾体。信息来源于数据，又高于数据，信息是数据的灵魂，数据是信息的载体。

3.什么是系统？什么是信息系统？

（1）系统。系统是一个由相互有关联的多个要素，按照特定的规律集合起来，具有特定功能的有机整体，它又是另一个更大系统的一部分。

（2）信息系统。以系统思想为依据，以计算机为手段，由人和计算机等组成，进行数据收集、传递、处理、存储、分发，加工产生信息，为决策、预测和管理提供依据的系统。

4.建设工程项目信息如何分类？从哪些角度进行分类？

（1）建设工程项目信息按照稳定性、兼容性、可扩展性、逻辑性、综合实用性的分类原则，采用线分类法和面分类法进行分类。

（2）建设工程项目信息可以按照不同标准从多个角度进行分类：①按照建设工程项目目标分为投资控制信息、质量控制信息、进度控制信息、合同管理信息；②按照建设工程项目信息来源分为项目内部信息、项目外部信息；③按照建设工程项目信息稳定程度分为固定信息、流动信息；④按照建设工程项目信息层次分为战略性信息、管理型信息、业务性信息；⑤按照建设工程项目信息性质分为组织类信息、管理类信息、经济类信息、技术类信息。

5.监理工程师进行建设工程项目信息管理的基本任务是什么？

（1）组织项目基本情况的信息，并系统化，编制项目手册。

（2）规定项目报告及各种资料的基本要求。

（3）按照项目实施、项目组织、项目管理工作过程建立项目管理信息系统流程，在实际工作中保证这个系统正常运行,并控制信息流。

（4）文档管理工作。

第二节　建设工程信息管理流程

1. 建设工程信息在建设各个阶段如何进行收集？

参建各方对数据和信息的收集是不同的,有不同的来源、不同的角度、不同的处理方法,然而要求各方相同的数据和信息应该规范;不同的时期,参建各方对数据和信息收集的侧重点和内容也不同,仍然要求信息行为要规范。信息收集按照项目决策阶段、设计阶段、施工招投标阶段、施工阶段分别进行收集,其中施工阶段又细分为施工准备期、施工实施期、竣工保修期,各个阶段信息收集要点如下:

（1）项目决策阶段的信息收集要点:项目相关市场方面的信息;项目资源相关方面的信息;自然环境相关方面的信息;新技术、新设备、新工艺、新材料、专业配套能力方面的信息;政治环境、社会治安、法律、法规、政策等方面的信息。

（2）设计阶段的信息收集:可行性研究报告及前期相关文件资料;同类工程相关信息;拟建工程所在地相关信息;勘察、测量、设计单位相关信息;工程所在地政府相关信息;设计进度计划、质量保证体系、合同执行情况、专业间交接情况、执行规范、标准情况、设计概算等方面的信息。

（3）施工招投标阶段的信息收集:工程地质、水文报告、设计文件图纸、概预算;建设单位前期报审资料;建筑市场造价及变化趋势;所在地建筑单位信息;适用规范、规程、标准;所在地招标投标情况;该工程准备采用的"四新技术"和施工单位使用"四新技术"能力。

（4）施工阶段的信息收集:①施工准备期信息收集:监理大纲,施工单位项目经理部组成及管理方法,建设工程项目所在地具体情况,施工图情况,相关法律、规范、规程,特别是强制性标准和质量评定标准;②施工实施期:施工单位人员、设备、能源,施工期气象中长期趋势,原材料等供应、使用、保管,项目经理部管理程序,施工规范、规程,工程数据的记录,材料的必试资料,设备安装调试资料,工程变更及施工索赔相关信息;③竣工保修期信息收集:工程准备阶段文件,监理文件,施工资料,竣工图,竣工归档整理规范及竣工验收资料。

2. 建设工程信息的加工、整理、分发、检索、储存各有什么要求？

（1）加工、整理:把建设各方得到的数据和信息进行鉴别、选择、核对、合并、排序、更新、计算、汇总、转储,生成不同形式的数据和信息,提供给不同需求的各类管理人员使用。在加工整理时,通过完善建设工程项目业务流程图,对其进行抽象化,找到总的数据流程图,再通过数据流程图得到系统信息流程图,规范信息的处理程序。

（2）分发和检索原则:部门和使用人有权在第一时间方便地得到所需要的以规定形式提供的一切信息和数据,而不该知道的部门（人）则保证不提供任何信息和数据。在分发设计时要考虑:①了解使用部门（人）的使用目的、使用周期、使用频率、得到时间、数据的安全要求;②决定分发的项目、内容、分发量、范围、数据来源;③决定分发信息和数据的数据结构、类型、精度和如何组合成规定的格式;④决定提供的信息和数据介质(纸张、显示器显示、磁盘或其他形式)。

(3)存储:①要考虑参建各方协调统一,有条件时可以通过网络数据库形式存储数据;②建立统一的数据库,各类数据按照规范化的要求以文件形式组织在一起;③文件名要求规范化;④按照工程具体情况进行组织。

第三节 建设工程文件和档案资料管理

1. 什么是建设工程文件? 什么是建设工程档案? 建设工程文件档案资料有何特征?

(1)建设工程文件:在工程建设过程中形成的各种形式的信息记录,包括工程准备阶段文件、监理文件、施工文件、竣工图和竣工验收文件,也可简称为工程文件。

(2)建设工程档案:在工程建设活动中直接形成的具有归档保存价值的文字、图表、声像等各种形式的历史记录,也可简称工程档案。

(3)建设工程文件档案资料的特征:分散性和复杂性,继承性和时效性,全面性和真实性,随机性,多专业性和综合性。

2. 建设单位、施工单位、监理单位、城建档案馆各自对建设工程文件档案资料的管理职责有哪些?

1)建设单位职责

(1)在工程招标及与勘察、设计、监理、施工等单位签订协议、合同时,应对工程文件的套数、费用、质量、移交时间等提出明确要求。

(2)收集和整理工程准备阶段、竣工验收阶段形成的文件,并应进行立卷归档。

(3)负责组织、监督和检查勘察、设计、施工、监理等单位的工程文件的形成、积累和立卷归档工作。

(4)收集和汇总勘察、设计、施工、监理等单位立卷归档的工程档案。

(5)在组织工程竣工验收前,应提请当地的城建档案管理机构对工程档案进行预验收;未取得工程档案验收认可文件,不得组织工程竣工验收。

(6)对列入城建档案馆(室)接受范围的工程,工程竣工验收 3 个月内,向当地城建档案馆(室)移交一套符合规定的工程文件。

(7)必须向参与工程建设的勘察设计、施工、监理等单位提供与建设工程有关的原始资料,原始资料必须真实、准确、齐全。

(8)可委托总承包单位、监理单位组织工程档案的编制工作;负责组织竣工图的绘制工作,也可委托总承包单位、监理单位、设计单位完成,收费标准按照所在地相关文件执行。

2)施工单位职责

(1)应加强施工文件的管理工作,实行技术负责人负责制,逐级建立、健全施工文件管理岗位责任制,配备专职档案管理员,负责施工资料的管理工作。工程项目的施工文件应设专门的部门(专人)负责收集和整理。

(2)建设工程实行总承包的,总承包单位负责收集、汇总各分包单位形成的工程档

197

案,各分包单位应将本单位形成的工程文件整理、立卷后及时移交总承包单位。建设工程项目由几个单位承包的,各承包单位负责收集、整理、立卷其承包项目的工程文件,并应及时向建设单位移交,各承包单位应保证归档文件的完整、准确、系统,能够全面反映工程建设活动的全过程。

（3）可以按照施工合同的约定,接受建设单位的委托进行工程档案的组织、编制工作。

（4）按要求在竣工前将施工文件整理汇总完毕并移交建设单位进行工程竣工验收。

（5）负责编制的施工文件的套数不得少于地方城建档案部门要求,但应有完整施工文件移交建设单位及自行保存,保存期可根据工程性质以及地方城建档案部门有关要求确定。如建设单位对施工文件的编制套数有特殊要求的,可另行约定。

3）监理单位职责

（1）应加强监理公司资料的管理工作,并设专人负责监理资料的收集、整理和归档工作,在项目监理部,监理资料的管理应由总监理工程师负责,并指定专人具体实施,对本工程的文件应单独立卷归档。

（2）监理资料必须及时整理、真实完整、分类有序。在设计阶段,对勘察、测绘、设计单位的工程文件的形成、积累和立卷归档进行监督、检查;在施工阶段,对施工单位的工程文件的形成、积累、立卷归档进行监督、检查。

（3）可以按照监理合同的协议要求,接受建设单位的委托,监督、检查工程文件的形成、积累和立卷归档工作。

（4）监理资料应在各阶段监理工作结束后及时整理归档。

（5）编制的监理文件的套数、提交内容、提交时间,应按照建设工程文件归档整理规范和各地城建档案部门要求,编制移交清单,双方签字、盖章后,及时移交建设单位,由建设单位收集和汇总。监理公司档案部门需要的监理档案,按照建设工程监理规范的要求,及时由项目监理部提供。

4）城建档案馆职责

（1）负责接收和保管所辖范围应当永久和长期保存的工程档案和有关资料。

（2）负责对城建档案工作进行业务指导,监督和检查有关城建档案法规的实施。

（3）列入向本部门报送工程档案范围的工程项目,其竣工验收应有本部门参加并负责对移交的工程档案进行验收。

3. 建设工程档案资料编制质量有哪些要求?

（1）归档的工程文件应为原件。

（2）工程文件的内容及其深度必须符合国家有关工程勘察、设计、施工、监理等方面的技术规范、标准和规程。

（3）工程文件的内容必须真实、准确,与工程实际相符合。

（4）工程文件应采用耐久性强的书写材料,如碳素墨水、蓝黑墨水,不得使用易褪色的书写材料,如红色墨水、纯蓝墨水、圆珠笔、复写纸、铅笔等。

（5）工程文件应字迹清楚,图样清晰,图表整洁,签字盖章手续完备。

（6）工程文件中文字材料幅面尺寸规格宜为 A4 幅面(297 mm×210 mm)。图纸宜采用国家标准图幅。

（7）工程文件的纸张应采用能够长期保存的韧力大、耐久性强的纸张。图纸一般采用蓝晒图，竣工图应是新蓝图。计算机出图必须清晰，不得使用计算机的复印件。

（8）所有竣工图均应加盖竣工图章。

（9）利用施工图改绘竣工图，必须标明变更修改依据；凡施工图结构、工艺、平面布置等有重大改变，或变更部分超过图面1/3的，应当重新绘制竣工图。

（10）不同幅面的工程图纸应按《技术制图复制图的折叠方法》（GB/T 10609.3—2009）统一折叠成A4幅面，图标栏露在外面。

（11）工程档案资料的缩微制品，必须按国家缩微标准进行制作，主要技术指标（解像力、密度、海波残留量等）要符合国家标准，保证质量，以适应长期安全保管。

（12）工程档案资料的照片（含底片）及声像档案，要求图像清晰，声音清楚，文字说明或内容准确。

（13）工程文件应采用打印的形式并使用档案规定用笔，手工签字，在不能够使用原件时，应在复印件或抄件上加盖公章并注明原件保存处。

4. 工程竣工验收时，档案验收的程序是什么？ 重点验收内容是什么？

1）工程档案验收程序

（1）列入城建档案馆（室）档案接收范围的工程，建设单位在组织工程竣工验收前，应提请城建档案管理机构对工程档案进行预验收。建设单位未取得城建档案管理机构出具的认可文件，不得组织工程竣工。

（2）国家、省市重点工程项目或一些特大型、大型的工程项目的预验收和验收会，必须有地方城建档案馆参加。

（3）为确保工程档案资料的质量，各编制单位、监理单位、建设单位、地方城建档案部门、档案行政管理部门等要严格进行检查、验收。编制单位、制图人、审核人、技术负责人必须进行签字或盖章。对不符合技术要求的，一律退回编制单位进行改正、补齐，问题严重者可令其重做。不符合要求者，不能交工验收。

（4）凡报送的工程档案资料，如验收不合格将其退回建设单位，由建设单位责成责任者重新进行编制，待达到要求后重新报送。检查验收人员应对接收的档案负责。

（5）地方城建档案部门负责工程档案资料的最后验收，并对编制报送工程档案资料进行业务指导、督促和检查。

2）重点验收内容

（1）工程档案齐全、系统、完整。

（2）工程档案的内容真实、准确地反映工程建设活动和工程实际状况。

（3）工程档案已整理立卷，立卷符合《建设工程文件归档整理规范》（GB/T 50328—2014）的规定。

（4）竣工图绘制方法、图式及规格等符合专业技术要求，图面整洁，盖有竣工图章。

（5）文件的形成、来源符合实际，要求单位或个人签章的文件，其签章手续完备。

（6）文件材质、幅面、书写、绘图、用墨、托裱等符合要求。

5. 根据《建设工程文件归档整理规范》（GB/T 50328—2014）如何对建设工程档案进行分类?

按照规范分为工程准备阶段文件、监理文件、施工文件、竣工图、竣工验收文件五大类:

（1）工程准备阶段文件。立项文件,建设用地、征地拆迁文件,勘察、测绘、设计文件,招投标及合同文件,开工审批文件,财务文件,建设、施工、监理机构及负责人七大类。

（2）监理文件。监理规划、监理月报中有关的质量问题、监理会议纪要中有关质量问题、进度控制（开工/复工审批表、暂停令）、质量控制（不合格项目通知、质量事故报告及处理意见）、造价控制（预付款、月付款的报审与支付、设计变更、洽商费用的报审与签认、工程竣工决算审核意见书）、分包资质、监理通知共八类。

（3）施工文件。分为建筑安装工程和市政基础设施工程两大类。①建筑安装工程包括土建（建筑与结构）工程,电气、给排水、消防、采暖、通风、空调、燃气、建筑智能化、电梯工程,室外工程三类;②市政基础设施工程包括施工技术准备,施工现场准备,设计变更、洽商记录,原材料、成品、半成品、构配件、设备出厂质量合格证及试验报告,施工试验记录,施工记录,预检记录,隐蔽工程检查（验收）记录,功能性试验记录,质量事故及处理记录,竣工测量资料等,共十二类。

（4）竣工图。分为建筑安装工程竣工图和市政基础设施工程竣工图两大类。

（5）竣工验收文件。包括工程竣工总结,竣工验收记录,财务文件,声像、缩微、电子档案四大类。

6. 建设工程监理文件档案如何进行分类?

（1）按照规范,建设工程项目竣工后,监理单位向建设单位移交的监理文件分别在地方城建档案馆、建设单位、监理单位三处归档保存,保存期分为永久、长期、短期。送地方城建档案馆长期保存的监理文件有:监理规划、监理实施细则,监理月报和监理会议纪要中有关质量问题,工程开工/复工审批表、暂停令,不合格项目通知,质量事故报告及处理意见,工程竣工决算审核意见,工程延期报告及审批,合同争议、违约报告及处理意见,合同变更材料,工程竣工总结和质量评价意见报告等,共十四类。送建设单位永久保存的监理文件有:工程延期报告及审批,合同争议、违约报告及处理意见,共两类。送建设单位长期保存的有:监理规划、监理实施细则,监理总控制计划等,监理月报和监理会议纪要中有关质量问题,工程开工/复工审批表、暂停令,不合格项目通知,质量事故报告及处理意见,设计变更、洽商费用报审与签认,工程竣工决算审核意见,分包单位资质材料,供货单位资质材料,试验等单位资质材料,有关进度控制的监理通知,有关质量控制的监理通知,有关造价控制的监理通知,费用索赔报告及审批,合同变更材料,专题总结,月报总结,工程竣工总结,以及质量评价意见报告等,共二十三类;建设单位短期保存的有预付款报审与支付、月付款报审与支付两类。

（2）按照建设工程项目监理部在监理实践中使用的监理文件进行分类,可以分为:合同文件、监理工作指导文件、施工工作指导文件、资质管理文件、工程进度管理文件、工程质量管理文件、工程造价管理文件、会议纪要、监理报告、监理工作函件、工程验收文件、监理日记、监理工作总结、监理工作记录、建设工程管理往来函件、监理内部文件,以及勘察、设计文件,共十七大类。

（3）监理公司建立的档案:公司内部管理文件、项目监理管理文件、政府相关管理文件、财务文件、人员管理文件、设备管理文件,以及招投标、经营管理文件,共七大类。

7. 监理工作基本表式有哪几类? 使用时应注意什么?

根据《建设工程监理规范》（GB/T 50319—2013）规定,监理报表体系有三大类:

（1）承包单位用表（A类表,A1～A10）:工程开工/复工报审表、施工组织设计（方案）报审表、承包单位资格报审表、报验申请表、工程款支付申请表、监理工程师通知回复单、工程临时延期申请表、费用索赔申请表、工程材料/构配件/设备报审表、工程竣工报验单。

（2）监理单位用表（B类表,B1～B6）:监理工程师通知单、工程暂停令、工程款支付证书、工程临时延期审批表、工程最终延期审批表、费用索赔审批表。

（3）各方通用表（C类表,C1～C2）:监理工作联系单、工程变更单。

使用时要注意:①所使用的表应该由何方填写,什么时间填写,什么情况下填写,报送给谁,抄送给谁;②相关附件有哪些;③收件单位在什么时间内必须回复;对有明确表态的表必须给出明确结论;谁审批,谁签字确认。

第四节　黄河防洪工程内业资料管理

1. 黄河防洪工程内业资料包括哪些内容?

黄河防洪工程内业资料共分七大类,51个项目。其中:建设单位20项,设计单位2项,施工单位16项,监理单位7项,质量监督机构2项,运行管理单位1项,勘测单位、招标代理机构、质量检测单位等各1项。

2. 竣工资料出现的问题有哪些?

（1）监理日志、施工日志记录不详,同一天记录的天气状况（温度、晴、阴、雨等）不一致。

（2）监理人员责任心不强,模仿施工日志的内容,造成两者内容同出一辙。

（3）监理、施工日志记录不规范,记录的内容与工程施工无关。工程建设大事记反映不全,有的没有记录。

（4）建设管理报告、施工管理报告、监理工作报告、设计工作报告、质量监督工作报告等没完全按照规范要求内容编写,工程涉及的主要数据（工程量、投资、工期等）不相一致。

（5）设计工作报告不规范,较为重大的设计变更没有交待清楚。

（6）施工管理报告没有真实地反映出施工期间的实际情况,内容较为空洞。

3. 对黄河防洪工程内业资料进行审查包括哪些内容?

审查内容包括:资料的项目齐全性、内容的完整性、格式的规范性、客观真实性、系统一致性和手续完备性。

（1）项目齐全性审查。竣工资料的项目齐全性审查是指按照有关防洪基本建设工程档案资料管理规定,审查应归档资料项目是否齐全、完整。审查时首先列出应归档资料项目清单,并制成标准表格,将现有竣工资料与应归档资料项目进行逐项核对,填写审查表格。

（2）内容完整性审查。包括对下列九类报告的内容审查：建设管理工作报告（包括建设大事记）、设计工作报告、施工管理工作报告、建设监理工作报告、质量评定报告、运行管理准备工作报告、初步验收工作报告、财务决算报告、审计报告。竣工资料的内容规范性审查采用标准表格格式，审查时按照表格内规定的项目及必要内容逐项对照，填写审查表格。

（3）格式规范性审查。主要包括：施工单位与监理单位的往来文件格式是否符合《水利工程建设项目施工监理规范》（SL 288—2014）所列施工监理工作常用表格格式要求；各类工作报告、验收签证及质量评定表格的格式是否符合《水利水电工程单元工程施工质量验收评定标准——堤防工程》与《黄河防洪工程施工质量检验与评定规程》的格式要求。

（4）客观真实性审查。主要包括：土方工程干密度自检记录的真实性审查，土方工程干密度监理抽检记录的真实性审查，石方、混凝土等施工原始记录真实性审查，参建各方主要人员签字的真实性审查。

（5）系统一致性审查。主要包括：开工竣工日期一致性审查，工程量的一致性审查，设计概（预）算、批复概（预）算、合同价款及完成投资的一致性审查，参建人员的一致性审查。

（6）手续完备性审查。包括参建各方及其有关人员签字盖章是否齐全完备，是否合规。

4. 对黄河防洪工程内业资料进行审查的工作流程有哪些？

对黄河防洪工程内业资料进行审查的工作流程包括施工日期常规检查、完工后系统审查、施工单位资料自查、监理单位组织审核、项目法人全面审查。详见图 10-1。

5. 对黄河防洪工程内业资料进行审查的层次与步骤有哪些？

对防洪工程竣工资料审查分为一般性审查、重点审查和专业性审查等三个层次与步骤。一般性审查属程序性审查，重点审查和专业性审查属技术性审查。

6. 对黄河防洪工程内业资料进行一般性审查包括哪些内容？

对防洪工程竣工资料进行的一般性审查，是对防洪工程竣工资料质量的最基本要求。即通过一般性审查，要求参建各方竣工资料必须做到项目齐全、内容完整、格式规范、客观真实、系统一致、手续完备。竣工资料的内容完整性、格式规范性、系统一致性等审查均可采用标准表格格式，按照规定的表格必要内容逐项对照，填写表格，进行审查与核对。

（1）竣工资料的内容完整性审查包括对下列七类报告的内容审查：建设管理工作报告（包括建设大事记）、设计工作报告、施工管理工作报告、监理工作报告、质量评定报告、运行管理工作报告、初步验收工作报告。竣工资料的内容完整性审查采用表格格式，审查时按照表格内规定的项目及必要内容逐项对照，填写表格。

（2）竣工资料的格式规范性审查内容包括：①施工单位与监理单位的往来文件格式是否符合《水利工程建设项目施工监理规范》所列施工、监理工作常用表格格式要求。按照上述规范，基本表格共有 99 个，其中施工单位用表 51 个，监理单位用表 48 个。②各类工作报告、验收签证及质量评定表格的格式是否符合《堤防工程施工质量评定与验收规

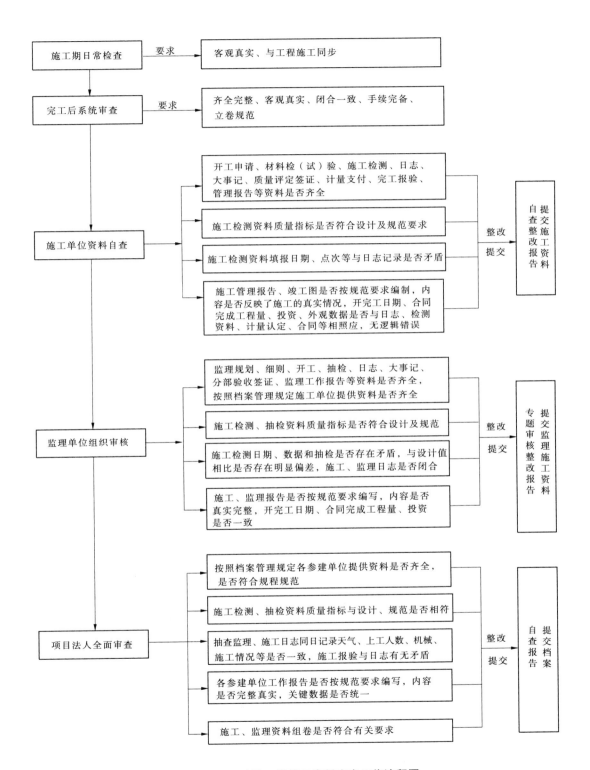

图 10-1 防洪工程竣工资料审查工作流程图

程》与《黄河防洪工程验收规程》的格式要求。

（3）竣工资料的客观真实性审查内容包括：①土方工程干密度自检记录的真实性审查；②土方工程干密度监理抽检记录的真实性审查；③石方、混凝土等施工原始记录真实性审查；④参建各方主要人员签字的真实性审查。

（4）竣工资料的系统一致性审查内容包括：开工竣工日期一致性审查，工程量的一致性审查，设计概预算、批复投资、合同价款及完成投资的一致性审查，几大报告关于设计变更缘由、追加项目投资等重大事项的描述的一致性审查，建立日志、施工日志、施工大事记的一致性审查。①开竣工日期一致性审查主要内容包括工程项目的开工、完工日期核对。重点检查实际工期在各类报告、记录中是否一致，是否符合逻辑。合同工期与实际工期不一致的原因阐述是否公正客观、合情合理、符合逻辑。②工程量的一致性审查内容包括审查人员根据设计图纸与竣工图纸分别计算出主体工程主要工程量的核查，前述七类报告以及财务决算报告和审计报告所载明的工程量的核对。③合同价款及投资的一致性审查包括项目的前述九类报告所载明的合同价款及设计概（预）算投资、批复投资、完成投资的核对。核对项目九类报告所载明的合同价款及设计概（预）算投资、批复投资、完成投资，填写表格并分析。④竣工资料的手续完备性审查主要内容包括参建各方及其有关人员签字盖章是否齐全完备，是否合规。

7. 对黄河防洪工程内业资料进行重点审查包括哪些内容？

对竣工资料进行的重点审查，是对竣工资料中的重点内容是否符合规程、规范及技术标准的原则性要求。包括以下几个方面：

（1）审查施工单位质量保证体系的合理性和可操作性。包括：①设立专门的质量管理机构和专职质量检测人员；②编制质量保证体系文件；③制定质量管理规章制度；④明确质量检查标准；⑤规范质量检查程序等。

（2）审查施工单位试验室条件是否符合有关规定。包括：①试验室的资质等级和试验范围的证明文件；②法定计量部门对试验室检测仪器和设备的计量鉴定证书或设备率定证明文件；③试验人员的资格证明；④试验仪器的数量及种类。

（3）审查项目划分的合理性。项目划分应符合下列原则：①单位工程根据设计及施工部署和便于质量控制等原则划分；②分部工程应按功能进行划分；③单元工程按照施工方法、部署以及便于质量控制和考核的原则划分；④土方填筑按填筑层、段划分，每个单元工程量以 1 000 ~ 2 000 m³ 为宜；⑤同类型的各个分部工程的工程量相差不宜大于 50%，不同类型的各个分部工程的投资相差不大于 50%；⑥石方砌筑按部位、施工方法划分。

（4）审查质量评定的规范性。施工单位进行质量自评时，应严格按照质量评定标准，填写单元工程和分部工程质量自评意见。监理单位对施工单位填写的单元工程质量自评意见进行核定时，也应严格按照质量评定标准，填写单元工程和分部工程质量复核意见；如对施工单位填写的单元工程质量自评意见有异议，应在单元工程质量评定表上载明。

（5）审查竣工图纸绘制的规范性。包括：①竣工图所载数据是否正确；②说明内容是否全面、翔实；③竣工图线条、符号是否规范；④新绘制的竣工图图标框中的项目是否填写完整；⑤利用原设计图加盖的竣工图章内的项目是否填写完整，工程名称与施工单位名称是否填写全称。

（6）审查追加项目发生缘由的合理性。对于施工单位申请的追加项目,是否符合施工合同约定条款,发生缘由是否客观、真实、合理。

8.对黄河防洪工程内业资料进行专业性审查包括哪些内容?

对竣工资料进行的专业性审查,主要是对施工单位执行规程、规范及技术标准过程中采用的技术指标合理性的审查。由于施工单位技术力量与管理水平有差异,针对不同的施工项目,选用的技术指标不尽相同。通过审查,可以反映出施工单位的技术力量状况与管理水平,可以对施工单位及参建各方提出建设性意见和建议。主要包括以下几个方面:

（1）土方工程的土方质量控制指标的合理性审查。

（2）土方工程质量检测配备检测人员数量、检测设备数量、检测部位与检测频率的合理性审查。

（3）土方工程施工组织设计中计划安排施工机械数量与土方填筑工期、检测频率的合理性审查。

（4）石方工程施工组织设计中计划安排施工机械数量与石方工程工期的合理性审查。

（5）普通混凝土工程、钢筋混凝土工程、沥青混凝土工程施工组织设计中计划安排施工机械数量与工期的合理性审查。

（6）审查钢筋、水泥、砂石料、掺合料、外加剂、土工合成材料等原材料质量检验记录及试验结果的合理性,审查混凝土拌和料、砂浆拌和料等中间产品的质量检验记录及试验结果的合理性。

9.黄河防洪工程建设管理报告编写要点有哪些?

黄河防洪工程建设管理报告编写要点共有如下十六个:

（1）工程概况。包括工程位置、立项、初设文件批复、工程建设任务及设计标准、主要技术特征指标、工程主要建设内容、工程布置、工程投资、主要工程量和总工期。

（2）工程建设简况。包括施工准备、工程施工分标情况及参建单位、工程开工报告及批复、主要工程开完工日期、主要工程施工过程、主要设计变更、重大技术问题处理、施工期防汛度汛。

（3）专项工程和工作。包括征地补偿和移民安置、环境保护工程、水土保持设施、工程建设档案。

（4）项目管理。包括机构设置及工作情况、主要项目招标投标过程、工程概算与投资计划完成情况(批准概算与实际执行情况、年度计划安排、投资来源、资金到位及完成情况)、合同管理、材料及设备供应、资金管理与合同价款结算。

（5）工程质量。包括工程质量管理体系和质量监督、工程项目划分、质量控制和检测、质量事故处理情况、质量等级评定。

（6）安全生产与文明工地。

（7）工程验收。包括单位工程验收、阶段验收、专项验收。

（8）蓄水安全鉴定和竣工验收技术鉴定。包括蓄水安全鉴定(鉴定情况、主要结论)、竣工验收技术鉴定(鉴定情况、主要结论)。

（9）历次验收、鉴定遗留问题处理情况。

（10）工程运行管理情况。包括管理机构、人员和经费情况、工程移交。

（11）工程初期运行及效益。包括工程初期运行情况、工程初期运行效益、工程观测、监测资料分析。

（12）竣工财务决算编制与竣工审计情况。

（13）存在问题及处理意见。

（14）工程尾工安排。

（15）经验与建议。

（16）附件。包括项目法人的机构设置及主要工作人员情况表，项目建议书、可行性研究报告、初步设计等批准文件及调整批准文件，工程建设大事记。

参 考 文 献

[1] 张月娴,田以堂.建设项目业主管理手册[M].北京:中国水电出版社,1998.

[2] SL 288—2014 水利工程施工监理规范[S].2003.

[3] 中国建设监理协会.建设工程监理概论[M].北京:知识产权出版社,2003.

[4] 中国建设监理协会.建设工程合同管理[M].北京:知识产权出版社,2003.

[5] 中国建设监理协会.建设工程质量控制[M].北京:中国建筑工业出版社,2003.

[6] 中国建设监理协会.建设工程投资控制[M].北京:知识产权出版社,2003.

[7] 中国建设监理协会.建设工程进度控制[M].北京:知识产权出版社,2003.

[8] 中国建设监理协会.建设工程信息管理[M].北京:知识产权出版社,2003.

[9] SL 176—2007 水利水电工程施工质量检验与评定规程[S].2007.

[10] SL 223—2008 水利水电工程验收规程[S].2008.

[11] SL 631—2012 水利水电工程单元工程施工质量验收评定标准——堤防工程[S].2012.

[12] 河南黄河河务局.河南黄河防洪工程建设管理文件汇编[C].2004.

[13] 黄河水利委员会.黄河水利工程建设管理工作手册[C].1999.